普通高等学校"十一五"规划教材

影视非线性编辑基础教程

焦道利　张新贤　张胜利　编著

国防工业出版社
·北京·

内 容 简 介

Adobe Premiere Pro CS4 是 Adobe 公司推出的非线性编辑软件的最新版本,其功能强大,易学易用,具有很好的兼容性,受到影视领域专业人士和非专业人士的好评。

全书共分 11 章,主要内容包括影视剪辑艺术基础知识、项目设置、视音频剪辑、视频特效、运动和透明的设置、字幕制作和项目的输出等。本书全面介绍了 Adobe Premiere Pro CS4 的操作流程及其新增功能,书中给出了大量的提示和技巧,使学习者使用 Adobe Premiere Pro CS4 过程变得更加高效。

本书在突出学生实践操作的基础上,注重学生影视知识体系的培养,每一章节都围绕一个具体的项目讲解,步骤详细,重点明确,理论与实践有效结合,使全书成为一个有机的整体。本书可作为高等院校相关专业和相关高级培训班的教材,也可作为广大影视制作人员以及业余爱好者的学习指导用书。

图书在版编目(CIP)数据

影视非线性编辑基础教程/焦道利,张新贤,张胜利编著. —北京:国防工业出版社,2022.1 重印
普通高等学校"十一五"规划教材
ISBN 978-7-118-06632-6

Ⅰ.①影... Ⅱ.①焦... ②张... ③张... Ⅲ.①图形软件,Premiere Pro CS4 – 高等学校 – 教材
Ⅳ.①TP391.41

中国版本图书馆 CIP 数据核字(2009)第 240897 号

※

国防工业出版社出版发行
(北京市海淀区紫竹院南路 23 号　邮政编码 100048)
北京虎彩文化传播有限公司印刷
新华书店经售

*

开本 787×1092　1/16　印张 17¼　字数 450 千字
2022 年 1 月第 6 次印刷　印数 13001—14000 册　定价 32.00 元

(本书如有印装错误,我社负责调换)

国防书店:(010)88540777　　　发行邮购:(010)88540776
发行传真:(010)88540755　　　发行业务:(010)88540717

前　　言

　　Adobe Premiere Pro CS4 功能强大、易于使用，为制作桌面数字视频作品提供了完整的创作环境。使用 Adobe Premiere Pro CS4，可以直接将视频从摄像机采集到 Adobe Premiere Pro CS4 的项目窗口中。采集或导入视频和声音后，只需将视频素材从一个窗口拖动到另一个窗口，就可以将多个素材组合成一幅作品。在 Adobe Premiere Pro CS4 中给作品添加特效、修改画面非常方便，能够随机调整视频画面的各项参数，创造出意想不到的效果。Adobe Premiere Pro CS4 具有强大的字幕编辑功能，节目完成后，还可以将作品输出到 Web、录像带或直接制作 DVD。业余 DV 爱好者可以利用 Adobe Premiere Pro CS4 的强大功能建立自己的工作室，体味专业影视创作的快感。

　　本书作者系影视创作和高校教学一线人员，在项目开发和教学过程中积累了较为丰富的实践经验。本书以"项目运作"为基本的编写思路，在培养学生基本理论素养的基础上，重视设计理念与制作方法的学习，通过项目中具体任务的完成构建学习者的知识体系。

　　本书共分 11 章。第 1 章介绍非线性编辑的基础知识；第 2 章介绍影视剪辑艺术的基本理论知识；第 3 章通过完成一个电子相册让学习者了解非线性编辑，掌握非线性编辑的流程；第 4 章详细介绍了 Adobe Premiere Pro CS4 的各项面板功能；第 5 章通过"风光片"详细介绍 Adobe Premiere Pro CS4 环境下素材的采集、素材的管理、画面的基本编辑以及各类编辑工具；第 6 章介绍了视频过渡特效的添加和设置；第 7 章介绍了视频特效的添加和运动特效；第 8 章通过滚动字幕、唱词、标题字等介绍字幕制作的方法和技巧；第 9 章介绍音频的编辑及其音效的制作；第 10 章通过综合实例的创作掌握综合应用 Premiere Pro、Photoshop、Aftereffect 等软件的技巧；第 11 章介绍了利用 Premiere Pro CS4 输出一部作品；附录详细介绍了 Adobe Premiere Pro CS4 常用的快捷键及其一般常识。

　　本书按照影视后期编辑的基本流程和规律，用精彩的范例串联起了视频的基本理论知识和剪辑技巧，内容丰富翔实，语言流畅，结构新颖，图文并茂，步骤详细，并为学生和教师留下了个人创作空间。

　　本书不仅可以作为大中专院校相关专业的教材，也可以作为从事影视后期制作的广大从业人员的自学指导书以及社会影视制作培训班的选用教材。

　　尽管编者已经尽心尽力，但由于个人水平所限，书中难免存在疏漏之处，敬请广大读者提出宝贵意见。

　　另外，为方便读者获取本书相关实例素材和项目文件，可通过以下方式与作者联系：
E-mail：daolij@163.com
QQ：275549890

目　录

第1章　影视非线性编辑概述 ·· 1

1.1　影视非线性编辑的发展 ·· 1
　　1.1.1　非线性编辑系统的萌芽时期 ··· 2
　　1.1.2　以单机系统为主的发展时期 ··· 2
　　1.1.3　以网络系统为主的发展时期 ··· 3
1.2　视音频基础知识 ·· 4
　　1.2.1　模拟电视制式及信号 ··· 4
　　1.2.2　数字视频知识 ··· 5
1.3　非线性编辑系统的构成及特点 ··· 9
　　1.3.1　非线性编辑系统的构成 ·· 9
　　1.3.2　非线性编辑系统的特点 ·· 10
1.4　非线性编辑工作流程 ··· 11

第2章　影视剪辑艺术 ·· 13

2.1　蒙太奇与长镜头 ·· 13
　　2.1.1　蒙太奇的艺术功能 ··· 13
　　2.1.2　蒙太奇的分类 ··· 14
　　2.1.3　长镜头 ··· 15
　　2.1.4　长镜头和蒙太奇的区别 ·· 16
2.2　影视剪辑规律 ·· 17
　　2.2.1　剪辑的基本规律 ·· 17
　　2.2.2　镜头组接方法 ··· 18
2.3　影视剪辑技巧 ·· 20
　　2.3.1　建立节目的剪辑风格 ·· 20
　　2.3.2　选择画面剪辑点 ·· 20
　　2.3.3　控制剪辑节奏 ··· 21
　　2.3.4　创造性剪辑 ··· 22

第3章　第一个作品——快乐宝贝动感相册 ··· 24

3.1　作品分析 ··· 24
　　3.1.1　查看相册 ·· 24
　　3.1.2　分析相册 ·· 24

3.2　制作步骤 ·· 25
　　　　3.2.1　装载照片和音乐 ································· 26
　　　　3.2.2　添加过渡效果 ··································· 28
　　　　3.2.3　添加标题字及视频特效 ·························· 30
　　　　3.2.4　添加修饰元素 ··································· 32
　　　　3.2.5　导出节目 ······································· 33

第 4 章　**Premiere Pro CS4 编辑环境** ··························· 36
　　4.1　安装 Adobe Premiere Pro CS4 ························· 37
　　　　4.1.1　系统要求 ······································· 37
　　　　4.1.2　安装步骤 ······································· 37
　　4.2　Premiere Pro CS4 界面 ······························· 39
　　　　4.2.1　项目面板（Project Panel） ······················ 40
　　　　4.2.2　时间线面板（Timeline） ························· 40
　　　　4.2.3　监视器窗口面板（Monitors） ····················· 40
　　　　4.2.4　调音台面板（Audio Mixer） ······················ 41
　　　　4.2.5　工具面板（Tools Panel） ························ 41
　　　　4.2.6　效果面板（Effects Panel） ······················ 42
　　　　4.2.7　特效控制台面板（Effect Controls Panel） ········ 42
　　　　4.2.8　历史面板（History Panel） ······················ 43
　　　　4.2.9　信息面板（Info Panel） ························· 43
　　4.3　Premiere Pro CS4 菜单 ······························· 43
　　　　4.3.1　文件（File）菜单 ······························· 43
　　　　4.3.2　编辑（Edit）菜单 ······························· 45
　　　　4.3.3　项目（Project）菜单 ···························· 46
　　　　4.3.4　素材（Clip）菜单 ······························· 47
　　　　4.3.5　序列（Sequence）菜单 ··························· 47
　　　　4.3.6　标记（Marker）菜单 ····························· 48
　　　　4.3.7　字幕（Title）菜单 ······························ 49
　　　　4.3.8　窗口（Window）菜单 ····························· 50
　　　　4.3.9　帮助（Help）菜单 ······························· 51
　　4.4　常用设置操作 ·· 51
　　　　4.4.1　定制工作区 ····································· 51
　　　　4.4.2　项目设置 ······································· 55

第 5 章　**影视节目的基本编辑** ··································· 58
　　5.1　节目策划与制作过程分析 ······························ 58
　　5.2　获取所需素材 ·· 59
　　　　5.2.1　采集素材 ······································· 59

		5.2.2 导入素材	63
5.3	管理素材		68
5.4	装载时间线		72
		5.4.1 用鼠标拖动素材装载时间线	72
		5.4.2 用故事板装载时间线	73
		5.4.3 用素材源监视器装载时间线	76
5.5	时间线编辑		79
		5.5.1 剪切素材	79
		5.5.2 覆盖编辑	84
		5.5.3 插入编辑	84
		5.5.4 提升和移动编辑	85
		5.5.5 抽取和移动编辑	85
		5.5.6 抽取和覆盖编辑	85
		5.5.7 抽取和插入编辑	86
		5.5.8 改变素材播放的速度和方向	86
5.6	其他编辑工具		89

第6章 添加视频转场效果 92

6.1	为什么要添加转场效果？	92
6.2	添加转场效果的方法	93
6.3	在特效控制台面板内改变参数	98
6.4	使用 A/B 模式细调转场效果	101
	6.4.1 使用特效控制台面板的 A/B 功能	102
	6.4.2 头尾帧不足情况的处理	104
	6.4.3 只有一段剪辑缺少头尾帧的处理	105
6.5	添加转场效果需要注意的问题	105

第7章 添加视频特效 107

7.1	效果控制面板及关键帧	108
	7.1.1 效果控制面板	108
	7.1.2 关键帧	108
7.2	应用视频特效的方法	108
	7.2.1 给剪辑添加视频特效	108
	7.2.2 在特效控制台面板调整参数	112
	7.2.3 通过关键帧控制效果变化	114
7.3	常用视频特效	117
	7.3.1 卷页、照相效果特效	117
	7.3.2 裁剪、模糊特效	119
	7.3.3 色彩调整	120

7.3.4　键控合成 ·· 127
　　　7.3.5　马赛克遮罩、浮雕效果 ··· 133
　　　7.3.6　嵌套序列 ·· 136
　7.4　运动(Motion)特效 ··· 138
　　　7.4.1　基本运动控制 ·· 138
　　　7.4.2　运动与缩放 ··· 139
　　　7.4.3　创建画中画 ··· 142
　　　7.4.4　运动特效实例：制作指针运动的钟表 ··· 146

第8章　创建字幕 ·· 154

　8.1　利用样式创建标题 ·· 155
　8.2　创建图文混合的字幕 ·· 157
　8.3　创建路径文字 ·· 158
　8.4　创建图形 ·· 159
　8.5　滚动字幕 ·· 160
　8.6　游动字幕 ·· 162
　8.7　光泽、描边、阴影和填充 ··· 163

第9章　编辑音频 ·· 167

　9.1　音频元素的表现形式 ·· 168
　　　9.1.1　语音 ·· 168
　　　9.1.2　音乐 ·· 169
　　　9.1.3　音响 ·· 169
　9.2　录制旁白 ·· 170
　　　9.2.1　建立录音区 ··· 170
　　　9.2.2　连接麦克风 ··· 171
　　　9.2.3　设置声音选项 ·· 171
　　　9.2.4　开始录制 ·· 173
　9.3　调整音量 ·· 174
　　　9.3.1　在时间线上调整 ·· 174
　　　9.3.2　通过特效控制台来调整 ·· 176
　　　9.3.3　调整音轨音量 ·· 176
　9.4　添加音频切换效果 ·· 177
　　　9.4.1　音频切换效果 ·· 177
　　　9.4.2　给素材间添加音频切换 ·· 177
　9.5　使用音频特效美化声音 ··· 178
　　　9.5.1　混音基础 ·· 178
　　　9.5.2　混音的基本内容 ·· 179
　9.6　调音台(Audio Mixer) ·· 182

Ⅶ

9.6.1 什么是调音台 ·· 182
9.6.2 调音台的功能 ·· 182
9.6.3 Premiere Pro CS4 中的调音台 ··· 182

第 10 章 综合实例 ··· 185

10.1 栏目片头创作思路与流程 ·· 185
10.2 用 Photoshop CS3 制作静态素材 ··· 186
    10.2.1 Photoshop CS3 基本功能 ·· 188
    10.2.2 用 Photoshop 制作 DV 素材的技巧 ·· 193
    10.2.3 在 Photoshop CS3 中处理静态素材 ·· 193
10.3 用 After Effects CS3 制作动态素材 ··· 195
    10.3.1 After Effects 基本功能 ·· 195
    10.3.2 文字动画预设 ··· 196
    10.3.3 在 After Effects CS3 中制作字符雨素材 ·· 197
10.5 用 3DS Max 制作三维效果素材 ··· 201
    10.5.1 在 3DS Max 中制作光效 ·· 201
    10.5.2 制作随风飘摆的绸带 ·· 209
    10.5.3 制作 3D 文字 ·· 228
10.7 在 Premiere Pro CS4 中编辑与合成 ··· 233
    10.7.1 导入素材 ·· 233
    10.7.2 剪辑素材、合成作品 ·· 235

第 11 章 影片输出 ··· 247

11.1 认识导出选项 ··· 247
11.2 输出到磁带 ·· 248
11.3 Adobe Media Encoder 媒体编码器 ·· 249
    11.3.1 Adobe Media Encoder 工作区 ·· 249
    11.3.2 导出设置格式选项 ·· 250
    11.3.3 用 Adobe Media Encoder 编码视频和音频 ·· 254
    11.3.4 导出单帧 ·· 256
    11.3.5 导出音频 ·· 256
11.4 用 Premiere Pro CS4 和 Encore CS4 创建 DVD ·· 257
    11.4.1 在时间线上添加 Encore 章节标记 ··· 257
    11.4.2 创建 DVD 菜单 ·· 259
    11.4.3 刻录 DVD ··· 261

附录 ··· 262

参考文献 ·· 267

第1章　影视非线性编辑概述

【学习目标】

1. 了解非线性编辑发展的过程。
2. 理解电视信号、电视制式、帧的基本概念。
3. 理解数字视频压缩、高清和标清的基本概念。
4. 掌握非线性编辑系统的构成和工作流程。

【知识导航】

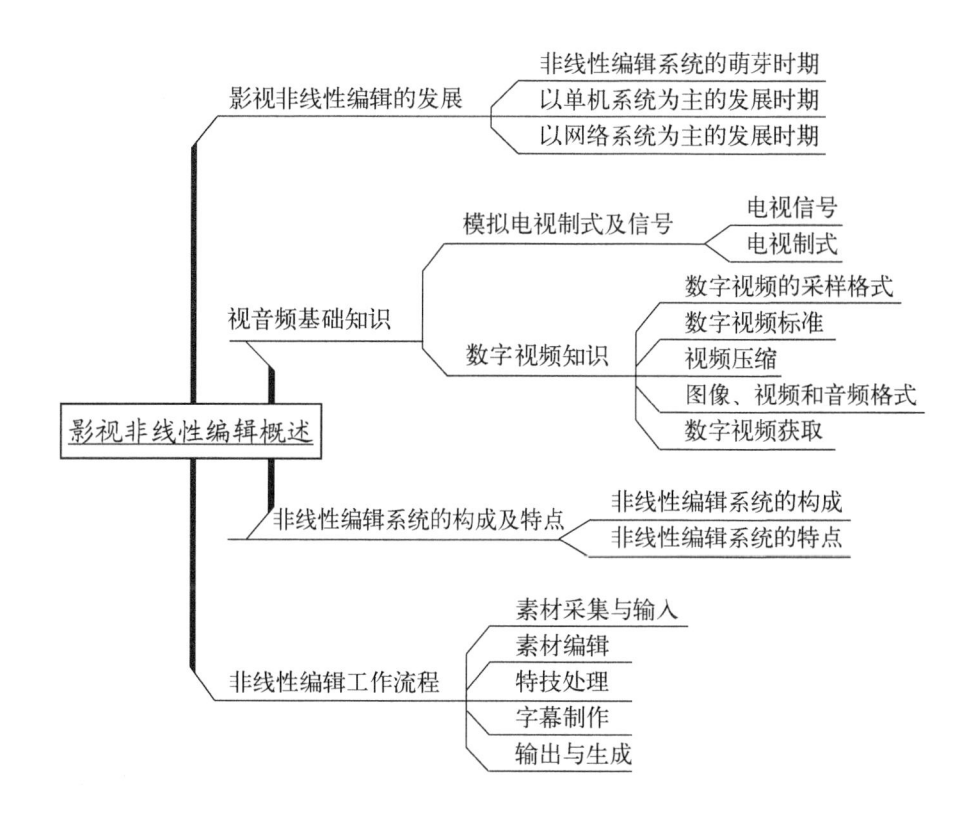

```
                              ┌─ 非线性编辑系统的萌芽时期
         影视非线性编辑的发展 ─┼─ 以单机系统为主的发展时期
         │                    └─ 以网络系统为主的发展时期
         │
         │                    ┌─ 模拟电视制式及信号 ─┬─ 电视信号
         │                    │                       └─ 电视制式
影视非    │                    │                       ┌─ 数字视频的采样格式
线性编 ───┼─ 视音频基础知识 ───┤                       ├─ 数字视频标准
辑概述    │                    └─ 数字视频知识 ───────┼─ 视频压缩
         │                                            ├─ 图像、视频和音频格式
         │                                            └─ 数字视频获取
         │
         │                                ┌─ 非线性编辑系统的构成
         ├─ 非线性编辑系统的构成及特点 ───┤
         │                                └─ 非线性编辑系统的特点
         │
         │                         ┌─ 素材采集与输入
         │                         ├─ 素材编辑
         └─ 非线性编辑工作流程 ────┼─ 特技处理
                                   ├─ 字幕制作
                                   └─ 输出与生成
```

1.1　影视非线性编辑的发展

随着计算机硬件与软件技术的飞速发展，以硬盘为基础的数字非线性编辑系统应运而生，逐渐成为电视节目制作的主要方式。在非线性编辑系统长期发展过程中将很多新技术、新手段、新概念和新思想带到了电视节目制作领域，使传统的节目制作方法、节目传输和播出发生了根本变化。根据其不同时期的技术特征归纳为三个主要发展时期。

1.1.1 非线性编辑系统的萌芽时期

在非线性编辑系统诞生之前，电视节目的制作主要采用的是线性编辑系统，随着节目制作任务的扩大，人们开始探索使用多台放像机到一台录像机的编辑模式，希望能够提高节目制作效率。

20世纪80年代初，先驱者用几十台放像机通过一个多路开关对一台录像机下载素材，以做到从任何一台放像机取任何一段素材编辑成普通新带，这样出现了非线性编辑的雏型，建立了非线性编辑的新概念。例如：一个系统配置了4台放像机，在每台放像机中都有一样的素材拷贝，编辑人员可以在第一台放像机中设定第一个镜头的入点、出点，在第二台放像机中设定第二个镜头的入点、出点，依此完成设定4台放像机中镜头的入点、出点。当编辑人员在4台放像机中确定了4个镜头后，就让这4台放像机按照各自的镜头入、出点开始重放，对这4个镜头完整地进行观看，这4个镜头的重放顺序实际上就是一个编辑清单，即编辑决定表（Edit Decision List，简称EDL表）。编辑人员对镜头的顺序可以任意进行调整，直到满意为止。如第一次的重放清单是3-4-1-2，只要把清单改为2-3-4-1，就可以改变重放结果。

这类系统实现了多台放像机中素材播放的非线性，但由于这种系统以磁带录像机为基础，查找素材仍然要按顺序进行，在镜头的选择上不能做到随机存取。

后来，随着激光视盘的应用，它提供了基于录像带的非线性编辑系统所不具备的素材随机存取功能。素材预录在激光视盘上，编辑人员利用激光拾取头很快能读取激光视盘不同区域信息的性能，可以在瞬间找到任意一个镜头，检索素材速度较高。但当时激光视盘记录的是模拟信号，信号质量容易损耗，难以引入多层特技效果，因此基于激光视盘的电子非线性编辑系统多用于脱机编辑。

20世纪80年代中后期，出现了纯数字的非线性编辑系统，这些系统使用磁盘和光盘作为数字视频信号的记录载体。但由于当时的磁盘存储容量小，压缩硬件不成熟，画面是以不压缩的方式记录的，因此系统所能处理的节目总长度约为几十秒至几百秒，仅能用于制作简短的广告和片头。

1.1.2 以单机系统为主的发展时期

20世纪90年代初期，随着JPEG压缩标准的确立、实时压缩半导体芯片的出现、数字存储技术的发展和其他相关硬件与软件技术的进步，美国、加拿大等发达国家开始将计算机技术和多媒体技术与影视制作结合，以便用计算机制作影视节目，并最终取得成功。

具体来说，数字非线性编辑系统在编辑过程中以计算机取代磁带录像、录音设备，将模拟形式或数字形式的图像及声音信号转换为计算机数据，以文件的形式存储于大容量数据存储载体中，并以计算机为工作平台，通过相应的软件支持，对所存的素材随机进行调用、浏览、挑选、处理和组合。编辑结果可以随时演示并即时修改，在编辑过程中还可同时完成对信号亮度和色度的调整及字幕的生成、加入各种镜头转换特技以及完成某些特殊处理。这些主要都是依靠各种软件和计算机硬件扩展来完成，不再需要其他常规电视制作所需的专用设备，从而形成了一种全新的数字式非线性后期编辑方式。它集电影胶片剪辑方式的灵活和电视电子编辑方式的快速方便为一体，为影视节目制作者提供了前所未有、简便高效的后期制作工具。

1993年美国ImMIX公司在NAB上首先推出了Video Cube非线性编辑系统，但Video Cube的压缩方式采用的是小波变换方式，而不是Motion JPEG。紧接着Media Composer l000、Studio

2300、Media l00 等非线性编辑系统纷纷推出。1995 年，AVID 演示了 MC-1000 实时非线性编辑的功能，在一台计算机中增加一块视音频处理卡就能替代众多的传统视音频设备，完成电视节目的后期制作。与此同时，DPS 推出了单通道带 SCSI 接口的 PVR3500 产品。它集视频采集、压缩、回放于一体，再配上 Adobe 公司的编辑软件 Premiere，在一台 PC 机上就可以实现非线性编辑的功能。此后不久，Truevision，FAST，Miro，Digital Video Arts 等公司也向市场抛出自己的板卡，从此，非线性编辑系统开始逐渐取代传统线性编辑，成为电视节目后期制作的主要方式，其数字化的记录方式、强大的兼容性、相对较少的投资等特点，在电视节目制作领域得以广泛应用。

早期国外生产的非线性编辑系统价格较高，一台单通道非实时的 Media l00 价格为 80 万人民币，到 1996 年非线性编辑在我国电视界普遍使用。20 世纪 90 年代后期，大洋、奥维迅、索贝、新奥特等国产非线性编辑系统开始出现在国内市场，以其高起点、多通道、多层图像、全实时、易操作的特点，逐渐被用户接受，并迅速在电视领域得以普及。

近几年随着计算机硬件性能与软件技术水平的提高，基于 CPU+GPU+IO 为核心的新一代纯软件的非编系统日益成熟。它与基于硬件板卡的非编系统相比，纯软非编无须硬件板卡的支持，以主机系统和剪辑软件实现剪辑功能，具有稳定可靠、格式灵活、升级容易、价格低廉等显著优点。在此前提下，国际主流板卡制造商将开发的重点由支持特性转为支持兼容性，并以 10bit 无压缩的视频采集质量代替了原先的 8bit 压缩质量。当高清制作普及时，视频信号的数字容量成倍增加，传统非编视频卡及其应用将意味着整体报废。因此，用户都希望在标清和高清之间实现平稳过渡以及对未来的可升级性。为此，纯软非编环境的作用被迅速升级，纯软非编系统及其网络应用成为大势所趋。

纯软非编系统由主机、剪辑软件、I/O 视音频卡、存储 4 个部分组成。与传统非编系统相比，硬件板卡不再承担数据流的实时支持性能，改为由主机的 CPU+GPU 核心来实现，此功能通过新一代剪辑软件来调用，硬件板卡只承担高质量信号的采集和输出，最新的 Blackmagic 公司的 DeckLink 系列卡将视频信号提高到 10bit 无压缩质量，即使素材多层特技处理和多代复制后仍能保持原色。工作流程为：剪辑软件通过 I/O 卡将素材采集到存储设备，然后通过剪辑软件使用 CPU+GPU 性能调用存储的素材进行常规的实时剪辑、特技、字幕制作成片，最后将成片通过 I/O 输出到磁带。可以看出，素材在处理过程中保持了 10bit 无压缩的制作流程。由于板卡不再承担实时支持，并且 10bit 无压缩的视频数据量（特别是 HD）惊人，因此对纯软非编主机系统的配置要求提高了。

1.1.3　以网络系统为主的发展时期

随着数字化技术的迅猛发展，非线性编辑系统在广播电视后期制作中已经被大量采用，系统功能也逐步走向成熟和多样化。网络技术的发展更给非线性编辑系统的发展注入了强劲的动力，非线性编辑系统网络化完全打破了以往一台录像机、一个编辑系统的传统结构，而代之以上载工作站、编辑制作工作站和下载工作站的流程，使节目编辑、字幕制作、配音、数字特技、动画在不同功能的工作站上进行，网络中的几个终端可以同时制作同一节目的不同段落，这样可使节目资源共享，并提高节目技术质量和工作效率。将多媒体非线性网络引入节目的制作、播出等环节中，建立一个基于硬盘采集、数据传递、非线性编辑制作、多频道硬盘播出的数字网络，视频数据和其他各类数据在网络上传输，实行节目无磁带播出，改变传统的串行工作方式为并行工作方式，已成为未来电视台工作的发展趋势。

非线性网络系统主要有：小型节目制作系统（以一拖 N 网络系统为代表）、中小型节目制作系统（以 SCSI 网络结构为代表）、大型节目制作网络系统（以 FC 光纤双网结构为代表）。在广电领域中，现有系统绝大部分是基于 FC+以太网的双网结构。随着高清时代的到来，电视节目制作对网络带宽的要求比标清要高出几倍，如果要制作无压缩的节目，每秒的数据量更是惊人（超过 100MB），对网络的传输性能提出了更高要求，因此高性能的网络非线性编辑系统将成为今后发展的趋势。

1.2 视音频基础知识

视频泛指将一系列的静态影像以电信号方式加以捕捉、记录、处理、存储、传送与重现的各种技术。非线性编辑系统提供了一个编辑视频、混合音频和合成图形的专业环境，可用来制作不同复杂程度的视音频节目。在学习软件之前，有必要了解视音频基础知识及专业术语，便于在今后的软件学习中事半功倍。

1.2.1 模拟电视制式及信号

电视系统是采用电子学的方法来传送和显示活动视频或静止图像的设备。在电视系统中，视频信号是连接系统中各部分的纽带，其标准和要求也就是系统各部分的技术目标和要求。视频分为模拟和数字两类，模拟视频是指由连续的模拟信号组成视频图像，以模拟波形的形式存储在录像带或磁带上。其主要缺点是复制模拟录像带时，副本的质量会略有降低，反复回放也会加快原始素材带的磨损而影响回放质量。数字视频是把模拟信号变为数字信号，以一系列 1 和 0 存储在电脑硬盘或录像带上，在节目编辑过程中画面质量几乎没有损失，可以不失真地进行无数次复制。

1. 电视信号

(1) 分辨率。

分辨率指的是在荧光屏等于像高的距离内人眼所能分辨的黑白条纹数，单位是电视线（TV 线）。电视的清晰度一般用垂直方向和水平方向的分辨率来表示。垂直分辨率与扫描行数密切相关。扫描行数越多越清晰、分辨率越高。我国电视图像的垂直分辨率为 575 行或称 575 线。但这只是一个理论值，实际的分辨率与扫描的有效区间有关，根据统计，电视接收机实际垂直分辨率约 400 线。

(2) 帧与场。

什么是"帧"？在最早的电影里面，一幅静止的图像被称做一"帧"(Frame)。影片里的画面是每一秒有 24 帧。在电视领域一帧是扫描获得的一幅完整图像的模拟信号，也称全电视信号。电视线扫描有逐行和隔行扫描两种方式，逐行扫描的一帧即为一个垂直扫描场。电子束从显示屏左上角一行接一行地扫到右下角，扫描一遍就得到一个完整的图像，即一帧。对于隔行扫描来说，一帧分为两场：奇数场和偶数场，即用两个垂直扫描场来表示一帧，奇数场中，电子束扫完第一行后回到第三行行首接着扫描，然后是第五行、第七行，直到最后一行。奇数行扫描完后扫描偶数行，即可完成一帧的扫描。我国的电视画面传输率是每秒 25 帧、50 场。

(3) 伴音。

音频信号的频率范围一般为 20Hz～20kHz，其频率带宽比图像信号要窄。电视的伴音一般要求与图像同步，而且不能混叠。因此一般把伴音信号放置在图像频带以外，放置的频率点称为声音载频，我国电视信号的声音载频为 6.5MHz，伴音质量为单声道调频广播。

2. 电视制式

电视制式就是用来实现电视图像信号、伴音信号或其他信号传输的方法和电视图像的显示格式，以及这种方法和电视图像显示格式所采用的技术标准。目前各国的电视制式不尽相同，制式的区分主要在于其帧频（场频）的不同、分解率的不同、信号带宽以及载频的不同、色彩空间的转换关系不同等。世界上现行的彩色电视制式有三种：NTSC（National Television System Committee）制（简称N制）、PAL（Phase Alternation Line）制和SECAM制。

(1) NTSC彩色电视制式。

它是1952年由美国国家电视标准委员会指定的彩色电视广播标准，它采用正交平衡调幅的技术方式，故也称为正交平衡调幅制。美国、加拿大等大部分西半球国家，以及中国的台湾、日本、韩国、菲律宾等均采用这种制式。

(2) PAL制式。

它是德国在1962年指定的彩色电视广播标准，它采用逐行倒相正交平衡调幅的技术方法，克服了NTSC制相位敏感造成色彩失真的缺点。德国、英国等一些西欧国家，新加坡、中国、澳大利亚、新西兰等国家采用这种制式。PAL制式中根据不同的参数细节，又可以进一步划分为G、I、D等制式，其中PAL-D制是我国采用的制式。

(3) SECAM制式。

SECAM是法文的缩写，意为顺序传送彩色信号与存储恢复彩色信号制，是由法国在1956年提出，1966年制定的一种新的彩色电视制式。它也克服了NTSC制式相位失真的缺点，但采用时间分隔法来传送两个色差信号。使用SECAM制的国家主要集中在法国、东欧和中东一带。

TV制式	NTSC	PAL	SECAM
行/帧	525	625	625
帧频	30	25	25

1.2.2 数字视频知识

1. 数字视频的采样格式

根据电视信号的特征，亮度信号的带宽是色度信号带宽的两倍。因此其数字化时可采用幅色采样法，即对信号的色差分量的采样率低于对亮度分量的采样率。用Y：U：V来表示YUV三分量的采样比例，则数字视频的采样格式分别有4：1：1、4：2：2和4：4：4三种。

(1) Y：U：V＝4：1：1。

这种方式是在每4个连续的采样点上，取4个亮度Y的样本值，而色差U、V分别取其第一点的样本值，共6个样本。显然这种方式的采样比例与全电视信号中的亮度、色度的带宽比例相同，数据量较小。

(2) Y：U：V＝4：2：2。

这种方式是在每4个连续的采样点上，取4个亮度Y的样本值，而色差U、V分别取其第一点和第三点的样本值，共8个样本。这种方式能给信号的转换留有一定余量，效果更好一些。这是通常所用的方式。

(3) Y：U：V＝4：4：4。

在这种方式中，对每个采样点，亮度Y，色差U、V各取一个样本。对于原本就具有较高质量的信号源（如S-Video源），可以保证色彩质量，且信息量大。

2. 数字视频标准

(1) 标清。

为了在 PAL、NTSC 和 SECAM 电视制式之间确定共同的数字化参数，国家无线电咨询委员会（CCIR）制定了广播级质量的数字电视编码标准，称为 CCIR 601 标准。在该标准中，对采样频率、采样结构、色彩空间转换等都做了严格的规定，主要有：

采样频率为 $f_s = 13.5 \text{MHz}$

分辨率与帧率根据电视不同分别如下：

电视制式	分辨率	帧率
NTSC	640×480	30
PAL、SECAM	768×576	25

根据采样率，在不同的采样格式下计算出数字视频的数据量：

采样格式（Y：U：V）	数据量（Mb/s）
4：2：2	27
4：4：4	40

(2) 高清。

HDTV 规定了视频必须至少具备 720 线非交错式（720p，即常说的逐行）或 1080 线交错式隔行（1080i，即常说的隔行）扫描（DVD 标准为 480 线），屏幕纵横比为 16：9。音频输出为 5.1 声道(杜比数字格式)，同时能兼容接收其他较低格式的信号并进行数字化处理重放。

HDTV 有 3 种显示格式，分别是：720P（1280×720P，非交错式），1080i（1920×1080i，交错式），1080P（1920×1080i，非交错式），其中网络上流传的以 720P 和 1080 i 最为常见，而在微软 WMV-HD 站点上 1080P 的样片相对较多。

3. 视频压缩

视频压缩的目标是在尽可能保证视觉效果的前提下减少视频数据传输率。视频压缩比一般指压缩后的数据量与压缩前的数据量之比。由于视频是连续的静态图像，因此其压缩编码算法与静态图像的压缩编码算法有某些共同之处，但是运动的视频还有其自身的特性，因此在压缩时还应考虑其运动特性才能达到高压缩的目标。在视频压缩中常需用到以下一些基本概念：

(1) 有损和无损压缩。

在视频压缩中有损（Lossy）和无损（Lossless）的概念与静态图像中基本类似。无损压缩也即压缩前和解压缩后的数据完全一致。多数的无损压缩都采用 RLE 行程编码算法。有损压缩意味着解压缩后的数据与压缩前的数据不一致。在压缩的过程中要丢失一些人眼和人耳所不敏感的图像或音频信息，而且丢失的信息不可恢复。几乎所有高压缩的算法都采用有损压缩，这样才能达到低数据率的目标。丢失的数据率与压缩比有关，压缩比越大，丢失的数据越多，解压缩后的效果一般越差。此外，某些有损压缩算法采用多次重复压缩的方式，这样还会引起额外的数据丢失。

(2) 帧内和帧间压缩。

帧内（Intraframe）压缩也称为空间压缩（Spatial compression）。当压缩一帧图像时，仅考虑本帧的数据而不考虑相邻帧之间的冗余信息，这实际上与静态图像压缩类似。帧内一般采用有损压缩算法，由于帧内压缩时各个帧之间没有相互关系，所以压缩后的视频数据仍可以以帧为单位进行编辑。帧内压缩一般达不到很高的压缩。

采用帧间（Interframe）压缩是基于许多视频或动画的连续前后两帧具有很大的相关性，或者说前后两帧信息变化很小的特点。也即连续的视频其相邻帧之间具有冗余信息，根据这一特性，压缩相邻帧之间的冗余量就可以进一步提高压缩量，减小压缩比。帧间压缩也称为时间压缩（Temporal compression），它通过比较时间轴上不同帧之间的数据进行压缩。帧间压缩一般是无损的。帧差值（Frame differencing）算法是一种典型的时间压缩法，它通过比较本帧与相邻帧之间的差异，仅记录本帧与其相邻帧的差值，这样可以大大减少数据量。

(3) 对称和不对称编码。

对称性（Symmetric）是压缩编码的一个关键特征。对称意味着压缩和解压缩占用相同的计算处理能力和时间，对称算法适合于实时压缩和传送视频，如视频会议应用就以采用对称的压缩编码算法为好。而在电子出版和其他多媒体应用中，一般是把视频预先压缩处理好，然后再播放，因此可以采用不对称（Asymmetric）编码。不对称或非对称意味着压缩时需要花费大量的处理能力和时间，而解压缩时则能较好地实时回放，也即以不同的速度进行压缩和解压缩。一般地说，压缩一段视频的时间比回放（解压缩）该视频的时间要多得多。例如，压缩一段 3 分钟的视频片断可能需要 10 多分钟的时间，而该片断实时回放时间只有 3 分钟。

4. 图像、视频和音频格式

(1) 图像文件格式。

BMP：Windows 所使用的基本位图格式，由一组点（像素）组成，幅度大小、颜色数量等都没有太大的限制，表现力非常强，不存在失真，因而深受广大用户的欢迎。由于应用环境的差别，*.BMP 文件存在着 Windows 位图、图标、OS/2 位图等几种不同格式。

GIF：一种应用非常广泛的图像文件（特别是在 Internet 网页中），它最大的特点是支持任意大小的图片，提供了压缩功能，可将多幅图画保存在一个文件中（它是唯一可存储动画的图形文件 GIF89A 格式），最大图像为 64000×64000 分辨率。

JPG：具有较高压缩比的图形文件（一张 1000KB 的 BMP 文件压缩成 JPG 格式之后可能只有 20KB～30KB），在压缩过程中的失真程度很小，目前使用范围广泛（特别是 Internet 网页中）。

PSD：是 ADOBE 公司开发的图像处理软件 Photoshop 中自建的标准文件格式。由于 Photoshop 软件越来越广泛地应用，该格式也逐步流行起来。

TIF/TIFF：Aldus 开发的跨平台的压缩位图格式，主要用于扫描仪和桌面出版业。

WMF：该文件是根据位图和矢量图混合而成的图形文件，它最大的特点是可以实现无极变倍（无论扩大或缩小多少倍都不会产生锯齿），因而在文字处理等领域应用非常广泛。

PCX：PCX 格式是 ZSOFT 公司在开发图像处理软件 Paintbrush 时开发的一种格式，存储格式从 1 位到 24 位。它是经过压缩的格式，占用磁盘空间较少。该格式出现的时间较长，并且具有压缩及全彩色的能力，所以 PCX 格式现在仍十分流行。

PSP：Paint Shop Pro 生成的图像格式。

PNG：Portable Network Graphics，可支持 48 位色彩，无损压缩，可高速交替显示，是 JPEG 的升级替代。

(2) 视频文件格式。

MPEG / MPG：是采用 MPEG 方法进行压缩的全运动视频图像。MPEG（Motion Picture Experts Group）是目前最常见的视频压缩方式，它采用中间帧的压缩技术，可对包括声音在内的移动图像以 1：100 的比率进行压缩，并且它还支持 1024×768 的分辨率、CD 音质播放、每秒 30 帧的播放速度等优秀功能（我们通常所看的 VCD 绝大多数都是采用该种格式），很多视频处理软件(如 Premiere 等)都支持该文件格式。另外，除*.MPEG 和*.MPG 之外，部分采用 MPEG 格式压缩的视频文件还以 DAT 为扩展名，对于这些文件，用户应注意不要与同名的*.DAT 数据文件相混淆。

QTM：即 Quick Time，它最初是苹果机上使用的一种视频文件格式，而后进行了扩充，同时支持 Macintosh 和 PC 机，现已成为 Internet 及个人计算机上的标准视频格式之一。

AVI：AVI 文件格式是 Video for Windows 所使用的文件格式，它采用了 Intel 公司的 Indeo 视频有损压缩技术把视频和音频信号混合交错地存放在一个文件中，较好地解决了音频信息与视频信息的同步问题，是目前较为流行的视频文件格式。AVI 文件目前主要应用在多媒体光盘上，用来保存电影、电视等各种影像信息，有时也出现在 Internet 上，供用户下载、欣赏新影片的精彩片断。

RM/RA：Real Video / Real Audio 文件，Real Networks 公司所制定的音频视频压缩规范称为 RealMedia，是目前在 Internet 上相当流行的跨平台的客户/服务器结构多媒体应用标准，它采用音频/视频流和同步回放技术来实现在 Intranet 上全带宽地提供最优质的多媒体，同时也能够在 Internet 上以 28.8Kb/s 的传输速率提供立体声和连续视频。RealMedia 包括 3 类文件：Real Audio、Real Video 及 Real Flash，Real Audio 用来传输接近 CD 音质的音频数据，Real Video 用来传输连续视频数据，而 Real Flash 则是 Real Networks 公司与 Macromedia 公司新近合作推出的一种高压缩比的动画格式。

MOV：MOV 文件格式是 Quicktime for Windows 所使用的视频文件格式，和 AVI 文件相同，MOV 文件也使用了 Intel 公司的 Indeo 视频压缩技术把视频和音频信号混合交错在一起，但具体的实现方法不同。一般认为 MOV 文件图像较 AVI 好，但这只是相对而言，因为不同版本的 AVI 和 MOV 文件的画面质量是很难进行比较的。

DAT：常见的 VCD、CD 光盘的存储文件格式。

Flic：FLI/FLC，是 Autodesk 公司在其出品的 Autodesk Animator/Animator Pro/3D Studio 等 2D/3D 动画制作软件中采用的彩色动画文件格式。其中，FLI 是最初的基于 320×200 分辨率的动画文件格式，而 FLC 则是 FLI 的进一步扩展，采用了更高效的数据压缩技术，其分辨率也不再局限于 320×200。

(3) 音频文件格式。

WAV：最常见的声音文件之一，是微软公司专门为 Windows 开发的一种标准数字音频文件（又称波形文件），该文件能记录各种单声道或立体声的声音信息，并能保证声音不失真。但 WAV 文件有一个致命的缺点，就是它所占用的磁盘空间太大（每分钟的音乐大约需要 12MB 磁盘空间）。

MID/MIDI：国际 MIDI 协会开发的乐器数字接口文件，它采用数字方式对乐器所奏出来的声音进行记录（每个音符记录为一个数字），然后在播放时再对这些记录进行合成，因而占用的磁盘空间非常小，但其效果相对来说要差一些。一般来说，MID 文件只适合于记录乐曲，而不适合对歌曲进行处理。MID 文件主要依靠硬件生成，依靠软件合成 MID 文件的技术目前还不太完善。除正常的 MID 文件之外，它还有很多变种，如*.RMI、*.CMI、*.CMF 等。

MP3：目前最热门的音乐文件，采用 MPEGLayer 3 标准对 WAVE 音频文件进行压缩而成，其特点是能以较小的比特率、较大的压缩率达到近乎完美的 CD 音质（其压缩率可达 1∶12 左右，每分钟 CD 音乐大约只需要 1MB 的磁盘空间）。正是基于这些优点，我们可先将 CD 上的音轨以 WAV 文件的形式抓取到硬盘上，然后再将 WAV 文件压缩成 MP3 文件，既可以从容欣赏音乐又可以减少光驱磨损。

MP2：采用 MPEG Layer 2 标准对 WAVE 音频文件进行压缩后生成的音乐文件，除压缩率较低之外（1∶6），其他方面与*.MP3 基本类似，而*.MP4 文件则是采用 MPEG-2 AAC 3 标准对 WAVE 音频文件进行压缩后生成的，它在音质、压缩率等方面都较 MP3 有所改进，更重要的是它加强了对软件版权的控制，以减少对 MP3 的盗版。

AIF/AIFF：苹果公司开发的一种声音文件格式，被 Mac 平台支持，支持 16 位 44.1kHz 立体声，NetScape Navigator 中的 LiveAudio 可以播放。

AU：Sun 的 AU 压缩声音文件格式，只支持 8 位的声音。AU 是 Internet 中常用的声音文件格式，多由 Sun 工作站创建，可使用软件 Waveform Holdand Modify 播放。Netscape Navigator 中的 LiveAudio 也可播放*.AU 文件。

WMA：Windows Media Rights Manager，此格式采用加密算法可以保护唱片的版权，Media Player 可以播放。

5. 数字视频获取

数字视频的来源主要有 3 种：

(1) 利用计算机生成的动画，如把 FLC 或 GIF 动画格式转换成 AVI 等视频格式。

(2) 把静态图像或图形文件序列组合成视频文件序列。

(3) 通过视频采集卡把模拟视频转换成数字视频，并按数字视频文件的格式保存下来。

从硬件平台的角度分析，一个视频采集系统一般要包括一块实时视频采集卡，视频信号源如录像机、录音机、音箱及电视等外接设备，以及配置较高的 MPC 系统。视频采集卡不仅提供接口以连接模拟视频设备和计算机，而且具有把模拟信号转换成数字数据的功能。

按视频信号源和采集卡的接口来分，视频采集卡共分为两大类：一类是模拟采集卡，另一类是数字采集卡。模拟采集卡通过 AV 或 S 端子将模拟视频信号采集到 PC 中，使模拟信号转化为数字信号，其视频信号源可来自模拟摄像机、电视信号、模拟录像机等；数字采集卡通过 IEEE1394 数字接口，以数字对数字的形式，将数字视频信号无损地采集到 PC 中，其视频信号源主要来自 DV(数码摄像机)及其他一些数字化设备。

1.3 非线性编辑系统的构成及特点

1.3.1 非线性编辑系统的构成

非线性编辑的实现，要靠软件与硬件的支持，这就构成了非线性编辑系统。一个非线性编辑系统从硬件上看，可由计算机、视频卡或 IEEE1394 卡、声卡、高速 AV 硬盘、专用板卡（如特技卡）以及外围设备构成。为了直接处理高档数字录像机来的信号，有的非线性编辑系统还带有 SDI 标准的数字接口，以充分保证数字视频的输入、输出质量。其中视频卡用来采集和输出模拟视频，也就是承担 A/D 和 D/A 的实时转换。

从软件上看，非线性编辑系统主要由非线性编辑软件以及二维动画软件、三维动画软件、图像处理软件和音频处理软件等外围软件构成。

随着计算机硬件性能的提高，视频编辑处理对专用器件的依赖越来越小，软件的作用则更加突出。基于 CPU+GPU+IO 为核心的新一代纯软件的非线性编辑系统日益成熟。纯软件非线性编辑系统由主机、非线性编辑软件、I/O 视音频卡、存储 4 个部分组成。在纯软件非线性编辑系统中硬件板卡只承担高质量信号的采集和输出，由主机的 CPU+GPU 来承担数据流的实时调用与操作，这一功能主要通过编辑功能强大的编辑软件来实现调用。

非线性编辑系统的出现与发展，一方面使影视制作的技术含量在增加，越来越"专业化"，另一方面，也使影视制作更为简便，越来越"大众化"。就目前的计算机配置来讲，一台家用电脑加装 IEEE1394 卡，再配合 Premiere Pro 就可以构成一个非线性编辑系统。

1.3.2 非线性编辑系统的特点

非线性编辑系统基本上集传统的编辑录放机、切换台、特技机、编辑控制器、电视图文创作系统、二维/三维动画制作系统、调音台、时基校正器、MIDI 音乐创作系统、多轨录音机等设备于一身，具有操作方便、性能均衡、节约投资、信号质量高、编辑手段多样等突出特点。

1. 存取方便，提高了编辑效率

由于非线性编辑系统在计算机平台上运行，音像的存储介质由传统的磁带存储变为硬盘存储，使我们编辑节目时，由传统的录像机挂带搜索变成用计算机鼠标拖拉搜索，速度既快又避免了录像机磁头的磨损。此外，在计算机上图像和声音以一个个文件格式存储在硬盘中，因此存储结构也由磁带中的顺序存放变为链表结构存储。当选取素材时，实际上是控制着硬盘的磁头去读取二进制数据。它以跨接式、随机性的非线性存取方式来读取数据，因此，访问音视频文件的不同部分的时间是一样的，画面可以方便地随机调用，省去了磁带录像机线性编辑搜索编辑点的卷带时间，不仅大大加快了编辑速度，提高了编辑效率，而且编辑精度可以精确到 0 帧。

2. 减少磨损，保证了信号的质量

使用传统的录像带编辑节目，素材磁带要磨损多次，而机械磨损也是不可弥补的。另外，为了制作特技效果，还必须"翻版"，每"翻版"一次，就会造成一次信号损失。非线性编辑系统中的录像机一般只用两个方面：一是向非线性编辑系统输入素材，再者是将制作好的节目输出到录像带上，这样就大大减少了录像机磁头的磨损及编辑过程中反复搜索造成的素材磁带的磨损。在非线性编辑系统中，无论如何处理或者编辑，复制多少次，信号质量将是始终如一的，存储的视音频信号能高质量地长期保存和无数次重放。

3. 集成了多项设备，有效地节约了投资

非线性编辑系统对传统设备的高度集成性，使用者面对的仅是一台计算机及一些辅助设备，避免了多机工作时的重复转换、重复设置、指标各异、性能参差不齐的问题，有效地节约了投资。在整个编辑过程中，录像机只需要启动两次，一次输入素材，一次录制节目带。这样就避免了磁鼓的大量磨损，使得录像机的寿命大大延长，降低了系统的设备维护费。

影视制作水平的提高，总是对设备不断地提出新的要求，这一矛盾在传统编辑系统中很难解决，因为这需要不断投资。而使用非线性编辑系统，则能较好地解决这一矛盾。非线性编辑系统所采用的，是易于升级的开放式结构，支持许多第三方的硬件、软件。通常，功能的增加只需要通过软件的升级就可以实现。

4. 强大的软件功能，提供了多样的编辑方式

非线性编辑系统拥有强大的制作功能：方便易用的场景编辑器和丰富的二、三维特技以及多样效果结合的编辑；完整的字幕制作系统，功能强大的绘图系统及高质量的动画制作；可灵活控制同期声音与背景声的切换与调音，可实现任一画面与声音之间的对位的后配音功能。在一个环境中，就能轻而易举地完成图像、图形、声音、特技、字幕、动画等工作，完成一般特技机无法完成的复杂特技功能并保证音视频准确同步。

非线性编辑有利于反复编辑和修改，发现错误可以恢复到若干个操作步骤之前。在任意编辑点插入一段素材，入点以后的素材可被向后推；删除一段素材，出点以后的素材可向前补。整段内容的插入、移动都非常方便，这样编辑效率大大提高。

在具体应用中对镜头顺序可以任意编辑，可以从前到后进行编辑，也可以从后到前进行编辑；可以把一段画面直接插入到节目的任意位置，也可以把任意位置的画面从节目之中删除；

既可以把一段画面从一个位置移动到另一个位置，也可以用一段画面覆盖另一段画面。图像通过加帧减帧可拉长或缩短镜头片断，随意改变镜头的长度。这在传统线性编辑方式中是很难做到的。

5．节目制作网络化，改变了电视节目制播模式

非线性编辑系统的优势不仅仅在于它的单机多功能集成性，更在于多机联网。通过联网，可以使非线性编辑系统由单台集中操作的模式变为分散、同时工作，为电视台提供一个理想的采、编、审环境，体现了节目制播一条龙的工作模式。

电视节目制作网络化充分实现了资源共享，改变了传统节目制作模式。素材一旦上载到视频服务器中就可以实现共享分段分散编辑，如第一个系统用于画面的剪接，第二个系统用于制作字幕、图标、片头等，第三个系统用于音频合成制作，第四个系统用于节目特技部分的制作，第五个系统将前四个部分的工作合成在一起，最后制片人通过网络进行审片并发送到播出部门，通过网络下载播出，充分实现制播网络一体化。这样使电视节目的制作更加高效、快捷，改变了传统单人单机编辑节目的模式，使电视节目制作更具创造性。

1.4　非线性编辑工作流程

任何非线性编辑的工作流程，都可以简单地看成输入、编辑、输出这样三个步骤。当然由于不同软件功能的差异，其使用流程还可以进一步细化。以 Premiere Pro CS4 为例，其使用流程主要分成如下 5 个步骤。

1．素材采集与输入

素材采集就是利用 Premiere Pro CS4，将模拟视频、音频信号转换成数字信号存储到计算机中，或者将外部的数字视频存储到计算机中，成为可以处理的素材。输入主要是把其他软件处理过的图像、声音等文件，导入到 Premiere Pro CS4 中，以供节目编辑使用。

2．素材编辑

素材编辑就是根据节目的需要，对采集的素材进行浏览，设置素材的入点与出点，以选择最合适的部分，然后根据节目内容按时间顺序组接不同素材的过程。

3．特技处理

为了丰富节目效果以及对素材的再加工，需要对素材进行特效处理。对于视频素材，特技处理包括转场、合成叠加、快慢放、色调调整等特效；对于音频素材，特技处理包括转场、特效。令人震撼的画面艺术效果，就是在这一过程中产生的。而非线性编辑软件功能的强弱，往往也是体现在这方面。

4．字幕制作

字幕是节目中非常重要的部分，它包括文字和图形两个方面。电视节目中字幕效果有标题字、滚屏、唱词等多种形式，对字幕也可以像视频一样添加各种运动效果，实现丰富的字幕特效。Premiere Pro CS4 中制作字幕非常方便，有大量的字幕模板可以选择。

5．输出与生成

电视节目编辑完成后，可以通过视频卡输出回录到录像带上；也可以生成各类视频文件，发布到网上、刻录 VCD 和 DVD 等。

【小结】

本章通过学习非线性编辑的发展、视音频基础知识、非线性编辑的构成和特点以及工作流程，掌握基本的理论知识，为后面的学习奠定理论基础，便于理解以后章节的学习内容。

【习题】

1. 简述非线性编辑发展过程。
2. 简述当前国际普遍采用的电视制式及其特征参数。
3. 简述高清和标清电视信号的特征参数。
4. 什么是非线性编辑？其特点有哪些？
5. 非线性编辑系统由哪些硬件构成？
6. 简述非线性编辑的工作流程。

第 2 章　影视剪辑艺术

【学习目标】
1. 理解蒙太奇的概念、功能、分类。
2. 理解蒙太奇与长镜头的区别。
3. 理解影视剪辑规律。
4. 掌握影视剪辑的技巧和方法。

【知识导航】

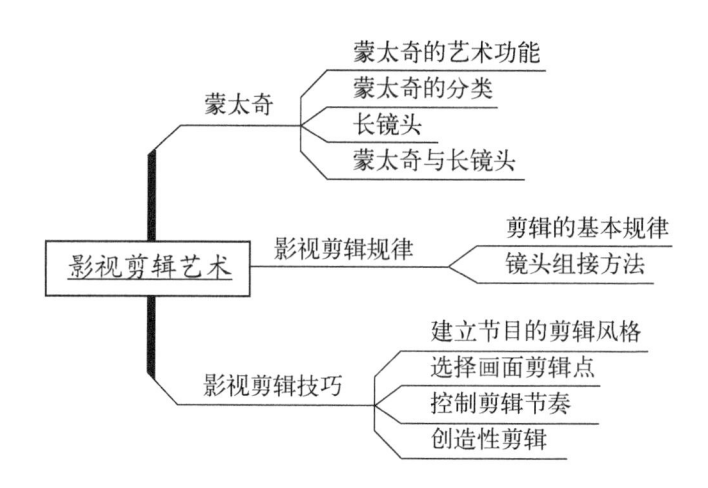

```
                          ┌─ 蒙太奇的艺术功能
                  ┌ 蒙太奇 ├─ 蒙太奇的分类
                  │       ├─ 长镜头
                  │       └─ 蒙太奇与长镜头
                  │
影视剪辑艺术 ─────┼ 影视剪辑规律 ┬─ 剪辑的基本规律
                  │              └─ 镜头组接方法
                  │
                  │              ┌─ 建立节目的剪辑风格
                  └ 影视剪辑技巧 ├─ 选择画面剪辑点
                                 ├─ 控制剪辑节奏
                                 └─ 创造性剪辑
```

2.1　蒙太奇与长镜头

"蒙太奇"是法文"Montage"的音译，原为建筑学术语，意为构成、装配，后被引入到影视节目艺术中，意思转变为剪辑和组合，表示镜头的组接。蒙太奇现在是影视创作的主要叙述手段和表现手段之一，一般包括画面剪辑和画面合成两方面。画面剪辑：由许多画面或图样并列或叠化而成的一个统一图画作品；画面合成：制作这种组合方式的艺术或过程。

2.1.1　蒙太奇的艺术功能

蒙太奇是根据影片所要表达的内容和观众的心理顺序，将一部影片分别拍摄成许多镜头，然后再按照原定的构思组接起来。由此可知，蒙太奇组接镜头的技巧和手段是一部影片成功与否的重要因素。其效果"不是两数之和，而是两数之积"，两个以上的镜头连接以后所获得的效果要超过这两个镜头的基本含义的总和。蒙太奇的主要功能有：

1. 选择与取舍、概括与集中

通过镜头、场面、段落的分解组合，可对素材进行有机地取舍，选取主要、本质的部分，删除多余的部分，突出重点，强调富有表现力的细节，从而使内容表现主次分明，实现高度概括。

2. 引导观众的注意力，激发观众的联想

由于每一个镜头只表现一定的内容，组接有一定的顺序和意图，这就能严格规范和引导观众的关注力，影响观众的情绪与理解，激发观众的联想，引导观众参与。

3. 创造独特的画面时间和空间

运用蒙太奇可对现实生活的时空进行重组，创造出丰富多彩的叙述方式和艺术意境。

4. 使画面形成不同的节奏

节奏指画面中主体运动、镜头长短和组接所完成的片子的轻重缓急。蒙太奇是形成影视片节奏的重要手段，它将视觉节奏和听觉节奏有机结合，形成视听冲击力，作用于观众心理，使之产生共鸣。

5. 组织、综合各种语言符号

通过蒙太奇将影视片整体的各种语言符号融合为运动的、连续不断的、统一完整的声画结合的形象。

6. 表达寓意、创造意境

镜头的分切与组合，通过镜头的逻辑关联，从简单的事实中创造出思想、隐喻、节奏、情绪，产生单个镜头不能表达的思想。

2.1.2 蒙太奇的分类

蒙太奇的表现形式就是镜头的组接方式方法。通过对蒙太奇表现形式的运用和处理，形成蒙太奇句子或蒙太奇段落。正确、合理、巧妙地运用蒙太奇的表现形式，对于影视艺术创作具有极端重要的实际意义。在蒙太奇的实践过程中，人们总结出了两类蒙太奇模式，它们分别是叙述蒙太奇和表现蒙太奇。

1. 叙述蒙太奇

叙述蒙太奇即连续蒙太奇，将镜头按照时间顺序、生活逻辑和因果关系来分切、排列、组合，以交代情节、展示事件和演绎故事。强调外在与内在的连续性，着重于情节发展的人物形体、语言、表情以及造型上的连贯。叙述蒙太奇的优点是脉络清楚，逻辑连贯，明白易懂。它是一种最单纯、最基本的叙述方式，因此为国际影视界所常用，尤其是英美等国影视工作者更习惯于运用这种传统的连续的蒙太奇。

叙述蒙太奇的叙述方法在具体的操作中还分为连续蒙太奇、平行蒙太奇、交叉蒙太奇以及重复蒙太奇等几种方式。

(1) 连续蒙太奇。这种影视的叙述方法类似于小说叙述手法中的顺叙方式。一般来说它有一个单一明朗的主线，按照事件发展的逻辑顺序，有节奏地连续叙述。这种叙述方法比较简单，在线索上也比较明朗，能够使得所要叙述的事件通俗易懂。但也有着自己的不足，一个影片中过多的连续蒙太奇手法会给人拖沓冗长的感觉。因此我们在非线性编辑的时候，需要考虑到这些方面的内容，最好与其他的叙述手法有机结合，互相配合运用。

(2) 平行蒙太奇。这是一种分叙式表达方法。将两个或者两个以上的情节线索分头叙述，而统一在一个完整的情节之中。这种方法有利于概括集中，节省篇幅，扩大影片的容量，由于平行表现，相互衬托，可以形成对比、呼应，产生多种艺术效果。

(3) 交叉蒙太奇。这种叙述手法与平行蒙太奇一样，是一种分叙式表达方法。平行蒙太奇手法只重视情节的统一和主题的一致，事件的内在联系和主线的明朗。而交叉蒙太奇强调的是

并列的多个线索之间的交叉关系和事件的同时性及对比性,这些事件之间的相互影响和相互促进。在最后几条线索汇合为一,这种叙述手法能造成强烈的对比和激烈的气氛,加强矛盾冲突的尖锐性,引起悬念,是掌握观众情绪的一个重要手段。

(4) 重复蒙太奇。这种叙述手法是将代表一定寓意的镜头或者场面在关键时刻反复出现,造成强调、对比、响应、渲染等艺术效果,以便加深对某种寓意的印象。

2. 表现蒙太奇

表现蒙太奇即对列蒙太奇,通过镜头的对列,即通过镜头内容和形式上的对列,通过人物形象和景物造型的对列,造成一种概念或某种寓意,产生一种联想或某种含义,以增强艺术表现力和情绪感染力,达到激发观众的想象和思考,揭示、突出、表现创作立意的目的。它强调镜头的对列,着重于内在的联系,着重于主观的表现,着重于强烈表达某种情感、情绪、心理或思想。表现蒙太奇富有内在的艺术张力和思想的冲击力,主要有以下几种形式。

(1) 隐喻蒙太奇。这种叙述手法通过镜头(或者场面)的对列或交叉表现进行分类,含蓄而形象地表达创作者的某种寓意或者对某个事件的主观情绪。它往往是将类比的事物之间具有某种相似的特征表达出来,以引起观众的联想,领会创作者的寓意和领略事件的主观情绪色彩。

这种表现手法在美学上的特征就是利用巨大的概括力和简洁的表现手法相结合具有强烈的感染力和形象的表现力。在我们要制作的节目中,必须将要隐喻的因素与所要叙述的线索相结合,这样才能达到我们想要表达的艺术效果。用来隐喻的要素必须与所要表达的主题一致,并且能够在表现手法上补充说明主题,而不是脱离情节生硬插入,这一手法要求必须运用贴切、自然、含蓄和新颖。

(2) 对比蒙太奇。这种蒙太奇表现手法就是在镜头的内容上或者形式上造成一种对比效果,给人一种反差感受,也是内容的相互协调和对比冲突,用来表达创作者的某种寓意或者对话所表现的内容、情绪和思想。

(3) 心理蒙太奇。这种表现技巧是通过镜头组接,直接而生动地表现人物的心理活动、精神状态,如人物的闪念、回忆、梦境、幻觉以及想象等心理甚至是潜意识的活动,是人物心理造型表现。这种手法往往用在表现追忆的镜头中。

心理蒙太奇表现手法的特点是形象的片段性,叙述的不连贯性。多用于交叉、对列以及穿插的手法表现,带有强烈的主观色彩。

2.1.3 长镜头

蒙太奇学派出现在20世纪20年代中期的苏联,以爱森斯坦、库里肖夫、普多夫金为代表,他们力求探索新的影视节目表现手段来表现新时代的革命影视节目艺术,而他们的探索主要集中在对蒙太奇的实验与研究上,创立了影视节目蒙太奇的系统理论,并将理论的探索用于艺术实践,创作了《战舰波将金号》、《母亲》、《土地》等蒙太奇艺术的典范之作,构成了著名的蒙太奇学派。

爱森斯坦是蒙太奇理论大师,1922年,他在《左翼艺术战线》杂志上发表了《杂耍蒙太奇》,这是第一篇关于蒙太奇理论的纲领性宣言。在爱森斯坦看来,蒙太奇不仅是影视节目的一种技术手段,更是一种思维方式和哲学理念。他指出:两个并列的蒙太奇镜头,不是"二数之和",而是"二数之积"。《战舰波将金号》是爱森斯坦1925年拍摄的,是蒙太奇理论的艺术结晶,片中著名的"奥德萨阶梯"被认为是蒙太奇运用的经典范例。

第二次世界大战后，法国影视节目理论家巴赞（Andr Bazin，1918－1958）对蒙太奇的作用提出异议，认为蒙太奇是把导演的观点强加于观众，限制了影片的多义性，他主张运用景深镜头和场面调度连续拍摄的长镜头摄制影片，认为这样才能保持剧情空间的完整性和真正的时间流程。

但是蒙太奇的作用是无法否定的，影视节目艺术家们始终兼用蒙太奇和长镜头的方法从事影视节目创作。也有人认为长镜头实际上是利用摄影机动作和演员的调度，改变镜头的范围和内容，并称之为"内部蒙太奇"。

1. 长镜头

长镜头就是通过拍摄角度和景别的变化，用一个不间断的镜头完成一组经过剪接的镜头所担负的表意任务，以保证叙事时间的连续性和空间的统一性。

(1) 长镜头由于不间断地表现一段相对完整的事件，传达信息完整，同时把判断的权利交给了观众。

(2) 长镜头在表现事实的真实性方面，具有说服力。

(3) 长镜头由于连续记录事态进展，因此在叙事上具有一气呵成的感染力。

(4) 长镜头不仅有纪实性，还可以用来造型表意。如可用长镜头来宣泄感情，表达一种低沉的、压抑的、拖拉的气氛，也可以表达一种给人一气呵成的感觉，它引导人们在观赏的时候一边看一边思考，制造一些特殊的效果。

2. 长镜头的特点

(1) 再现的、客观的影像语言。长镜头不是表现人的主观心理世界，而是再现客观的物质世界，是一种写实主义。

(2) 场面调度和时空连续。长镜头语言要客观地纪录事件，主张一次拍成一个镜头段落，排除切换。其手段用场面调度，用时空连续的拍摄方法来实现这种场面调度。

(3) 摄影艺术的无控制剪接。蒙太奇是在剪接台编辑完成的，而长镜头则在摄影阶段完成。长镜头的作品剪接基本上是一种段落和段落的衔接。

(4) 非强制的、开放型的叙事方式。蒙太奇影视节目带有强制性，控制观众的情绪，结局由导演决定。但长镜头与此相反，它纪录的事实在屏幕上展现的是客观的物质世界，因此就有可能让观众自己从屏幕上所提供的这些形象来得出自己的结论。

2.1.4 长镜头和蒙太奇的区别

长镜头与蒙太奇在影视创作中各有侧重，长镜头更注重对事物发展的真实纪录，重视叙述；蒙太奇更注重强调镜头间的思维关系，着重表现。长镜头与蒙太奇在表现效果上也各有异同：

(1) 蒙太奇的叙事是主观的、表现的；而长镜头则是客观的、再现的。

(2) 蒙太奇强调形象对列；而长镜头重视场面调度和时空连续。

(3) 蒙太奇是剪辑的艺术；而长镜头是摄影的艺术。

(4) 蒙太奇是强制、封闭的叙事；而长镜头是非强制性的、开放型的叙事。

长镜头减少了镜头的组接工作，但剪辑工作已经融入到镜头拍摄时的设计中，摄影中根据主体动作和场面内各种关系，变化角度、景别进行拍摄，在一个镜头里展示人物关系、环境气氛的变化及事件的进展。从剪辑角度上来讲，它是蒙太奇的特殊表现，是镜头内部的蒙太奇运动。

长镜头主要用在电视纪实节目中，尤其是纪录片创作中。长镜头可在一个镜头中，不间断地表现一个事件的过程，其效果是利用时空运动的连续可以把真实的现实面貌（包括环境、气氛）自然呈现在屏幕上，能真正体现纪录片真实性的原则，具有独特的纪实魅力。长镜头的画面语言非常具有生命力，如果再加上同期声的运用，观众将会更欢迎这种纪录风格的影片。

2.2 影视剪辑规律

剪辑（Film editing）是影视节目创作流程之一，是由剪辑师将前期拍摄的视觉素材与声音素材重新分解、组合、编辑并构成一部完整影视节目的过程的总称。影视艺术是由多种基本艺术元素所构成的，其中最重要的是形象、动作和结构。认识和熟悉这三大艺术要素的内涵，把握和运用这三大艺术要素的特性，是对每一位影视剪辑人员的共同要求。影视节目剪辑要处理的最基础问题就是镜头与镜头之间动作、造型、时空三种剪辑因素的把握和运用。正确、合理、高明的剪辑，能够增强影视片的艺术表现力和感染力。反之，错误、平庸、低劣的剪辑，就会减弱甚至破坏影视片的艺术表现力和感染力。因此在影视剪辑中镜头的发展和变化要遵从一定的规律。

2.2.1 剪辑的基本规律

(1) 镜头的组接必须符合观众的思想方式和影视表现规律。

镜头的组接要符合生活的逻辑、思维的逻辑。不符合逻辑观众就看不懂。做影视节目要表达的主题与中心思想一定要明确，在这个基础上我们才能确定根据观众的心理要求，即思维逻辑选用哪些镜头，怎么样将它们组合在一起。

(2) 景别的变化要采用"循序渐进"的方法。

拍摄一个场面的时候，"景"的发展不宜过分剧烈，否则就不容易连接起来。相反，"景"的变化不大，同时拍摄角度变换亦不大，拍出的镜头也不容易组接。由于以上的原因我们在拍摄的时候"景"的发展变化需要采取循序渐进的方法。循序渐进地变换不同视觉距离的镜头，可以造成顺畅的连接，形成各种蒙太奇句型。

① 前进式句型：这种叙述句型是指景物由远景、全景向近景、特写过渡。用来表现由低沉到高昂向上的情绪和剧情的发展。

② 后退式句型：这种叙述句型是由近到远，表现由高昂到低沉、压抑的情绪，在影片中表现由细节扩展到全部。

③ 环行句型：是把前进式和后退式的句子结合在一起使用。由全景——中景——近景——特写，再由特写——近景——中景——远景，或者我们也可反过来运用。表现情绪由低沉到高昂，再由高昂转向低沉。这类句型一般在影视故事片中较为常用。

(3) 镜头组接中的拍摄方向，轴线规律。

主体物在进出画面时，我们需要注意拍摄的总方向，从轴线一侧拍，否则两个画面接在一起主体物就要"撞车"。

所谓的"轴线规律"是指拍摄的画面是否有"跳轴"现象。在拍摄的时候，如果摄像机的位置始终在主体运动轴线的同一侧，那么构成画面的运动方向、放置方向都是一致的，否则应是"跳轴"了，跳轴的画面除了特殊的需要以外是无法组接的。

当我们确定了某一轴线后，比如主体从左向右运动（A 左 B 右），一切主体从右向左运动的镜头（A 右 B 左）不能组接，否则就会产生主体一会儿向右运动、一会儿向左运动的现象，引起观众的思维混乱。

(4) 镜头组接要遵循"动接动"、"静接静"的规律。

如果画面中同一主体或不同主体的动作是连贯的，可以动作接动作，达到顺畅、简洁过渡的目的，我们简称为"动接动"。如果两个画面中的主体运动是不连贯的，或者它们中间有停顿时，那么这两个镜头的组接，必须在前一个画面主体做完一个完整动作停下来后，接下一个从静止到开始的运动镜头，这就是"静接静"。"静接静"组接时，前一个镜头结尾停止的片刻叫"落幅"，后一镜头运动前静止的片刻叫做"起幅"，起幅与落幅时间间隔大约为一两秒钟。运动镜头和固定镜头组接，同样需要遵循这个规律。如果一个固定镜头要接一个摇镜头，则摇镜头开始要有"起幅"；相反一个摇镜头接一个固定镜头，那么摇镜头要有"落幅"，否则画面就会给人一种跳动的视觉感。为了特殊效果，也有静接动或动接静的镜头。

(5) 镜头组接的时间长度。

我们在拍摄影视节目的时候，每个镜头的停滞时间长短，首先是根据要表达的内容难易程度，观众的接受能力来决定的，其次还要考虑到画面构图等因素。如由于画面选择景物不同，包含在画面的内容也不同。远景、中景等大景别的画面包含的内容较多，观众需要看清楚这些画面上的内容，所需要的时间就相对长些，而对于近景、特写等小景别的画面，所包含的内容较少，观众只需要短时间即可看清，所以画面停留时间可短些。

另外，一幅或者一组画面中的其他因素，也对画面长短起到制约作用。如同一个画面亮度大的部分比亮度暗的部分能引起人们的注意。因此如果该幅画面要表现亮的部分时，长度应该短些，如果要表现暗部分的时候，则长度则应该长一些。在同一幅画面中，动的部分比静的部分先引起人们的视觉注意。因此如果重点要表现动的部分时，画面要短些；表现静的部分时，则画面持续长度应该稍微长一些。

(6) 镜头组接的影调色彩的统一。

影调对于黑白的画面而言，不论原来是什么颜色，都是由许多深浅不同的黑白层次组成软硬不同的影调来表现的。而对于彩色画面来说，除了一个影调问题还有一个色彩问题。无论是黑白还是彩色画面组接都应该保持影调色彩的一致性。如果把明暗或者色彩对比强烈的两个镜头组接在一起（除了特殊的需要外），就会使人感到生硬和不连贯，影响内容通畅表达。

(7) 镜头组接节奏。

影视节目的题材、样式、风格以及情节的环境气氛、人物的情绪、情节的起伏跌宕等是影视节目节奏的总依据。影片节奏除了通过演员的表演、镜头的转换和运动、音乐的配合、场景的时间空间变化等因素体现以外，还需要运用组接手段，严格掌握镜头的尺寸和数量。整理调整镜头顺序，删除多余的枝节才能完成。

处理影片节目的任何一个情节或一组画面，都要从影片表达的内容出发来处理节奏问题。如果在一个宁静祥和的环境里用了快节奏的镜头转换，就会使得观众觉得突兀跳跃，心理难以接受。然而在一些节奏强烈，激荡人心的场面中，就应该考虑到种种冲击因素，使镜头的变化速率与观众的心理要求一致，以增强观众的激动情绪达到吸引和模仿的目的。

2.2.2 镜头组接方法

镜头画面的组接除了采用光学原理的手段以外，还可以通过衔接规律，使镜头之间直接切换，使情节更加自然顺畅。以下我们介绍几种有效的组接方法。

(1) 连接组接。相连的两个或者两个以上的一系列镜头表现同一主体的动作。

(2) 对列组接。相连镜头但不是同一主体的组接，由于主体的变化，下一个镜头主体的出现，观众会联想到上下画面的关系，起到呼应、对比、隐喻烘托的作用。往往能够创造性地揭示出一种新的含义。

(3) 黑白闪的组接。为造成一种特殊的视觉效果，如闪电、爆炸、照相馆中的闪光灯效果等，组接的时候，我们可以将所需要的闪亮部分用白闪代替，在表现各种车辆相接的瞬间组接若干黑闪，或者在合适的时候采用黑白闪相间交叉，有助于加强影片的节奏、渲染气氛、增强悬念。

(4) 两极镜头组接。这是由特写镜头直接跳切到全景镜头或者从全景镜头直接切换到特写镜头的组接方式。这种方法能使情节的发展在动中转静或者在静中变动，给观众的视觉冲击很强，节奏上形成突如其来的变化，产生特殊的视觉和心理效果。

(5) 闪回镜头组接。用闪回镜头，如插入人物回想往事的镜头，这种组接技巧可以用来揭示人物的内心变化。

(6) 同镜头分析。将同一个镜头分别在几个地方使用。运用该种组接技巧的时候，往往是处于这样的考虑：或者是因为所需要的画面素材不够；或者是有意重复某一镜头，用来表现某一人物的青丝和追忆；或者是为了强调某一画面所特有的象征性的含义以引发观众的思考；或者为了造成首尾相互接应，从而达到艺术结构上给人以完整而严谨的感觉。

(7) 拼接。有些时候，我们在户外拍摄虽然多次，拍摄的时间也相当长，但可以用的镜头却是很短，达不到我们所需要的长度和节奏。在这种情况下，如果有同样或相似内容的镜头的话，我们就可以把它们当中可用的部分组接，以达到节目画面必需的长度。

(8) 插入镜头组接。在一个镜头中间切换，插入另一个表现不同主体的镜头。如一个人正在马路上走着或者坐在汽车里向外看，突然插入一个代表人物主观视线的镜头（主观镜头），以表现该人物意外的看到了什么或直观感想或引起联想的镜头。

(9) 动作组接。借助人物、动物、交通工具等动作和动势的可衔接性以及动作的连贯性、相似性，作为镜头的转换手段。

(10) 特写镜头组接。上个镜头以某一人物的某一局部（头或眼睛）或某个物件的特写画面结束，然后从这一特写画面开始，逐渐扩大视野，以展示另一情节的环境。目的是为了在观众注意力集中在某一个人的表情或者某一事物的时候，在不知不觉中就转换了场景和叙述内容，而不使人产生陡然跳动的不适合之感觉。

(11) 景物镜头的组接。在两个镜头之间借助景物镜头作为过渡，其中有以景为主，物为陪衬的镜头，可以展示不同的地理环境和景物风貌，也表示时间和季节的变换，又是以景抒情的表现手法。在另一方面，是以物为主，景为陪衬的镜头，这种镜头往往作为镜头转换的手段。

(12) 声音转场。用解说词转场，这个技巧一般在科教片中比较常见。用画外音和画内音互相交替转场，像一些电话场景的表现。此外，还有利用歌唱来实现转场的效果，并且利用各种内容换景。

(13) 多屏画面转场。这种技巧有多画屏、多画面、多画格和多银幕等多种叫法，是近代影片影视艺术的新手法。把银幕或者屏幕一分为多，可以使双重或多重的情节齐头并进，大大地压缩了时间。如在电话场景中，打电话时，两边的人都有了，打完电话，打电话的人戏没有了，但接电话人的戏开始了。

镜头的组接技法是多种多样的，按照创作者的意图，根据情节的内容和需要而创造，也没有具体的规定和限制。在具体的后期编辑中，剪辑有法，而无定法，我们可以尽量地根据情况发挥，但不要脱离实际的情况和需要。

2.3 影视剪辑技巧

影视节目剪辑往往需要经过初剪、复剪、精剪以至综合剪等步骤。初剪一般是根据分镜头剧本、依照镜头的顺序人物的动作对话等将镜头连接起来。复剪一般是再进行细致的剪辑和修正，使人物的语言、动作、影片的结构、节奏接近定型。精剪则要在反复推敲的基础上再一次进行准确、细致的修正。综合剪则是最后创作阶段，对构成影片的有关因素进行综合性剪辑和总体的调节直至最后形成一部完整的影片。在影视节目剪辑中既要保证镜头与镜头的组接使事态发展自然、连贯、流畅，又要突出镜头并列赋予事态内在含义的表现性效果。叙事与表现双重功能的辨证统一，是剪辑艺术技巧运用于影视节目创作的总则。为要实现上述双重功能，需要掌握一定的剪辑艺术技巧。

2.3.1 建立节目的剪辑风格

所谓节目的剪辑风格，简而言之，就是剪辑师对节目后期剪辑的整体构思。它体现了剪辑师对编导创作意图的理解，对节目内容、结构的把握。剪辑师所做的剪辑提纲是其具体的表现。

由于电视节目的种类繁多、形式各异，编导的风格不同，这就决定了针对不同种类的节目应采用不同的剪辑方式。剪辑师在动手剪辑一部片子前，必须首先熟悉节目，把握住编导的创作意图及艺术追求，根据节目的内容、形式、风格考虑所采用的剪辑手段，建立片子的剪辑风格。剪辑风格一旦确定，就应保持前后一致，使之贯穿于整个剪辑过程中。

需要注意的是，对于剪辑师来说，建立剪辑风格虽然重要，但表现是为内容服务的，因此必须服从而不能违背编导的创作意图和艺术要求，要与节目的主题、内容、形式、结构达到有机地统一。

2.3.2 选择画面剪辑点

在后期剪辑中，无论是剪动作、剪情绪、剪节奏，剪辑点的选择都必须遵循客观规律，符合事物发展的逻辑，符合人们的思维习惯。

1. 不同类型节目的剪辑

(1) 综艺晚会类节目，大多数以歌舞为主，其剪辑点需按歌曲内容及音乐旋律、节奏、乐句、乐段来选择，并且在音乐节拍强点上切换镜头比较流畅。

(2) 电视剧类的节目，多数按剧情的发展及人物情绪的变化来选择剪辑点。

(3) 访谈性节目，一般按访谈者的谈话内容及现场气氛来切换镜头。

(4) 纪录片及纪实性专题片的剪辑要力求真实可信，尤其是长镜头拍摄时，剪辑要尽量保证镜头完整，避免剪得过细过碎。

(5) 竞技体育类节目，由于动感较强，应选择动感强烈的地方作为切换点。

2. 镜头长度的选择

一般说来，镜头景别、画面信息量的多少及画面构成复杂程度都会影响镜头长度的选择。就景别而言，全景镜头画面停留时间要长一些，中近景镜头要稍短一些，特写镜头还要短一些；就画面信息量而言，信息量大时，画面停留时间要稍长一些，信息量少的则要短一些；就画面构成复杂程度而言，画面构成复杂的，停留时间要稍长一些，反之则稍短一些。对于叙述性或描述性的镜头,镜头长度的选择应以观众完全看懂镜头内容所需的时间为准。对于刻画人物内心心理及反映情绪变化为主的镜头,镜头长度的选择不要按叙述的长度来处理,而应根据情绪长度的需要来选择,要适当地延长镜头长度,保持情绪的延续和完整,给观众留下感知和联想的空间。

3. 镜头之间的组接

"动"接"动"、"静"接"静"是镜头组接的基本原则。所谓的"动"与"静"是指在剪辑点上画面主体或摄像机是处于运动的还是静止的状态。遵循这一原则进行镜头组接可保持视觉的流畅及和谐。两个固定镜头组接时,画面主体都是静止的,其剪辑点的选择要根据画面的内容来决定(静接静)。两个固定镜头组接时,其中一个镜头主体是运动的,另一个镜头主体是不动的,一种组接方法是寻找主体动作的停顿处来切换;另一种方法是在运动主体被遮挡或处于不醒目的位置时切换(静接静),如果两个固定镜头主体都是运动的,其剪辑点可选在主体运动的过程中。一般说来,剪动作时,镜头组接是以主体动作的运动因素作为依据的,小景别的动作要少留一些,大景别的动作要多留一些(动接动)。当两个镜头都是运动镜头,并且运动方向一致时,应去掉上一镜头的落幅及下一镜头的起幅进行组接(动接动)。如果两个运动镜头的运作方向不一致时,就需在镜头运动稳定下来后切换,即保留上一镜头的落幅和下一镜头的起幅进行组接(静接静)。"动"接"动"的一种特殊用法是所谓"半截子"镜头组接。即不同运动主体或运动镜头在运动过程中进行切换,这样一系列的"半截子"镜头组接起来给人的动感更强,节奏更鲜明,在体育集锦类节目的剪辑中应用较多。需要注意的是,组接镜头时要考虑运动主体或运动镜头的方向性及动感的一致性。

除了"动"接"动"、"静"接"静"外,常见的还有"动"接"静"和"静"接"动"。在进行后两种画面组接时,要充分利用主体之间的因果关系、对应关系、呼应关系及画面内主体运动节奏的变化,做到由动到静,由静到动顺理成章的自然转换。

4. "跳轴"现象的处理

在前期拍摄时,由于摄像师未充分意识到轴线问题,或者即使前期拍摄时建立并遵守了轴线原则,但后期剪辑时需打乱原来的镜头次序重新组合,就可能产生"跳轴"现象。如果这个问题不加以解决,会造成观众理解上的混乱。

当遇到"跳轴"问题时,剪辑师可采取一些补救措施,消除或减弱"跳轴"现象。

(1) 利用动势改变轴线方向。在两个跳轴镜头中间,插入一个人物转身或运动物转弯的镜头,将轴线方向改变过来。

(2) 插入中性镜头。在两个运动方向相反的镜头中间,插入一个无明显方向性的中性镜头,可减弱"跳轴"的影响。

(3) 借助人物视线。在跳轴镜头中间插入一个人物视线变化的镜头,借助人物视线的变动,改变轴线方向,清除"跳轴"现象。

(4) 插入特写镜头。在跳轴镜头中间,插入一个局部特写或反映特写镜头,可减弱"跳轴"现象。需要注意的是,插入的特写镜头要与前后镜头有一定的联系,否则显得生硬。

(5) 插入全景镜头。由于全景镜头中主体在画面所处的位置、运动的方向或动作不很明显,插入后即使轴方向有所变化,但观众的视觉跳跃不大,可减弱"跳轴"现象。

2.3.3 控制剪辑节奏

电视片的节奏是由画面主体或摄像机镜头的运动、镜头的长短、景别的变换、组接时的切换速度等多种因素构成的。它是片子中事件、情节或人物情绪变化的速度和强度,是影响片子好坏的一个重要因素。

在前期拍摄时，摄像师应根据编导的意图及节目的形式、风格，控制摄像机的运动速度(例如轻松、欢快的节目，摄像机的运动速度可稍快一些；庄重、抒情的节目运动速度可缓慢一些)，从而形成节目的节奏基调。

在后期剪辑时，剪辑师总的说来要遵循这一节奏基调，再结合节目的内容及结构安排，根据事件及情节发展的轻重缓急，形成有起有落、张弛有度的剪辑节奏。在剪辑时，尤其要注意：一是段落的剪辑节奏要与片子的总体节奏相吻合和匹配；二是段落与段落之间的节奏变化要适当，变化过快或过慢都会给观众心理上产生不适应的感觉。

后期剪辑时，在一个段落中采用一成不变的剪辑节奏，会使观众产生疲乏厌倦的感觉。如果适当变化剪辑节奏，采用剪接加速度的方法，使组接的镜头越来越短，利用镜头的积累效果，可使段落形成一个高潮。但在做这种节奏处理时，一定要注意张弛结合，每一个高潮点后都要留出一个缓冲释放的空间，给观众以回味和联想的余地。

2.3.4 创造性剪辑

剪辑艺术技巧在长期的制片实践中已具有丰富的经验，在欧美的理论著述中，有时统称为创造性的剪辑。特别是经过爱森斯坦、普多夫金等大师的开拓探索和理论总结，已形成为蒙太奇的某些根本性的原则和法则，并被作为影视节目艺术独特的结构表现手段，渗透于影视节目创作的全过程。常见的创造性剪辑技巧有下面几种。

1. 叙事、戏剧性效果剪辑

尽管经过剧作构思、分镜头摄录，但影视节目叙事的生动、戏剧性效果，最终还取决于剪辑能否控制关键镜头的时间安排。叙事技巧的要点是，运用调整重点、关键性镜头出现的时机和顺序，在镜头动作事态的连贯中，选择恰当的剪辑点，使每一个镜头动作的新发展都在戏剧上最合适的时刻表现出来。故事片常提前暗示或有意延缓"危机"、"事变"来制造紧张期待的悬念、出人意外的惊恐。

2. 模拟、表现性效果剪辑

内容或形式不同的镜头间的对列，是创造性的剪辑广泛运用的表现手法。一般引人注意的是通过剪辑的安排和穿插，将一些与直叙故事的内容相对比或者相类似的镜头并列在一起，以取得揭示内在含义、渲染情绪气氛的艺术效果。表现性剪辑的要点是在保证叙事连贯性的同时，利用连贯性表现超越直叙事态之上的思想与情感。这样的剪辑不但不使观众感觉到跳跃和不舒服，反而恰恰符合情绪和节奏的需要。它大胆地简化自然动作，有选择地运用统一的情绪，来集中渲染气氛和情绪。

3. 速度、节奏性效果剪辑

当不同景别的镜头组接技巧在空间的具体造型方面成为影视节目独特表现手段的早期，已发现镜头持续的长短，在心理方面具有影响情绪的感染力。镜头短，画面转换快，引起急迫、激动感；镜头长，画面转换慢，导致迟缓乃至压抑感；长短镜头交替切换可造成心理紧张度的起伏。因此，剪辑控制画面的长短，可强化或减弱镜头切换中动作事态的速度，调整与叙事内容格调相应的情绪节奏。

这种通过镜头长短对比形成的速度节奏的技巧效果，一般称做剪辑调子，通常叫做快速剪接或慢速剪接。镜头的长短基本取决于镜头画面内容的简繁，画面快慢的切换不能超越镜头内容含义的充分表达和为观众了解的最低时限。

创造性的剪辑不但要具有深厚的艺术素养，娴熟地掌握了剪辑技巧和艺术手法，而且有着先进的影视创作观念，强烈的创新意识，能够从素材样片的实际状况和影视片的总体艺术构思出发，从剪辑艺术的角度切入，提出高明、精确、周全的剪辑设想、意见和方案，并且与导演和摄制组其他创作人员通力合作予以实施，使全片在结构、语言、节奏上臻于完美，取得明显的优良的剪辑效果，是每一位剪辑人员应该努力争取达到的境界。

在剪辑过程中，始终牢牢把握住形象、动作和结构这三大艺术要素的特性，把形象、动作和结构这三大艺术要素的要求作为剪辑的前提。自觉地主动地充分地运用动作、造型和时空这三大剪辑因素，尽可能地完全合理地发挥剪辑因素的功用。将动作、造型和时空这三个剪辑因素有机地结合起来予以考虑和运用，而不是把三个剪辑因素对立起来割裂开来，孤立地单独地毫无联系地随意使用。

【小结】

本章主要学习蒙太奇的功能和特点，长镜头的特点，影视剪辑的三大因素以及影视剪辑规律和剪辑技巧，为后期的影视剪辑实践做好理论储备。

【习题】

1. 什么是蒙太奇？
2. 蒙太奇的艺术功能有哪些？
3. 什么是长镜头？简述长镜头的艺术特点。
4. 简述影视创作中所遵循的艺术规律。
5. 简述影视剪辑的三大因素。
6. 简述影视剪辑的步骤。
7. 简述影视剪辑的技巧运用。

第 3 章　第一个作品
——快乐宝贝动感相册

【学习目标】

1. 掌握 Adobe Premiere Pro CS4 的工作流程。
2. 了解 Adobe Premiere Pro CS4 的工作界面。
3. 初步掌握在时间线轨道上添加素材和修改素材。
4. 基本掌握各类素材的导入。
5. 理解 Adobe Premiere Pro CS4 软件的工作特点。

【知识导航】

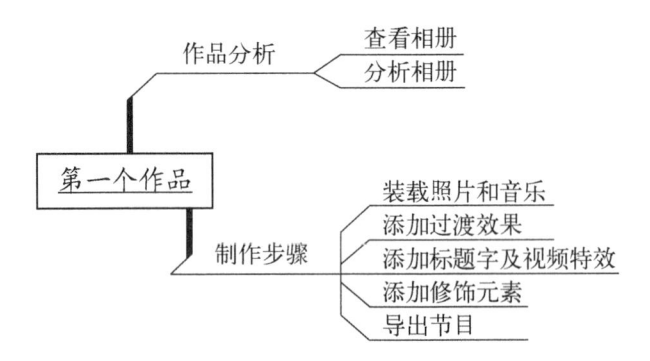

```
                        作品分析 ── 查看相册
                         │        分析相册
             第一个作品 ──┤
                         │        装载照片和音乐
                         │        添加过渡效果
                        制作步骤 ── 添加标题字及视频特效
                                  添加修饰元素
                                  导出节目
```

本章内容主要从一个电子相册的制作开始，希望大家通过实例的学习能够快速了解视频节目编辑的主要流程和基本方法，熟悉 Premier Pro CS4 的基本工作环境，使初学者建立视频节目编辑的基本知识结构，为后面内容的深入学习做好知识储备。

3.1　作 品 分 析

3.1.1　查看相册

在开始学习本章内容前，确保本书配套素材已复制至 D 盘根目录下。打开"第三章"文件夹下"快乐宝贝.mp4"视频文件，播放并仔细查看影片中的各元素及相互关系。视频截图如图 3-1 所示。

3.1.2　分析相册

欣赏完电子相册后，我们回想一下本视频节目由哪些元素构成呢？如果想不起来，不妨再观看一遍。观察后会发现本动态相册内容主要由照片、修饰、字幕、音乐、过渡特技等几种元素构成。

图 3-1

在动态电子相册制作中,照片是相册的主要视觉表现对象,但只有照片似乎显得较为呆板,因此还需要一些修饰的元素,这些元素可以是图,也可以是动态的视频,如果你对软件掌握较为熟练的话,还可以让每个修饰元素或照片都"动"起来;画面配上字幕,以对画面起到提示、说明的作用,更能体现特定的意境;音乐主要起到连接画面、烘托气氛的作用,音频配合视频,两者融为一体,更具表现力;视频中的过渡特技丰富了照片之间的衔接方式,使视觉场景过渡自然,且具有艺术感。以上 5 种元素共同作用,赋予了动态电子相册独特的艺术感。

3.2 制作步骤

在分析完快乐宝贝动态相册后,我们已经了解了视频节目的基本构成元素。接下来要按照视频节目的构成元素来准备各类素材,然后在视频编辑软件里将它们有机地"合成"在一起,使其相互作用,共同表现相册内容。

准备素材在影视节目制作中是非常重要的一环。在本相册制作中,要用到照片、修饰素材、背景视频、音乐、文字。为了降低初学者的难度,在本例中将大量的修饰元素安排在照片处理中,如果对 Photoshop 比较熟练的话,能为相册增色不少。本例中的素材在随后的制作过程中会逐个与读者见面。素材目录如图 3-2 所示。

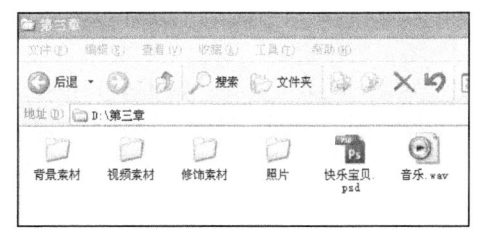

图 3-2

3.2.1 装载照片和音乐

装载照片的目的就是要把照片目录中的图片按照一定的顺序，添加至 Premiere 时间线的选定轨道。

(1) 双击桌面上 Premiere Pro CS4 快捷图标，启动 Premiere Pro CS4，如图 3-3 所示。

图 3-3

(2) 在弹出的项目任务窗口中，选择"新建项目"按钮，如图 3-4 所示。
(3) 在弹出的"新建项目"窗口中，键入新建项目名称"相册 test"，并指定保存路径"D:\第三章"，操作完成后窗口如图 3-5 所示，随后按"确定"按钮。

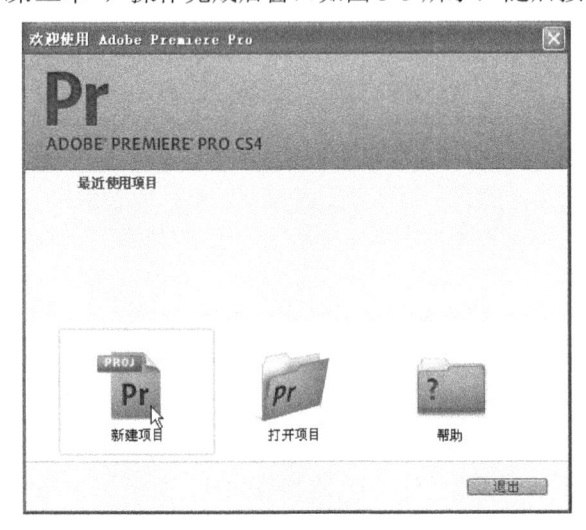

图 3-4 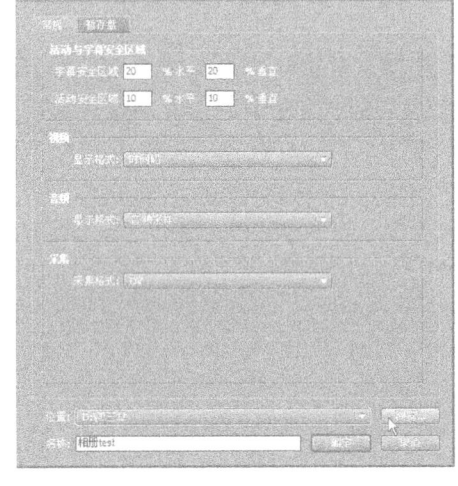   图 3-5

(4) 在弹出的"新建序列"窗口中，选择"序列预置"面板中的"DV-Pal"→"标准 48kHz"预置项如图 3-6 所示，按"确定"按钮。
(5) 随后打开 Premiere Pro CS4 工作界面，在项目窗口中的空白处单击右键，执行"导入"命令，如图 3-7 所示。
(6) 在弹出的"导入"窗口中，定位到"D:\第三章"，选中"照片"文件夹，点击窗口右下角的"导入文件夹"按钮，如图 3-8 所示。
(7) 将素材文件夹"照片"导入"项目"窗口，如图 3-9 所示。
(8) 在该相册中，准备了一段视频，存储于视频素材文件夹内，用于相册的开头。用上面同样的方法将视频素材文件夹导入至项目窗口。
(9) 点击"项目"窗口中"视频素材"左侧的小三角▼展开其中的内容，将"气球飘动.mov"拖至时间线"视频 2"轨开始位置，如图 3-10 所示。

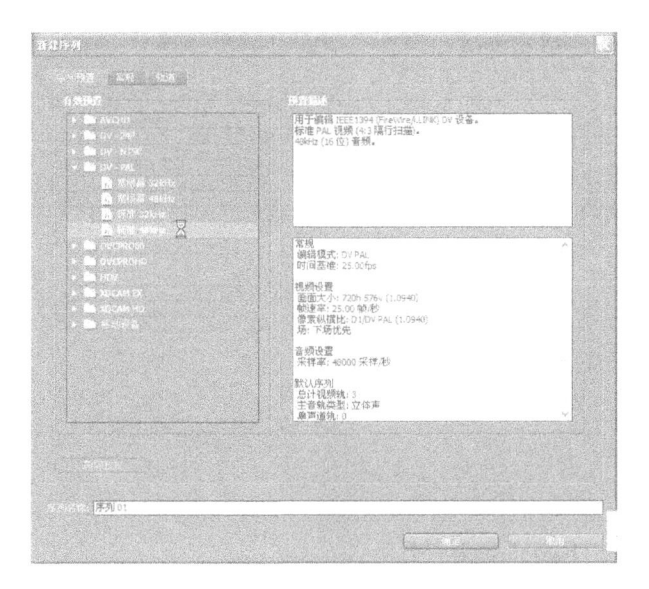

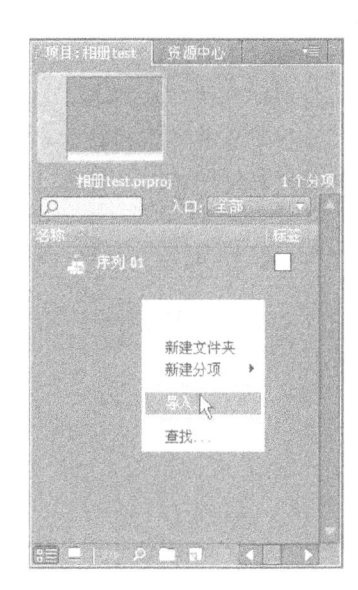

图 3-6

图 3-7

图 3-8

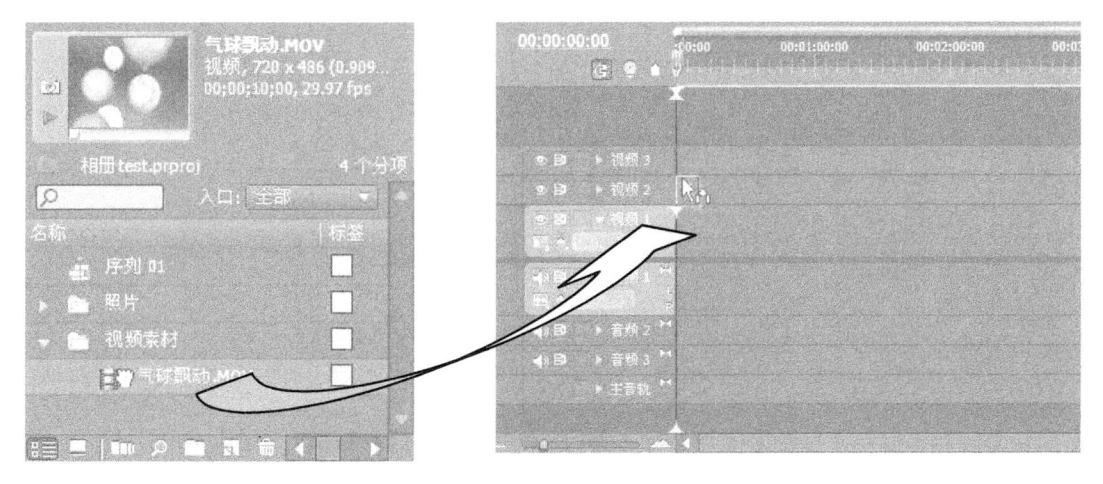

图 3-9

图 3-10

提示：在 Premiere Pro CS4 中，启用时间线上的吸附功能为素材的对齐提供了方便的方法，默认该功能处于开启状态。拖动某一素材在时间线上进行左右移动时，当该素材起始位置或结束处与同轨或异轨素材的头或尾处于同一时间线位置时，便在对齐位置出现一条黑线，这时释放鼠标，表示两素材在垂直方向上严格对齐，中间没有间隔。

(10) 用同样的方法将"照片"文件夹拖至"视频 2"轨"气球飘动.mov"素材后，并使其与"气球飘动.mov"对齐，如图 3-11 所示。

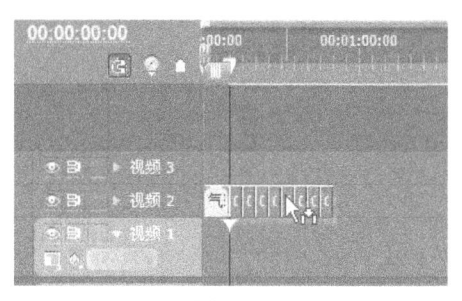

图 3-11

(11) 将"D:\第三章"目录中的"音乐.wav"文件导入进"项目"窗口，并将其拖动至时间线"音频 1"轨，使素材头处于轨道开始位置。

(12) 按"\"键，将时间线素材显示范围放大至时间线范围，如图 3-12 所示。再按空格键播放时间线，观看影片。

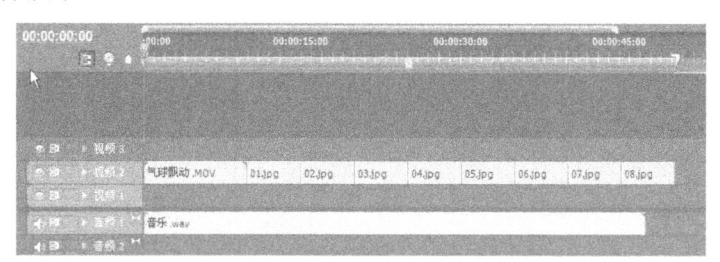

图 3-12

装载完照片和音乐后，动态相册的雏形就有了，现在可以播放并查看效果。

3.2.2 添加过渡效果

(1) 通过播放时间线，发现"气球飘动.mov"素材过于冗长，况且"视频 2"轨内容长于"音频 1"轨内容，需要修整"视频 2"轨内容，在这里首先将"气球飘动.mov"进行修整。拖动游标，使"当前时间线指示器"位于"气球飘动.mov"素材上，如图 3-13 所示。

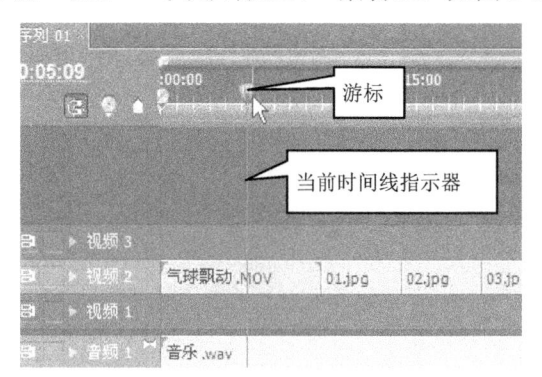

图 3-13

(2) 按下"T"键后打开"修整"监视器窗口，在修整目标轨道选择上选"视频2"轨，在"输出端出点"时间码上单击，键入"0618"后回车，如图3-14所示。

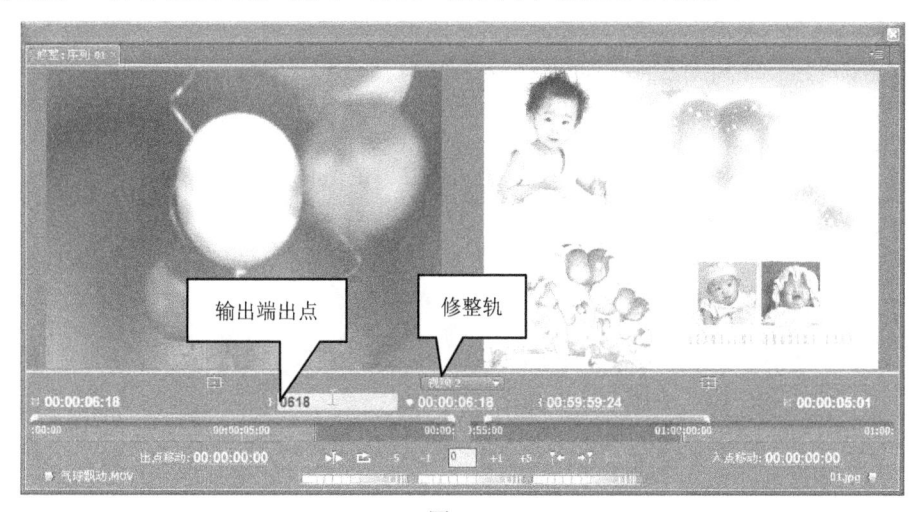

图3-14

提示：快捷键只有在英文输入法下生效。

(3) 得到修整后的素材变短了，音视频长度基本相当。由于"气球飘动.mov"视频窗口（720×486）与序列窗口（720×576）大小不同，因此素材不能充满窗口。在本素材上单击鼠标右键，执行"适配为当前画面大小"命令，素材充满了整个监视器窗口，如图3-15所示。

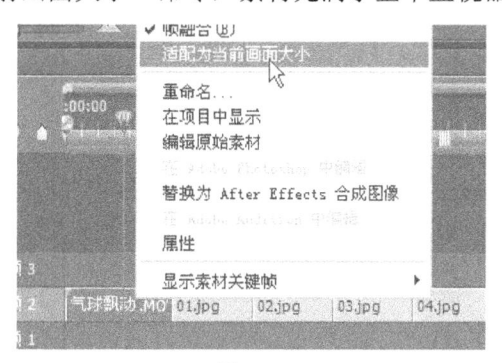

图3-15

(4) 打开"效果"面板中"视频切换"下的"GPU过渡"目录，将其中"球体"效果拖至"气球飘动.mov"与"01.jpg"之间后释放，如图3-16所示。

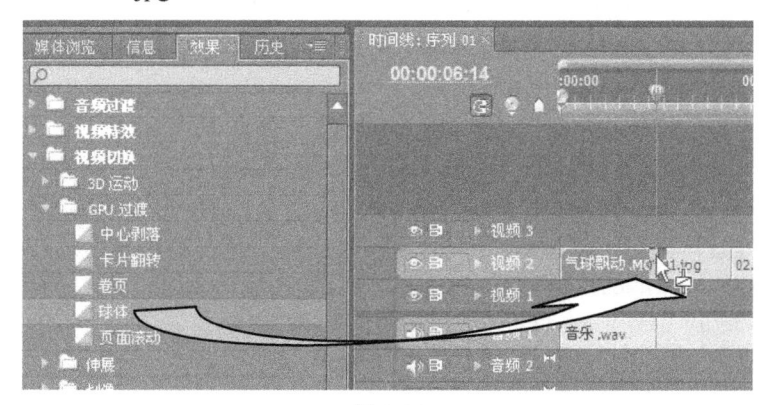

图3-16

(5) 将"GPU 过渡"目录下的"卡片翻转"效果拖动至"01.jpg"与"02.jpg"之间后释放；将"叠化"目录下的"白场过渡"效果拖动至"02.jpg"与"03.jpg"之间后释放；将"叠化"目录下的"抖动溶解"效果拖动至"03.jpg"与"04.jpg"之间后释放；将"擦除"目录下的"油漆飞溅"效果拖动至"04.jpg"与"05.jpg"之间后释放；将"擦除"目录下的"渐变擦除"效果拖动至"05.jpg"与"06.jpg"之间后释放，并将柔和度设为20；将"滑动"目录下的"多旋转"效果拖动至"06.jpg"与"07.jpg"之间后释放；将"滑动"目录下的"漩涡"效果拖动至"07.jpg"与"08.jpg"之间后释放。至此，过渡效果添加完毕，时间线如图3-17所示。现在可以按下空格键观看作品。

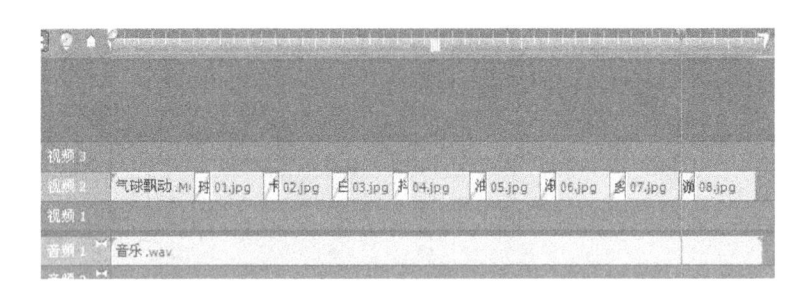

图 3-17

3.2.3 添加标题字及视频特效

(1) 导入"D:\第三章"目录中的"快乐宝贝.psd"文件，作为相册的标题。在导入过程中，由于该文件是一分层 PhotoShop 文件，图层可直接被 Premiere Pro CS4 识别，在弹出的导入文件对话框中，按默认设置合并所有图层，确定即可。

(2) 将素材"快乐宝贝.psd"从项目窗口中拖入至"视频3"轨。

(3) 打开"效果"面板中"视频切换"下的"卷页"效果目录，拖动"卷出"效果至"快乐宝贝.psd"素材的起始位置（入点）和结束位置（出点），如图3-18所示。

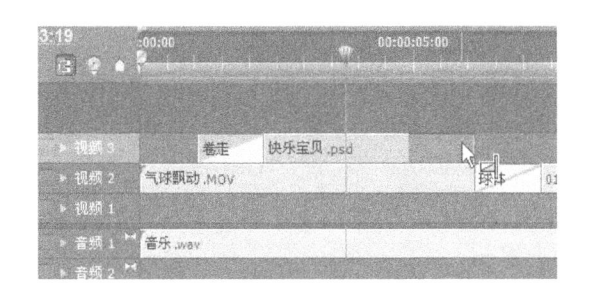

图 3-18

现在可以将"当前时间线指示器"拖动至时间线起始位置，播放查看刚才添加的卷页效果。为了让标题字在播放过程中有所变化，下面给标题字添加使其颜色随时间变换的视频特效。

提示：以下步骤(4)~(7)可为初学者选作练习。

(4) 打开"效果"面板中"视频特效"下的"色彩校正"效果目录，拖动更改颜色效果至"快乐宝贝.psd"素材上，待其素材周围出现一方框后，释放鼠标，随之素材下边缘出现一条绿色（表明本素材已添加了视频特效），接着在"素材源"监视窗口位置打开"特效控制台"，如图3-19所示。

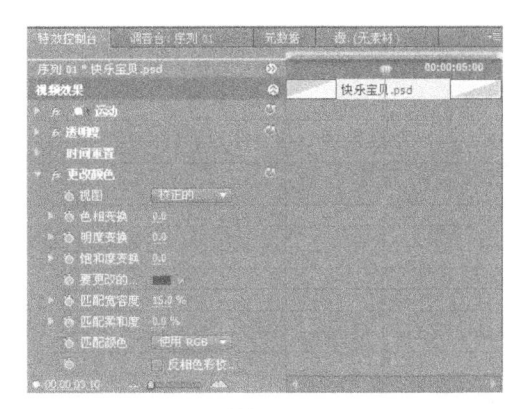

图 3-19

(5) 用"拾色器"在"节目"监视窗口中拾取要更改的颜色。鼠标点选"特效控制台"中要更改的颜色项右侧的"拾色器",然后移动鼠标至"节目"监视窗口画面上,选中"要更改的"颜色后在上面单击,结果所拾取的颜色就显示在"特效控制台"中"要更改的"颜色项右侧,如图 3-20 所示。

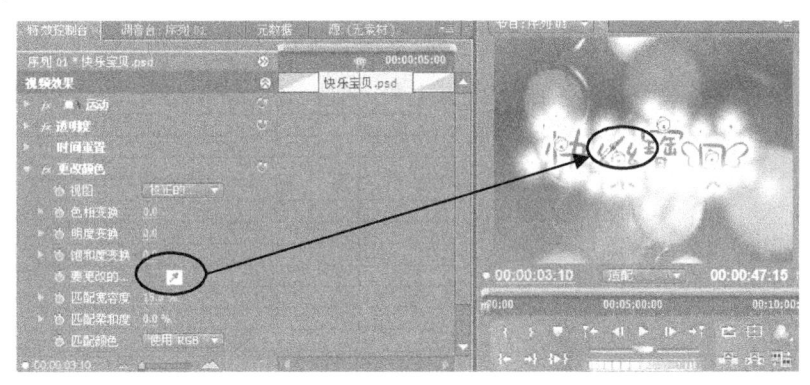

图 3-20

(6) 将"当前时间线指示器"移至素材开头处,点击"色相变换"项左方的"切换动画开关"按钮,打开动画记录,同时时间线处出现一个深色点即"关键帧",此时"色相变换"项右方的值"0"被记录在该关键帧内。再将时间线向右移一段距离,将"色相变换"项右方的值改为"100"后回车,时间线处又出现一个"关键帧",如图 3-21 所示。

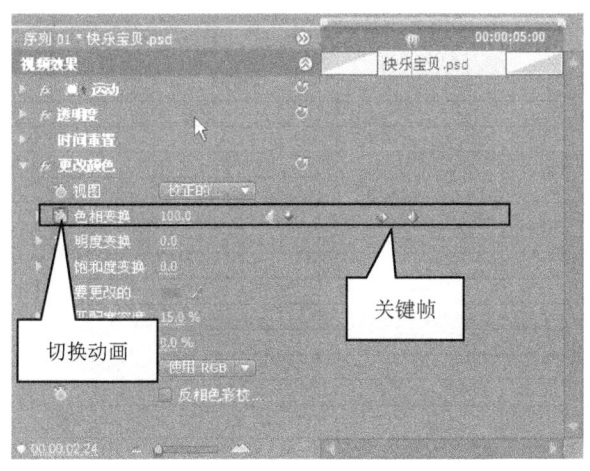

图 3-21

(7) 用同样的方法再添加 3 个"关键帧","色相变换"项的数值分为是:"200","300","400",如图 3-22 所示。

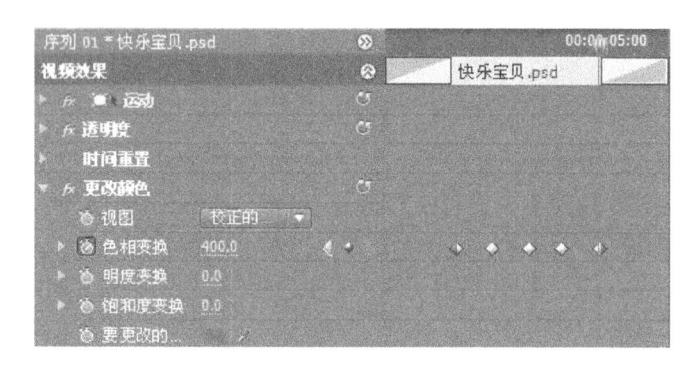

图 3-22

播放节目,就可以看到标题字随时间变化的效果了。如果觉得变化范围太小,还可以再重复添加一次更改颜色特效,要更改的颜色换为另一种颜色,我们会观察到效果的变化范围扩大了。

3.2.4 添加修饰元素

(1) 当节目播放到第二个过渡效果(卡片翻转)时,露出了黑色背景,在这里可以通过添加一视频素材至"视频 1"轨,以盖住画面中的黑色。

(2) 在"项目"窗口空白处单击右键,执行"导入"命令,按下"导入文件夹"按钮,导入"D:\第三章"目录下的"背景素材"文件夹。在"项目"窗口中,点击"背景素材"文件夹左侧的三角形,打开本目录,可以看到素材"07.avi",与上面提到的素材不同的是,本素材带有声音(可以通过素材左侧的图形标识看到),如果直接拖动其到时间线,音频也会添加进去。现在我们用另一种方法,只将视频添加至"视频 1"轨。

(3) 双击"07.avi"在"素材源"监视器窗口中打开"07.avi",按下"播放"按钮可查看素材内容,这时我们在看到画面的同时也能听到声音。拖动"仅拖动视频"图标至"视频 1"轨,使"07.avi"处于"卡片翻转"过渡效果正下方,如图 3-23 所示。

图 3-23

(4) 将"修饰素材"文件夹导入进"项目"窗口后,用上面步骤中的方法将"xingxing.mov"视频部分拖动至"视频 3"轨"快乐宝贝.psd"素材后,将鼠标移至"xingxing.mov"出点,待鼠标指针形状"红色方括号"时,向左拖动,即改变此素材的出点,如图 3-24 所示。

(5) 点选"xingxing.mov"素材,打开"特效控制台"面板,展开"透明度"项,在"混合模式"中选中"滤色",如图 3-25 所示。

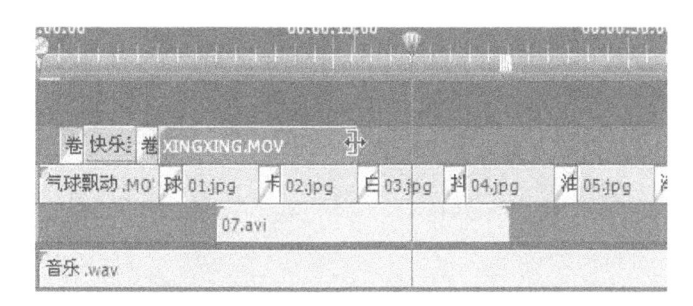

图 3-24　　　　　　　　　　　　　图 3-25

(6) 将素材"上漂肥皂泡.avi"、"粉红花瓣.avi"、"幻彩.avi"、"七彩光.avi"分别拖动至"xingxing.mov"素材后,将它们的"混合模式"均改为"滤色",时间线顺序如图 3-26 所示。

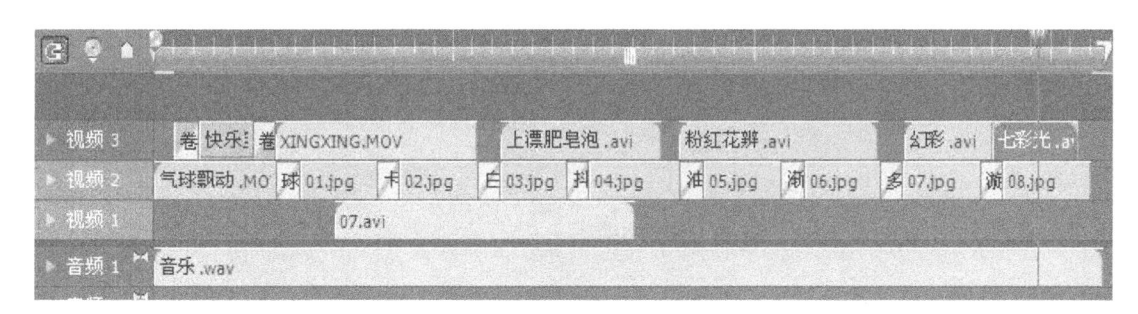

图 3-26

(7) 完成以上步骤后,按 Home 键,将"当前时间线指示器"移至时间线起始处,再按空格键播放节目。通过查看,在素材"幻彩.avi"和"七彩光.avi"衔接处、"08.jpg"结束处均有些突兀。因此,在"幻彩.avi"和"七彩光.avi"之间、"08.jpg"尾用前面所学方法添加"交叉叠化"过渡特效。

3.2.5　导出节目

以上所有的视频编辑工作,都脱离不开时间线,也就是说必须要在编辑环境下才能观看节目。为了让节目播放和应用方式更加灵活,就要将时间线上的内容输出为单独的视频文件,也就是节目的导出。

(1) 按 Ctrl+M 键,打开"导出设置"窗口,"格式"在这里选择"H.264","预置"选"PAL DV 高品质",输入文件名后按"确定",如图 3-27 所示。

(2) 在 Adobe Premiere Pro CS4 中,导出任务由其组件 Adobe Media Encoder 来完成。在输出设置完成后,启动 Adobe Media Encoder 组件,如图 3-28 所示。

(3) 在打开的 Adobe Media Encoder 工作界面中,按"Start Queue",开始导出任务,如图 3-29 所示。

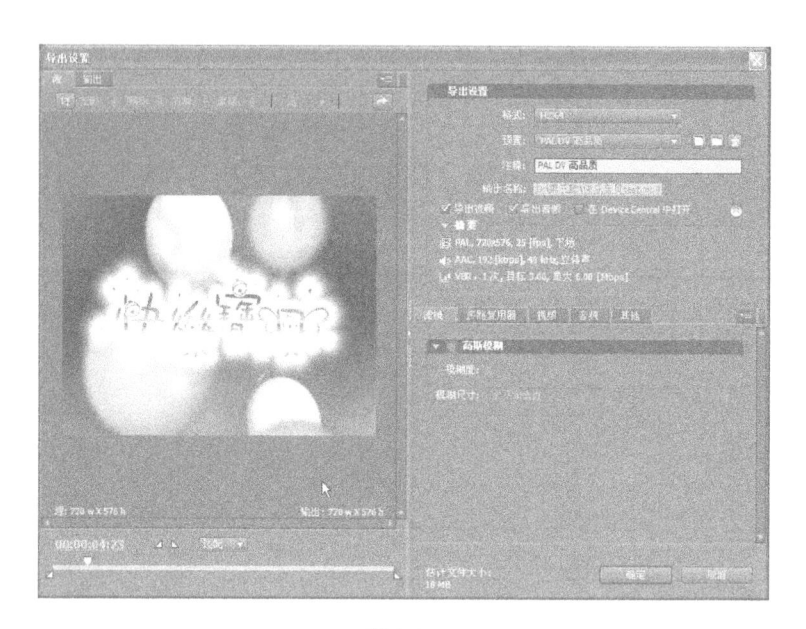

图 3-27

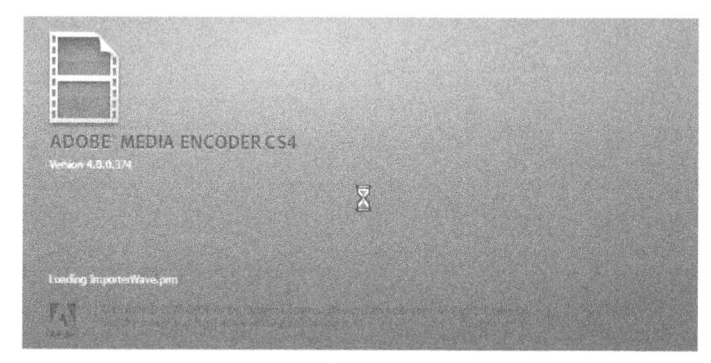

图 3-28

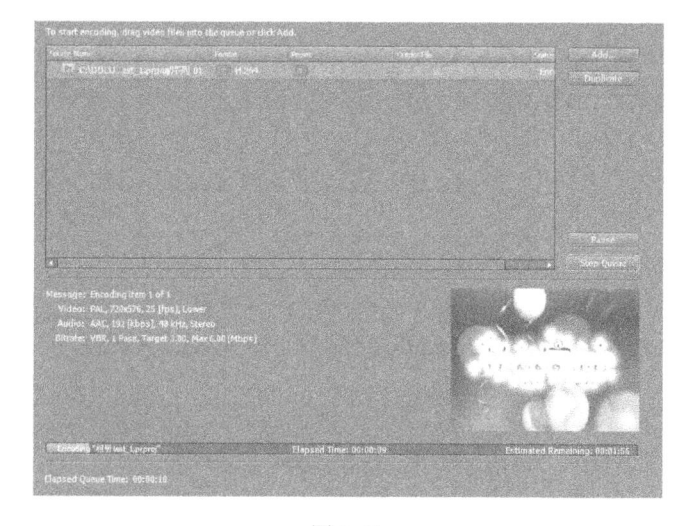

图 3-29

(4) Adobe Media Encoder 导出界面下部的黄色条,表示当前导出任务的进度。导出任务结束后关闭窗口。

34

(5) 按导出设置中所指定的输出路径，找到"快乐宝贝 test.mp4"文件，用播放器打开观看作品。

【小结】

本章我们通过分析电子相册的构成元素，通过导入素材，在时间线轨道上装载视音频素材、动态背景，给视频添加过渡特效、添加标题字以及调整色彩变化等步骤，完成了自己第一个作品，达到初步熟悉 Premier Pro CS4 的基本工作环境。

【习题】

1. 组成电子相册的元素有哪些？
2. 在项目中如何导入一个文件和文件夹？

第 4 章　Premiere Pro CS4 编辑环境

【学习目标】

1. 了解 Adobe Premiere Pro CS4 的界面特点。
2. 掌握 Adobe Premiere Pro CS4 各个工作面板的功能。
3. 了解 Adobe Premiere Pro CS4 的项目参数设置。
4. 学会定制 Adobe Premiere Pro CS4 工作区。
5. 掌握 Adobe Premiere Pro CS4 编辑工具的功能。

【知识导航】

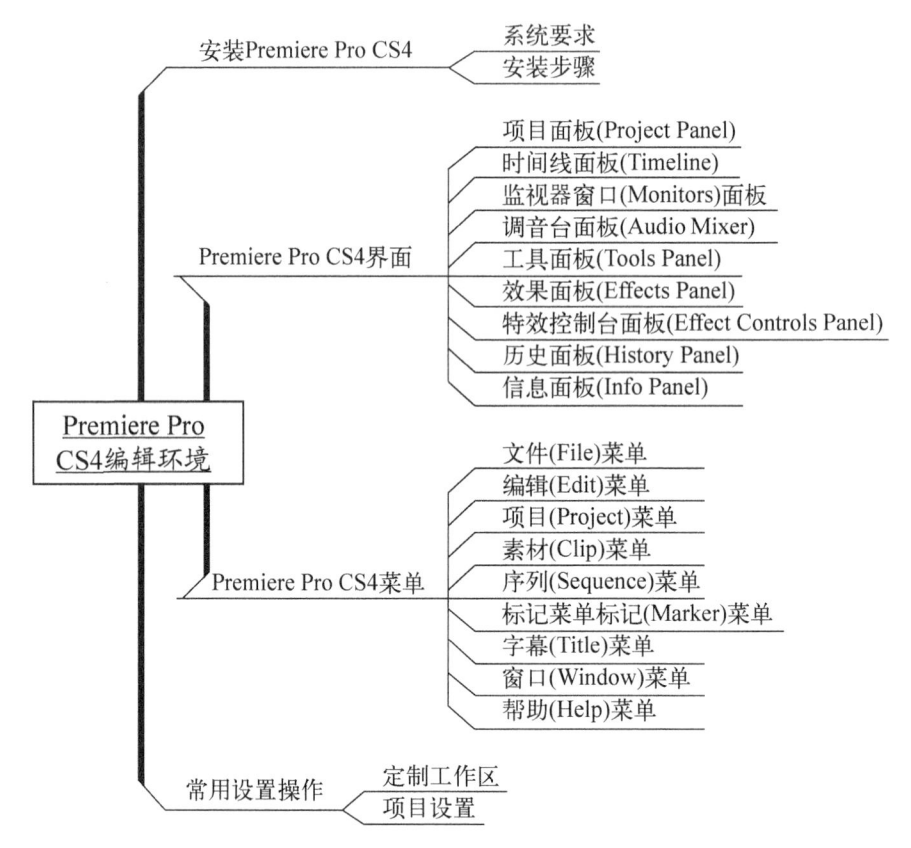

```
                           ┌─ 安装Premiere Pro CS4 ─┬─ 系统要求
                           │                        └─ 安装步骤
                           │
                           │                        ┌─ 项目面板(Project Panel)
                           │                        ├─ 时间线面板(Timeline)
                           │                        ├─ 监视器窗口(Monitors)面板
                           │                        ├─ 调音台面板(Audio Mixer)
                           ├─ Premiere Pro CS4界面 ─┼─ 工具面板(Tools Panel)
                           │                        ├─ 效果面板(Effects Panel)
                           │                        ├─ 特效控制台面板(Effect Controls Panel)
                           │                        ├─ 历史面板(History Panel)
 Premiere Pro              │                        └─ 信息面板(Info Panel)
 CS4编辑环境 ───────────────┤
                           │                        ┌─ 文件(File)菜单
                           │                        ├─ 编辑(Edit)菜单
                           │                        ├─ 项目(Project)菜单
                           │                        ├─ 素材(Clip)菜单
                           ├─ Premiere Pro CS4菜单 ─┼─ 序列(Sequence)菜单
                           │                        ├─ 标记菜单标记(Marker)菜单
                           │                        ├─ 字幕(Title)菜单
                           │                        ├─ 窗口(Window)菜单
                           │                        └─ 帮助(Help)菜单
                           │
                           └─ 常用设置操作 ─────────┬─ 定制工作区
                                                    └─ 项目设置
```

Adobe Premiere Pro CS4 是一个创新的非线性视频编辑应用程序,也是一个功能强大的实时视频和音频编辑工具,能够提供强大、高效的剪辑功能和先进的专业工具,包括尖端的色彩修正、强大的视音频控制和多个嵌套的序列,并专门针对多处理器和超线程进行了优化,能够利用新一代基于英特尔奔腾处理器、运行 Windows XP 的系统在速度方面的优势,提供一个能够自由渲染的编辑体验。

Adobe Premiere Pro CS4 在影视制作流程中的每一方面都获得了实质性的发展，允许专业人员用更少的渲染作更多的编辑。Premiere 编辑器能够定制键盘快捷键和工作范围，创建一个熟悉的工作环境，诸如三点色彩修正、YUV 视频处理、具有 5.1 环绕声道混合的强大的音频混频器和 AC3 输出等专业特性都得到进一步的增强。

Adobe Premiere Pro CS4 把广泛的硬件支持和坚持独立性结合在一起，能够支持高清晰度和标准清晰度的电影胶片。相较于以前的版本，其功能更加强大，几乎可以处理任何格式的文件，包括对 DV、HDV、Sony XDCAM、XDCAM EX、Panasonic P2 和 AVCHD 的支持，支持时间线上的混合格式编辑，支持大部分流行的无带摄录机，无需转码或二次打包，支持导入和导出 FLV, F4V, MPEG-2, QuickTime, Windows Media, AVI, BWF, AIFF, JPEG, PNG, PSD, TIFF 等；可导入、编辑和导出 4096×4096 像素的图像序列，可在任何地方发布，把一个项目文件发布为多个格式；相较之前版本其对项目、序列和剪辑管理的功能更加强大，剪辑更加高效，控制更加精确，编辑更加专业。

4.1 安装 Adobe Premiere Pro CS4

4.1.1 系统要求

操作系统：Microsoft Windows XP (带有 Service Pack 2，推荐 Service Pack 3)或 Windows Vista Home Premium、Business、Ultimate 或 Enterprise (带有 Service Pack 1，通过 32 位 Windows XP 以及 32 位和 64 位 Windows Vista 认证)。

处理器：Intel Pentium 4 （DV 需要 2GHz 或更快的处理器，HDV 需要 3.4GHz 处理器，HD 需要双核 2.8GHz 处理器）；2GB 内存；10GB 可用硬盘空间用于安装（安装过程中需要额外的可用空间）；显示卡支持 1280×900 屏幕，OpenGL 2.0 兼容图形卡；DV 和 HDV 编辑需要专用的 7200r/min 硬盘；HD 需要条带磁盘阵列存储 (RAID 0)，首选 SCSI 磁盘子系统；SD/HD 工作流程需要经 Adobe 认证的卡以捕获并导出到磁带，需要 OHCI 兼容型 IEEE 1394 端口进行 DV 和 HDV 捕获、导出到磁带并传输到 DV 设备；DVD-ROM 驱动器(创建 DVD 需要 DVD+-R 刻录机)；创建蓝光盘需要蓝光刻录机；Microsoft Windows Driver Model 兼容或 ASIO 兼容声卡；使用 QuickTime 功能需要 QuickTime7.4.5 软件。

4.1.2 安装步骤

(1) 装入 Adobe Premiere Pro CS4 安装光盘至光驱中（或下载 Adobe 官方试用版本），运行安装程序。待初始化完成后，出现欢迎界面。如果您是合法用户，可输入序列号，当然也可以选择右边的安装方式试用本软件，完成后单击"下一步"按钮，如图 4-1 所示。

(2) 在打开的"许可协议"窗口，阅读完后单击"接受"按钮继续安装，如图 4-2 所示。

(3) 在打开的"选项"窗口中用户可以定制安装内容，包括选装部分组件以及选择安装路径，这里选"轻松安装"作为默认安装，单击"安装"按钮，便会自动将 Adobe Premiere Pro CS4 安装在 PC 中的 C:\Program Flies\Adobe\目录之下，如图 4-3 所示。

(4) 进入安装阶段，窗口提示出安装进度，如图 4-4 所示。

图 4-1

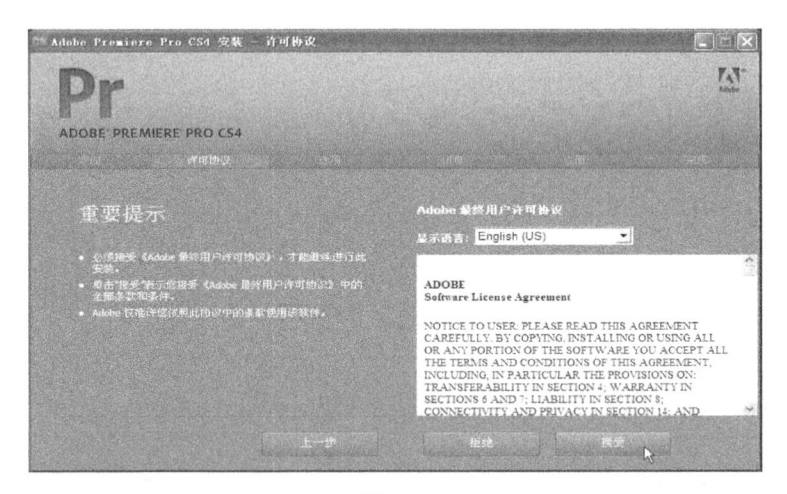

图 4-2

图 4-3

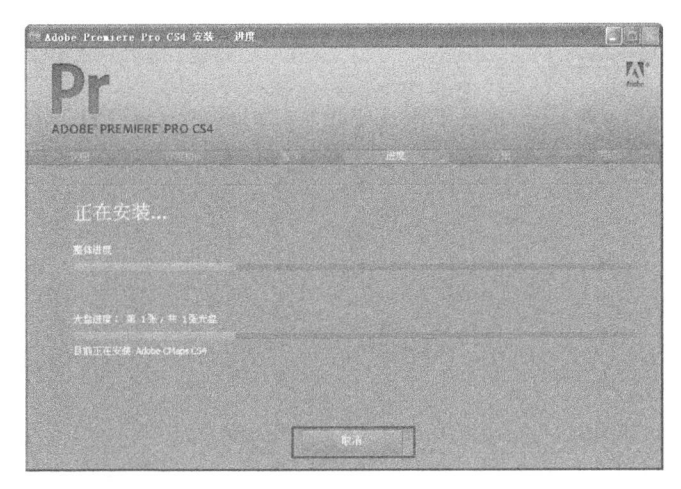

图 4-4

安装完成后，启动 Adobe Premiere Pro CS4，会出现注册窗口，提示输入序列号进行注册，如果想试用本软件，可以跳过本程序，但软件只有 30 天的试用期。

4.2 Premiere Pro CS4 界面

Adobe Premiere Pro CS4 工作区对于初次接触 NLE（非线编）的用户来说可能令人不知所措，不过很快就会发现这样布局的合理性。下面我们来详细介绍 Premiere Pro CS4 的工作界面，如图 4-5 所示。

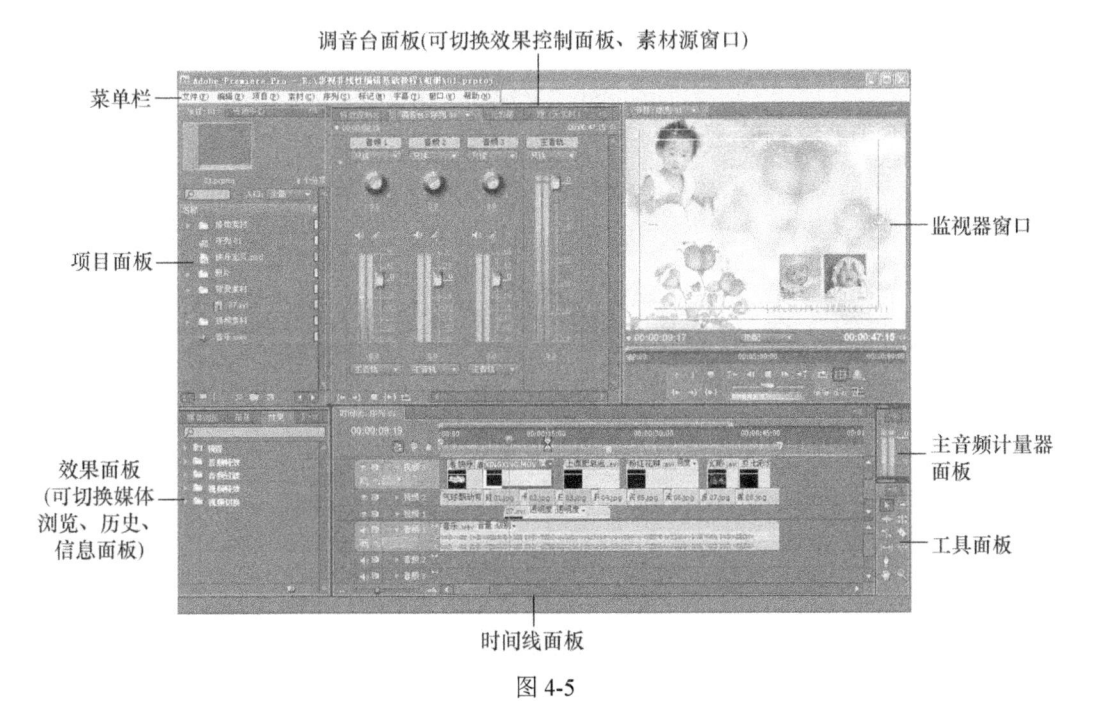

图 4-5

Adobe Premiere Pro CS4 的工作区主要由"项目"面板、"时间线"面板、"素材源"监视器窗口、"节目"监视器窗口、"调音台"面板、"工具"面板、"效果"面板、"特效控制台"面板、"历史"面板和"信息"面板等组成，下面我们来详细介绍每个面板的具体功能。

4.2.1 项目面板(Project Panel)

在"项目"面板里主要放置各类素材。这些素材包括：视频剪辑、音频文件、图形、静态图像和序列。我们可以通过文件夹来管理这些素材，如图4-6所示。

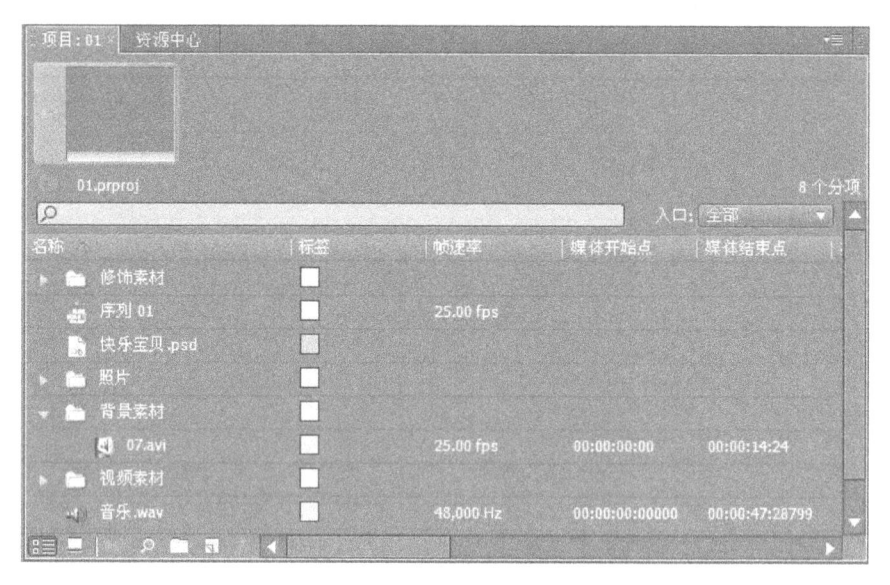

图 4-6

4.2.2 时间线面板(Timeline)

"时间线"面板是 Adobe Premiere Pro 工作界面的核心部分，在整个影片编辑过程中，大部分剪辑工作是在"时间线"面板(Timeline)上完成的。通过它，可以轻松实现素材的剪辑、复制、插入、粘贴和调整等操作，如图4-7所示。

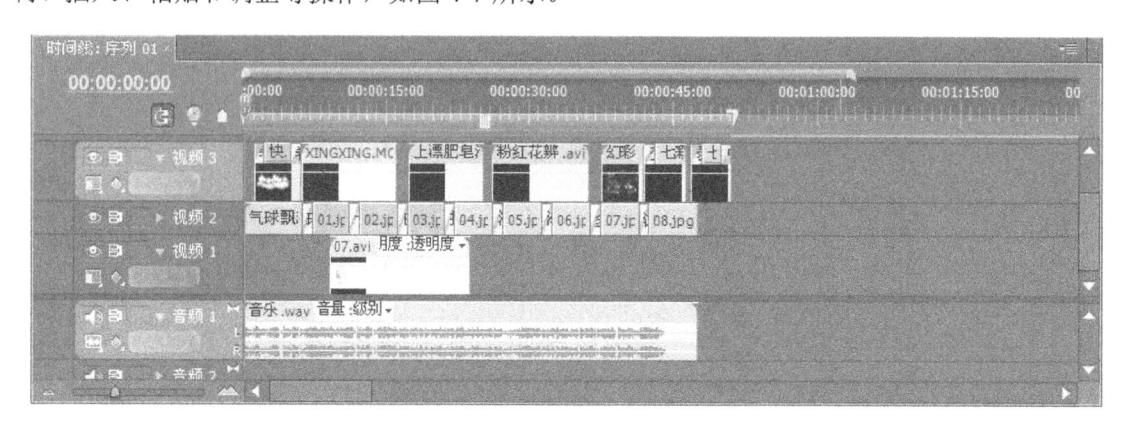

图 4-7

提示：可以在无限数量的轨道上分层——视频、图像、图形和字幕。时间线上，放置在较高层轨道上的视频剪辑会覆盖其下轨道上的剪辑。

4.2.3 监视器窗口面板(Monitors)

"素材源"监视窗口(左边)用来观看和剪切原始素材(拍摄的原始信号)。双击"项目"面板中的素材就可以在"素材源"监视窗口播放。"节目"监视器(右边)用来观看时间线处理的节目片段,如图4-8所示。

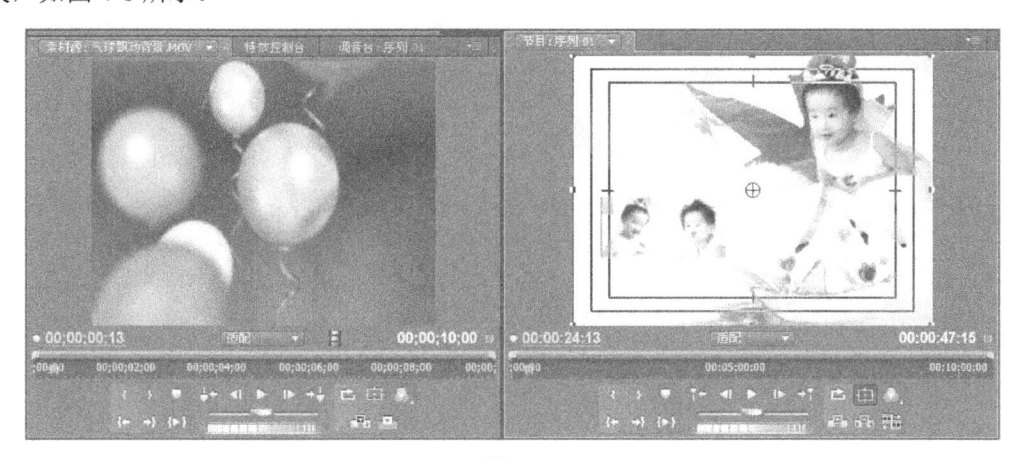

图 4-8

4.2.4 调音台面板(Audio Mixer)

点击"效果"控制选项卡右边顶部的"调音台"选项卡,调音台界面很像一台用于音频制作的硬件设备,如图 4-9 所示,它包括音量滑块和转动旋钮。调音台面板中的轨道和时间线上的音频轨是一一对应的。

4.2.5 工具面板(Tools Panel)

"工具"面板(图 4-10)中的工具主要用于在时间线中编辑素材。该面板中的每个图标代表一个执行特定功能的工具,在工具面板中单击此工具可以激活它。下面详细介绍这些工具。

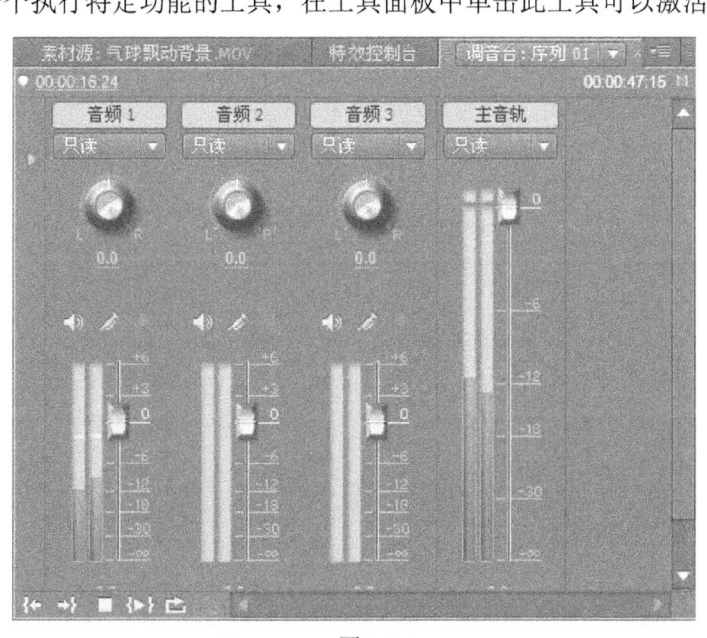

图 4-9 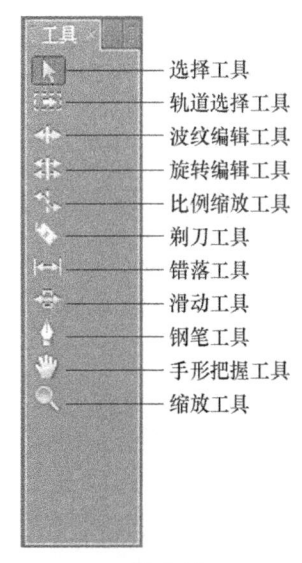　　　　　　　　　　图 4-10

(1) 选择工具（V）:选择素材,在时间线上选择与移动素材。
(2) 轨道选择工具（A）:选择当前轨道上光标之后所有的视频或音频文件,单击轨道选择工具时按住 Shift 键可以选定多条轨道。

(3) 波纹编辑工具（B）：在素材间进行波纹编辑改变素材长度，相邻素材不变。
(4) 旋转编辑工具（N）：在素材间进行旋转编辑改变素材长度，相邻素材随之改变。
(5) 比例缩放工具（X）：根据缩放的比例改变素材播放速度。
(6) 剃刀工具（C）：剪开素材。
(7) 错落工具（Y）：保持素材持续时间不变的情况下，改变素材的镜头内容。
(8) 滑动工具（U）：保持中间素材入点和出点不变的情况下，改变相邻素材的持续时间。
(9) 钢笔工具（P）：可以在调整视频和音频特效时在时间线上创建关键帧。
(10) 手形把握工具（H）：移动时间线面板窗口。
(11) 缩放工具（Z）：缩放时间线面板窗口。

4.2.6 效果面板(Effects Panel)

点击"项目"面板顶部的"效果"选项卡可以打开"效果"面板，如图 4-11 所示。"效果"面板有"预置"(Preset)、"音频特效"(Audio Effects)、"音频过渡"(Audio Transitions)、"视频特效"(Video Effects)和"视频过渡"(Video Transitions)效果。打开各种效果文件夹，包含了为数众多的音频激励效果、音频交叉消隐过场、视频场景转换以及各类视频特效。

4.2.7 特效控制台面板 (Effect Controls Panel)

点击打开"特效控制台"面板，如图 4-12 所示，然后点击"时间线"上任意一个剪辑，在"特效控制台"面板中就会显示出该剪辑的效果参数。每一个视频，无论是静态图像还是图形，通常都会提供两种视频特效："运动" (Motion) 和"不透明度"(Opacity) 。每个效果参数（以"运动"为例，它的效果参数：位置、比例、宽度比例、旋转和定位点）都可在关键帧上随着时间而调整。"特效控制台"面板是一个功能非常强大的工具,能使你充分发挥自己的创造性。本书许多地方都会涉及到它。

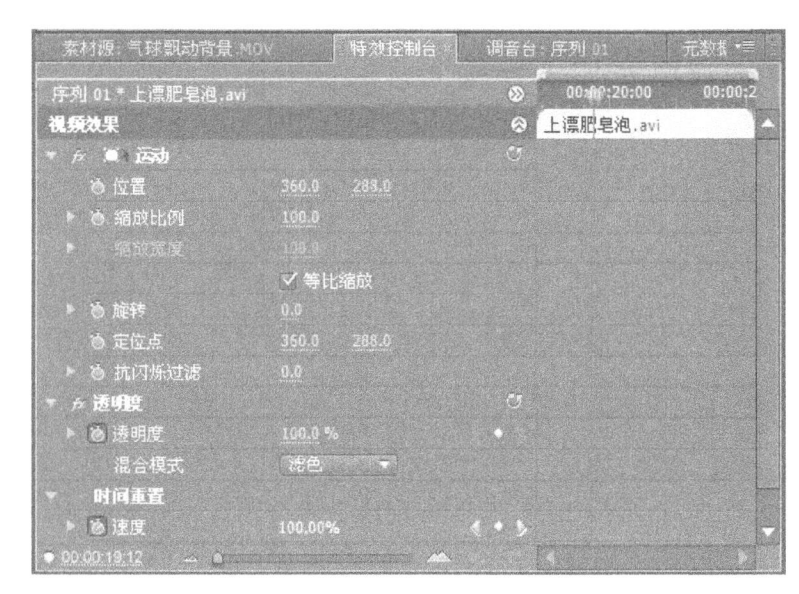

图 4-11　　　　　　　图 4-12

4.2.8 历史面板(History Panel)

点击打开"历史"面板，它记录着编辑过程中的每一步操作，如图 4-13 所示，它允许撤销最近的操作。当返回到先前的状态时，将会取消在该点之后的所有操作步骤。

4.2.9 信息面板(Info Panel)

点击打开"信息"面板，显示项目面板中当前选取的所有素材、序列中选取的所有剪辑或切换特效的数据快照，如图 4-14 所示。

图 4-13   图 4-14

4.3 Premiere Pro CS4 菜单

Premiere Pro CS4 的下拉菜单共有 9 个，下面分别介绍。

4.3.1 文件(File)菜单

文件（File）菜单如图 4-15 所示。

(1) 新建（New）：新建文件。可建立项目（Project）、时间线（Sequence）、文件夹（Bin）等。新建（New）的子菜单如下：

① 可以创建新的项目（Project）、时间线（Sequence）、文件夹（Bin）以及脱机文件（Offline File）。

② 显示字幕设计窗口创建字幕。

③ 导入标准彩色条、视频黑场、彩色场。

④ 创建 Premiere 能够支持的通用倒计时片头。

(2) 打开项目（Open Project）：打开一个已经保存的项目。

(3) 打开新近项目（Open Recent Project）：显示最近打开过的项目目录，可以轻松选取所需项目文件。

(4) 在 Bridge 内浏览（W）：在 Bridge 内预览文件。

(5) 关闭项目（Close）：关闭当前项目，系统回到新建项目窗口。

图 4-15

(6) 关闭(C)：关闭当前操作窗口。

(7) 保存（Save）：保存当前操作中的文件。

(8) 另存为（Save As）：另行命名并保存当前操作中的文件。

(9) 保存副本（Save a Copy）：复制当前操作中的文件并重新命名以及保存该文件。

(10) 返回（Revert）：放弃操作内容返回到最初状态。

(11) 采集（Capture）：通过视频接口从 VCR 中获取视音频素材。

(12) 批量采集（Batch Capture）：在数码摄像机录制的内容中批量处理设置 Time Code 区间的素材。

(13) Adobe 动态链接（K）：新建或导入 After Effects 合成图像。

(14) 从浏览器导入（M）:从浏览器面板查看并导入素材。

(15) 导入（Import）：导入 Premiere 能够支持的格式文件。文件导入到项目（Project）窗口中。

(16) 导入最近文件（Import Recent File）：显示最近导入过的文件目录。可以轻松导入相应的文件。

(17) 导入剪辑注释评论：可以导入注释评论的文件。

(18) 导出（Export）：编辑完的动态影像输出为适当格式文件。输出（Export）的子菜单如下：

①以影片、帧、音频等适当的形式输出编辑后的文件。
②编辑完的文件输出到磁带。
③为编辑完的文件执行编码为 MPEG 格式的 Adobe MPEG Encoder。
④编辑完的文件输出到 DVD。

(19) 获取信息自（Get Properties for）：显示获取相应文件的属性。

(20) 在 Bridge 中显示：在 Bridge 中显示视音频素材。

44

(21) 定义影片：修改相应素材的帧率（Frame Rate）、纵横比（Pixel Aspect Ratio）、Alpha 通道（Alpha Channel）属性。

(22) 时间码（Timecode）：随意调整相应素材的时基码。

(23) 退出（Exit）：退出程序。

4.3.2　编辑(Edit)菜单

编辑（Edit）菜单如图 4-16 所示。

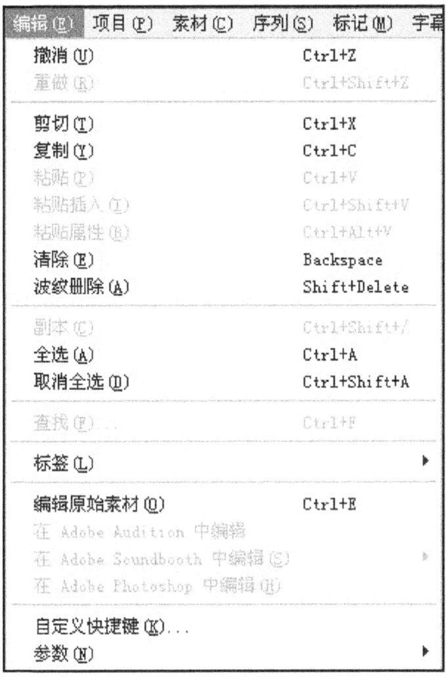

图 4-16

(1) 撤消（Undo）：撤消前一步骤操作，返回之前状态。
(2) 重做（Redo）：重新恢复撤消的操作。
(3) 剪切（Cut）：剪切选取的素材。
(4) 复制（Copy）：复制选取的素材。
(5) 粘贴（Paste）：剪切或复制的素材粘贴到当前位置。
(6) 粘贴插入（Paste Insert）：剪切或复制的素材插入到当前位置。
(7) 粘贴属性（Paste Attributes）：复制的属性应用到选择的素材上。
(8) 清除（Clear）：清除选取的素材。
(9) 波纹删除（Ripple Delete）：删除选取的素材，后面素材前移并清除空白区域。
(10) 副本（Duplicate）：复制素材形成副本。
(11) 全选（Select All）：选取所有素材。
(12) 取消全选（Deselect All）：取消选择全部素材的操作。
(13) 查找（Find）：查找特定素材。
(14) 标签（Label）：输入素材的名称。
(15) 编辑原始素材（Edit Original）：利用连接的外部程序修改源素材后，立即更新。
(16) 在 Adobe Audition 中编辑：在 Adobe Audition 中编辑音频素材。

(17) 在 Adobe Soundbooth 中编辑：在 Adobe Soundbooth 中编辑音频素材。

(18) 在 Adobe Phototshop 中编辑：在 Adobe Phototshop 中编辑图形素材。

(19) 自定义键盘（Keyboard Customization）：确认或重新设置键盘快捷键。

(20) 参数（Preferences）：修改 Premiere 的基本属性参数。参数选择（Preferences）的子菜单如下：

常规（General）：设置亮度等基本属性参数。
音频（Audio）：设置音频相关参数。
音频硬件（Audio Hardware）：设置硬件的声卡参数。
自动存盘（Auto Save）：设置自动存盘功能的参数。
采集（Capture）：设置与采集相关的参数。
设备控制（Device Control）：设置连接到 Premiere 软件的设备相关参数。
标签彩色（Label Colors）：指定各个级别的颜色。
默认标签（Label Defaults）：指定默认级别的颜色。
临时磁盘（Scratch Disks）：直接分类指定 Premiere 操作中必要的磁盘空间。
静帧图像（Still Image）：设置静止图像的基本 Duration 参数值。
字幕（Titler）：指定字幕画面中风格样本与字体预览的表示方法。
修整（Trim）：修整模式中设置 Trim 可调整最大值。

4.3.3 项目(Project)菜单

项目（Project）菜单如图 4-17 所示。

图 4-17

(1) 项目设置（Project Settings）：设置各个项目要素的属性。项目（Project Settings）的子目录有：

常规（General）：选择或设置基本的视频/音频选项。
采集（Capture）：设置采集相关选项。
视频渲染（Video Rendering）：设置渲染相关的选项。
默认时间线（Default Sequence）：指定基本时间线的视频/音频个数及细部参数的设置。

(2) 链接媒体（Link Media）：脱机文件链接到外部媒体文件上。

(3) 造成脱机（O）：在磁盘上保留媒体文件或删除媒体文件。

(4) 自动匹配到序列（Automate to Sequence）：各个素材任意指定的排列方式，自动插入时间线。

(5) 导入批处理列表（Import Batch List）：导入批处理列表文件信息。

(6) 导出批处理列表（Export Batch List）：以文件方式输出批处理列表。

(7) 项目管理（M）：创建新的修整项目或收集文件并复制到新的位置。

(8) 移除未使用素材（R）：在项目面板中删除未使用素材。

(9) 导出项目为AAF（Export Project as AAF）：以AAF形式输出项目。

4.3.4 素材(Clip)菜单

素材（Clip）菜单如图4-18所示。

(1) 重命名（Rename）：为素材重新命名。
(2) 制作附加素材（M）：制作附加的素材。
(3) 编辑附加素材（D）：编辑附加的素材。
(4) 编辑脱机（O）：对脱机文件进行编辑。
(5) 源设置：对节目素材源重新设置。
(6) 采集设置（Capture Settings）：转换分类素材采集的相关设置。

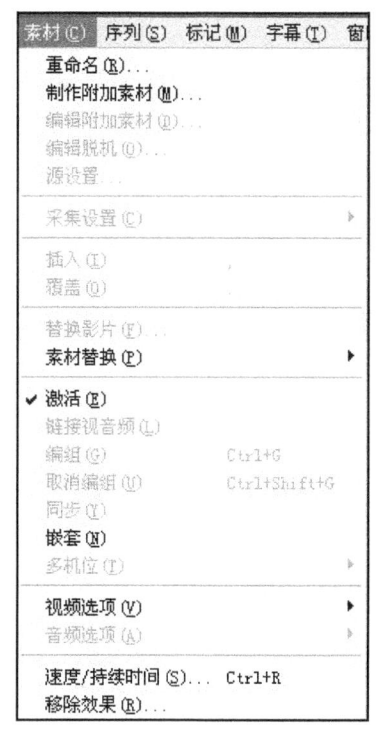

图 4-18

(7) 插入（Insert）：把素材插入到 Sequence 窗口中。
(8) 覆盖（Overlay）：覆盖 Sequence 窗口中的素材。
(9) 替换影片（F）：选中素材被新素材替换。
(10) 素材替换(P)：替换选中的素材。
(11) 激活（E）：激活素材或使素材退出激活状态。
(12) 链接视音频（Linke Audio and Video）：链接或分离素材的视频与音频。
(13) 编组（Group）：为素材分组。
(14) 取消编组（Ungroup）：取消素材的分组。
(15) 同步（Y）：使具有标记点的素材对齐。
(16) 嵌套（N）：选中画面生成为一个新的序列，并嵌套在当前序列中。
(17) 多机位（T）：在最多4台摄像机场景中切换。
(18) 视频选项（Video Options）：设置素材视频相关选项。
(19) 音频选项（Audio Options）：设置素材音频相关选项。
(20) 速度/持续时间（Speed/Duration）：设置素材速度与播放时间（Duration）。
(21) 移除效果（R）：清除已添加到素材的特效。

4.3.5 序列(Sequence)菜单

序列（Sequence）菜单如图4-19所示。
(1) 序列设置（Q）：设置序列的常用参数。
(2) 渲染工作区内的效果（R）：对工作区内添加效果的部分素材进行渲染。

47

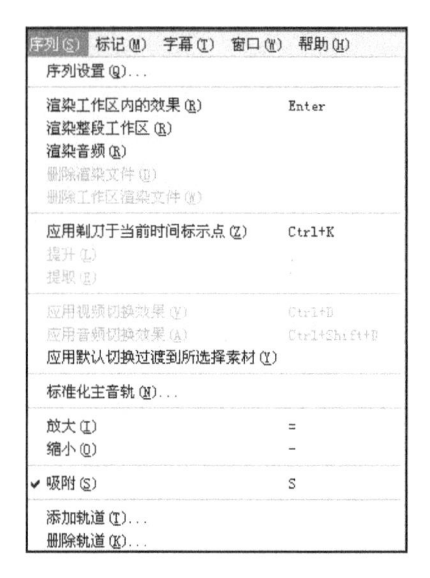

图 4-19

(3) 渲染整段工作区域（Render Work Area）：渲染全部工作区域。

(4) 渲染音频（R）：只渲染时间线上选中的音轨。

(5) 删除渲染文件（Delete Render Files）：删除渲染的临时文件。

(6) 删除工作区渲染文件（W）:删除渲染工作区的临时文件。

(7) 应用剃刀于当前时间标示点（Razor at Current Time Indicate）：利用剃刀工具剪切当前时间线的 Time Indicate 位置。

(8) 提升（Lift）：删除时间线窗口中的指定区间。

(9) 提取（Extract）：删除时间线窗口中的指定区间后，利用后续的素材填充空白区间。

(10) 应用视频切换效果（Apply Video Transition）：在时间线窗口的 Time Indicate 区域设置默认的视频画面转换效果。

(11) 应用音频切换效果（Apply Audio Transition）：在时间线窗口的 Time Indicate 区域设置默认的音频转换效果。

(12) 应用默认切换过渡到所选择素材（Y）：把默认的过渡效果添加到所选素材之间。

(13) 标准化主音轨（N）：对主音轨音量进行标准化处理。

(14) 放大（Zoom In）：放大时间线窗口。

(15) 缩小（Zoom Out）：缩小时间线窗口。

(16) 吸附（Snap）：时间线窗口中打开或关闭各个素材的 Snap 功能。

(17) 添加轨道（Add Tracks）：时间线窗口中追加轨道。

(18) 删除轨道（Delete Tracks）：删除时间线窗口中的轨道。

4.3.6 标记(Marker)菜单

标记（Marker）菜单如图 4-20 所示。

(1) 设置素材标记（Set Clip Marker）：设置素材的标记点。

(2) 跳转素材标记（Go to Clip Marker）：移动到设置素材标记点的位置。

(3) 清除素材标记（Clear Clip Marker）：删除选取的标记点。

(4) 设置序列标记（Set Sequence Marker）：设置时间线窗口的标记点。

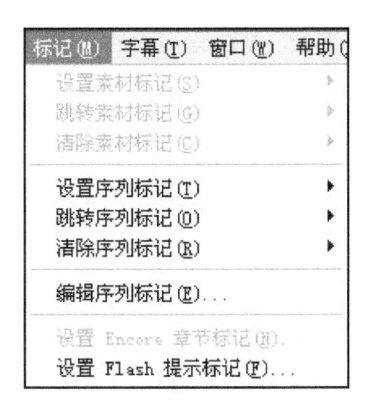

图 4-20

(5) 跳转序列标记（Go to Sequence Marker）：移到时间线窗口的设置标记点位置。
(6) 清除序列标记（Clear Sequence Marker）：删除时间线窗口的标记。
(7) 编辑序列标记（E）：编辑时间线序列的标记点
(8) 设置 Encore 章节标记（N）：设置 Encore 中的章节标记点。
(9) 设置 Flash 提示标记（F）：设置 Flash 文件提示标记。

4.3.7　字幕(Title)菜单

字幕（Title）菜单仅当创建字幕窗口激活时生效，如图 4-21 所示。

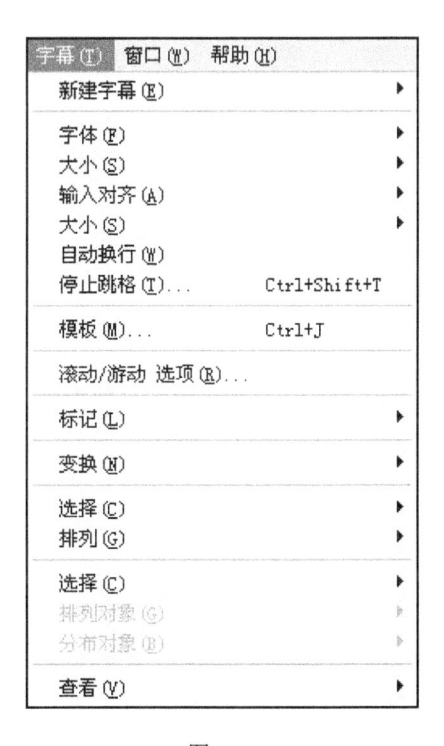

图 4-21

(1) 新建字幕（E）：激活新的创建字幕窗口。
(2) 字体（Font）：选择字幕的字体类型。
(3) 大小（Size）：选择字幕的字体大小。

49

(4) 输入对齐（Type Alignment）：利用 Type 工具设置每个字的对齐方式。

(5) 大小（S）：即方向，设置文字横向/纵向对齐方式。

(6) 自动换行（Word Wrap）：自动换行功能。

(7) 停止跳格（Tab Stops）：指定表格的长度。

(8) 模板（Templates）：打开字幕的模板文件。

(9) 滚动/游动选项（Roll/Crawl Options）：设置横向/纵向滚动字幕的选项。

(10) 标记（Logo）：字幕上插入标志文件。

(11) 转换（Transform）：设置字幕中每一个字的位置或旋转参数值以及透明度值等参数。

(12) 选择（Select）：按照顺序选择字幕中的每一个字。

(13) 排列（Arrange）：指定每一个字的排列方式。

(14) 选择（C）：即位置，字幕移动到画面中心位置。

(15) 排列对象（Align Objects）：以提供的方式对齐对象。

(16) 分布对象（Distributes Objects）：以提供的方式分散对象。

(17) 查看（View）：设置字幕窗口的查看属性。

4.3.8 窗口(Window)菜单

窗口（Window）菜单如图 4-22 所示。

(1) 工作区（Workspace）：创建工作界面。保留常用的工作窗口形成个性化工作界面并保存或删除该工作区的设置。工作区（Workspace）的子菜单有：

编辑（Editing）：转换为默认的工作界面。

特效（Effects）：转换为特效工作界面。

音频（Audio）：转换为音频工作界面。

彩色校正（Color Correction）：转换为彩色校正工作界面。

保存工作区（Save Workspace）：保存当前工作界面。

删除工作区（Delete Workspace）：删除保存了的工作界面。

复位当前工作区：使工作区恢复出厂默认状态。

(2) VST 编辑器：VST 效果编辑。

(3) 主音频计量器：主音轨音量显示窗口。

(4) 事件：显示使用 Premiere Pro CS4 中出现的问题事件。

(5) 信息：显示所选素材的相关信息。

(6) 修整监视器：打开修整监视器窗口。

(7) 元数据：关于素材信息窗口。

(8) 历史：选择或显示历史记录面板。

(9) 参考监视器：节目监视器的参考视窗。

(10) 多机位监视器：显示多机位监视器浮动窗口。

(11) 媒体浏览：显示系统所有卷类的媒体信息窗口。

(12) 字幕动作：打开字幕动作面板。

(13) 字幕属性：打开字幕属性面板。

(14) 字幕工具：打开字幕工具面板。

(15) 字幕样式：打开字幕样式面板。

(16) 字幕设计器：选择进行字幕设计的字幕文件。

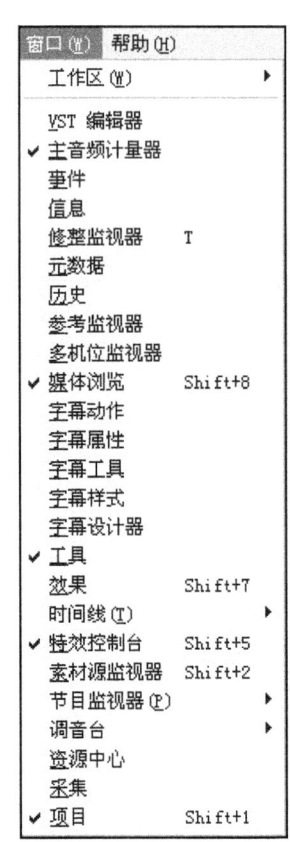

图 4-22

(17) 工具：选择或显示工具面板。
(18) 效果：选择或显示效果面板。
(19) 时间线：选择或显示时间线窗口。
(20) 特效控制台：选择或显示特效控制台面板。
(21) 素材源监视器：选择或显示素材源监视器窗口。
(22) 节目监视器：选择或显示节目监视器窗口。
(23) 调音台：选择或显示调音台。
(24) 资源中心：显示资源中心窗口。
(25) 采集：选择或显示素材采集窗口。
(26) 项目（Project）：选择或显示项目窗口。

4.3.9　帮助(Help)菜单

帮助（Help）菜单如图 4-23 所示。

图 4-23

(1) Adobe Premiere Pro 帮助：打开 Adobe Premiere Pro 帮助文件窗口。
(2) Adobe 产品改进程序：进入 Adobe 产品改进程序帮助界面。
(3) 键盘（Keyboard）：通过网页显示 PremierePro 中常用的键盘快捷键。
(4) 在线支持：链接到 Adobe 公司总部的网页。
(5) 注册：注册 Adobe Premiere Pro。
(6) 取消激活：取消激活 Adobe Premiere Pro。
(7) 更新：更新帮助信息。
(8) 关于 Adobe Premiere Pro：了解 Premier Pro 的相关信息。

4.4　常用设置操作

4.4.1　定制工作区

Adobe 修订了 Premiere Pro CS4 和其他 Adobe Creative Suite Production Studio Premium 产品的用户界面。以下是修订的新内容：
(1) 当更改框架尺寸时，其他框架的尺寸会随之做相应的调整。
(2) 框架中的所有面板可以通过选项卡来访问。
(3) 所有面板都可定位，可以把面板从一个框架拖放到另一个框架,以此来定制你的工作区。

(4) 可以把某个面板从原来的框架中移走,形成一个单独的浮动面板。

我们在本节会尝试这些功能,并保存一个自己定制的工作区。在调整界面布局之前,首先调节工作界面的亮度。

(1) 选择"编辑"(Edit)→"参数"(Preferences)→"界面"(User Interface),如图 4-24 所示。

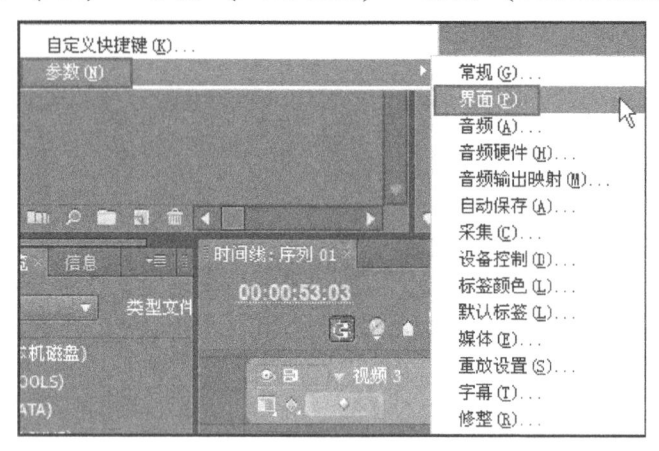

图 4-24

(2) 左右移动"亮度"(Brightness)滑块,调整到适合的亮度之后,点击"确定",如图 4-25 所示。

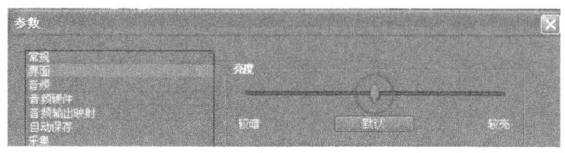

图 4-25

提示:当使用最低亮度设置时,文本会切换到灰底白字,这是为了适应那些在光线暗淡的编辑隔间内进行编辑的特殊需要而设置的。

(3) 将光标放在"效果"面板和"时间线"之间的垂直分隔条上,点击并左右拖动,改变框架的尺寸,如图 4-26 所示。

提示:当该垂直分隔条与其上方的项目面板(Project)和素材视窗(Source Monitors)之间的分隔条正好对齐(排成一列)时,光标会短暂停留(按住 Shift 键拖动该分隔条可以暂时关闭对齐(Snap)功能)。

(4) 使用对齐功能调整框架,使这些分隔条对齐。这 4 个框架的角应该调整成如图 4-27 所示的那样。

图 4-26  　　　　　　　图 4-27

52

提示：Premiere Pro 以两种方法快速提供上下文帮助：工具提示；沿着界面底部显示的信息。例如，当你在框架分隔条上点击鼠标时，屏幕下方会显示出消息，让你知道将要执行对齐功能。如果将光标悬停在项目视窗（Program Monitor）控件时，会弹出工具提示。

(5) 将光标放置在"效果"(Effect)面板和"项目"（Project）面板之间的水平分隔条上，将它们上下移动。

(6) 点击"历史"（History）面板的左上角(该选项卡的拖动手柄)，并将它拖到界面顶部，紧挨着项目选项卡，将它定位到该框架中。

提示：当来回移动面板时，Premiere Pro CS4 会显示下落区域。如果这个区域是矩形，面板就会进入选定的框架中；如果是梯形，它会形成一个自己的框架，如图 4-28 所示。

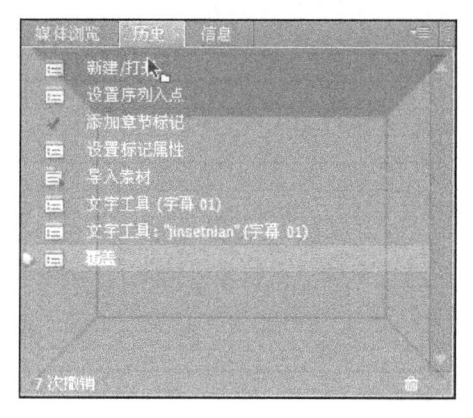

图 4-28

(7) 点击并拖动"特效控制台"(Effect Controls) 面板的移动柄，将它拖到"项目"面板中间位置放置到自己的框架内。如图 4-29 所示，下落区域是一个梯形，它覆盖了"项目"面板上半部分。松开鼠标，这时工作区应该如图 4-30 所示。

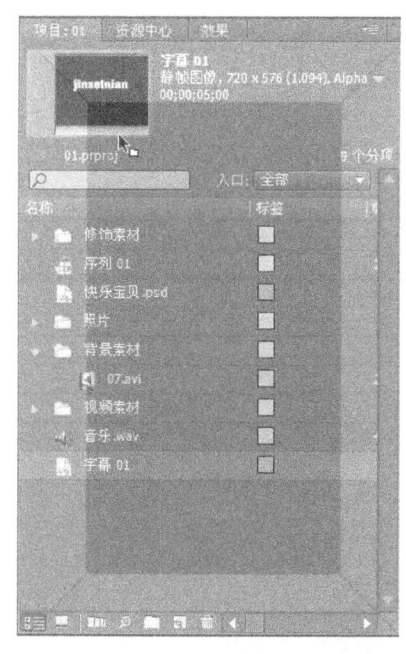

图 4-29 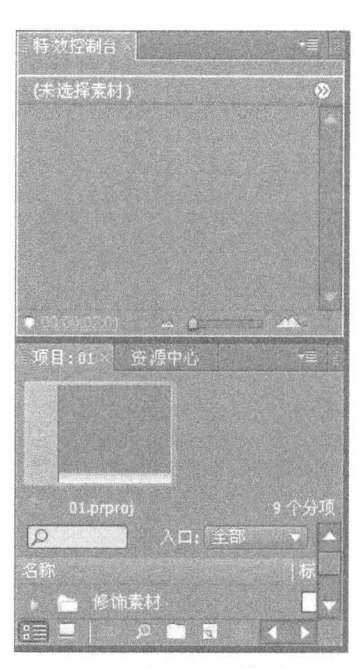   图 4-30

53

(8) 点击"节目"监视器（Program Monitor）窗口的移动柄，在将它拖出框架的同时按住 Ctrl 键，它的下落区域图形就更清楚，显示出即将创建一个浮动面板，如图 4-31 所示。

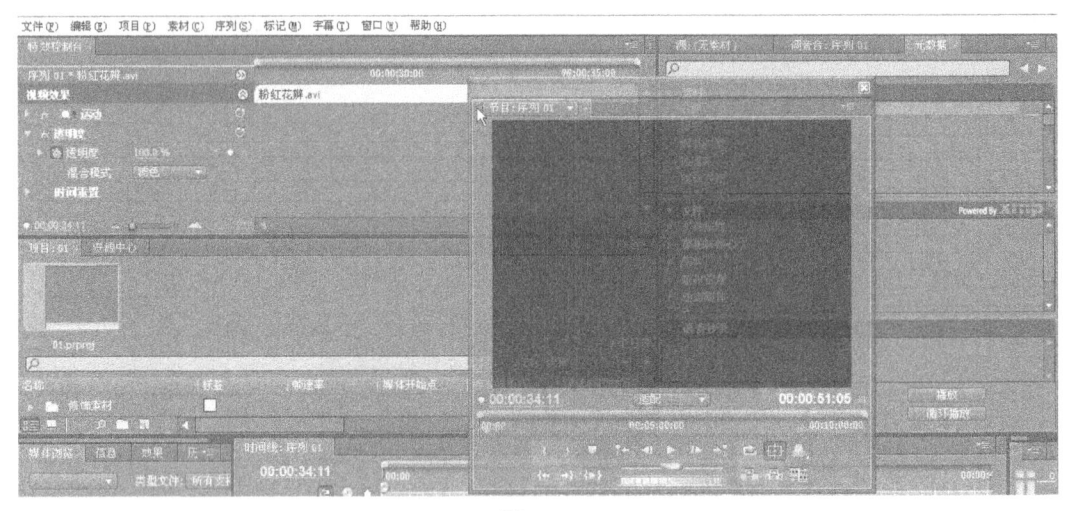

图 4-31

(9) 把"节目"监视器窗口随便拖到一个位置，创建浮动面板。拖住它的某个角将其展开。用浮动面板可以使面板的可视区域超出其框架边框。这在调整"调音台"、"效果控制台"和"项目"管理中的很多参数时会带来很大的便利。

(10) 随着编辑技能的提高，可以创建和存储一个自己定制的工作区。点击"窗口"→"工作区"→"新建工作区"，输入工作区的"名称"，点击"确定"保存，如图 4-32 所示。

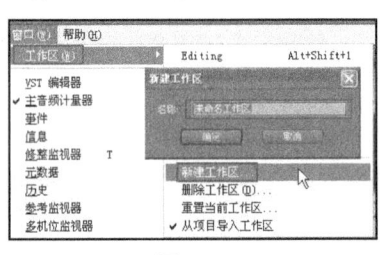

图 4-32

(11) 如果定制的工作区变得混乱，可以选择恢复到工作区初始状态。选择"窗口"→"工作区"→"恢复当前工作区"，可以恢复至系统默认的工作区，如图 4-33 所示。

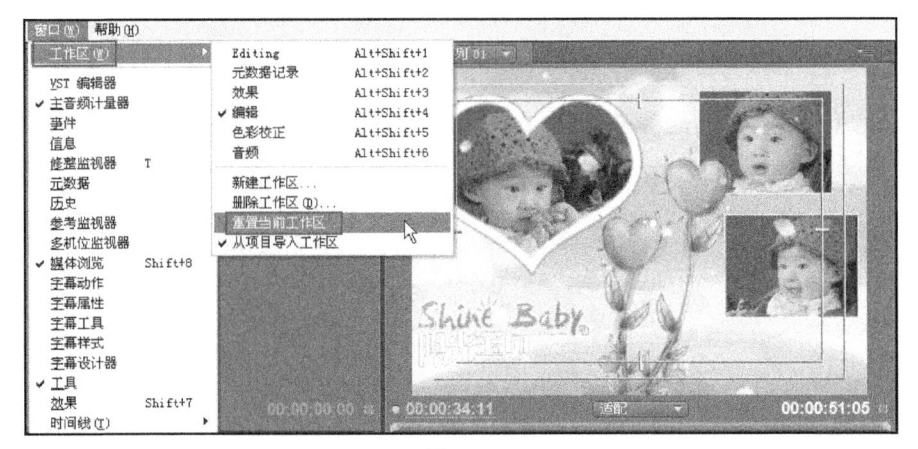

图 4-33

4.4.2 项目设置

合理的参数设置是任何软件必不可少的环节，Adobe Premiere Pro CS4 中的项目设置是编辑工作的基础。Adobe Premiere Pro CS4 可以通过两种方式对项目进行设置：新建项目设置（Project Settings）和通过参数设置（Preferences）。

1. 通过新建项目设置

在"新建项目"（New Project）窗口中，项目设置菜单也称为"自定义设置"（Custom Settings）菜单。

（1）打开 Premiere Pro CS4，将弹出启动界面，如图 4-34 所示。"最近使用项目"（Recent Projects) 列表中会列出以前使用过的项目。这里我们要重新创建新项目。

图 4-34

（2）点击"新建项目"，在"新建项目"窗口中命名：＊＊＊，点击"确定"，如图 4-35 所示。

（3）这时弹出"新建序列"窗口，窗口中的"有效预置"栏里提供了多个预设的项目设置文件夹。点击每个预设，详细阅读"预置描述"（Description）窗口中对它们的解释，如图 4-36 所示。

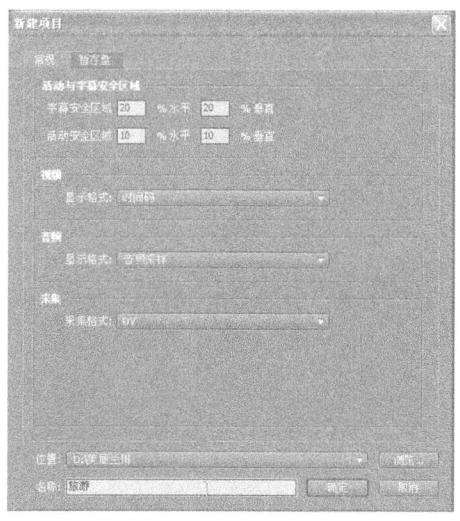

图 4-35 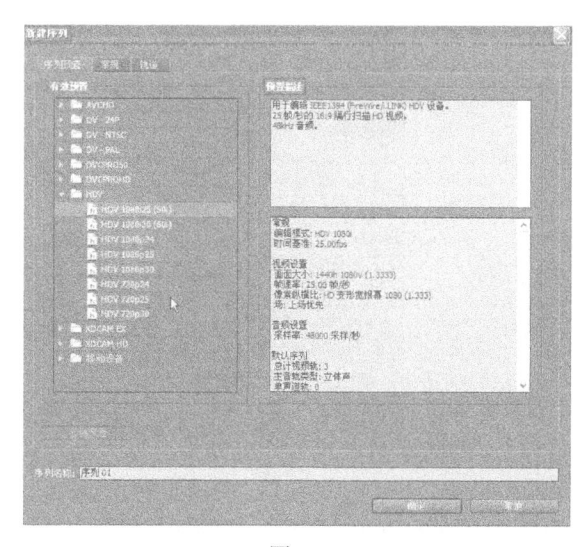　　　　　　　　　　　　　　图 4-36

(4) 在"序列设置"选项卡，打开"有效预置"（Available Presets）栏中"DV-PAL"→"标准 48kHz"，在"序列名称"栏中命名：***，点击"确定"，如图 4-37 所示，即进入 Adobe Premiere Pro CS4 工作界面。

2. 通过参数设置

对项目设置的另一种方法是通过参数来设置，从主菜单中选择"编辑"（Edit）→"参数"（Preferences）→"常规"（General），如图 4-38 所示。

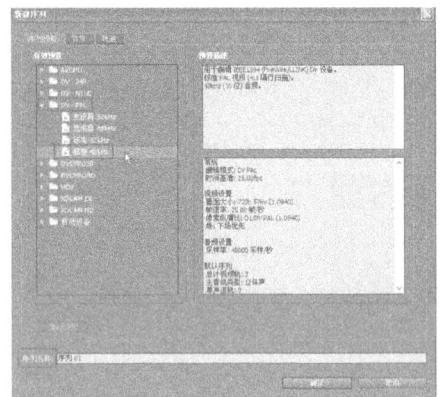

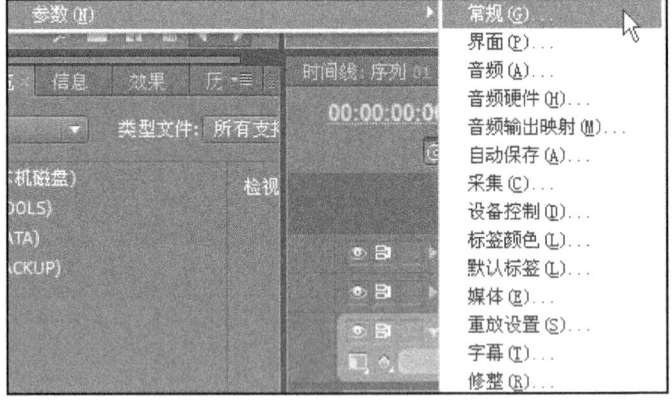

图 4-37　　　　　　　　　　　　　　　图 4-38

在 Premiere Pro CS4 初学阶段，"参数"子菜单选项使用较少，下面简要介绍，如图 4-39 所示。

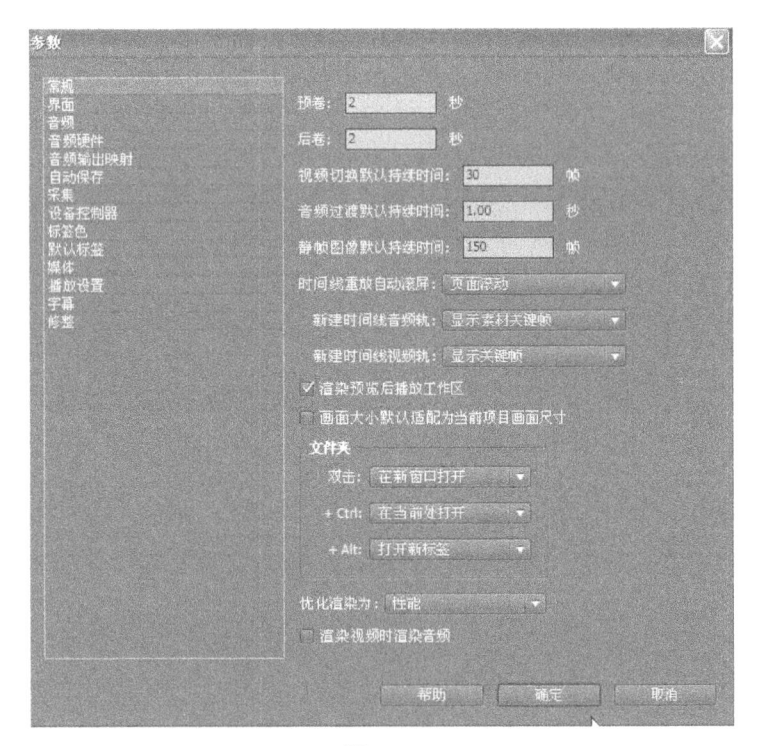

图 4-39

(1) 常规(General)：音频和视频切换特效的默认时间长度、静像时长和采集过程中摄像机的预卷/后卷时间。

(2) 界面(Interface)：在这里可以调整亮度。

(3) 音频(Audio)：自动匹配时间、源声道映射、自动优化关键帧 3 个设置选项。

(4) 音频硬件(Audio Hardware)：默认的音频硬件设备。

(5) 音频输出映射(Audio Output Mapping)：定义每个音频硬件设备通道与 Adobe Premiere Pro CS4 音频输出通道之间的对应关系。通常使用默认设置。

(6) 自动保存(Auto Save)：设置自动保存的频率和次数。要打开自动保存过的项目，导航到 Premiere Pro 的 Auto Save 文件夹，双击相应的项目可打开。

(7) 采集(Capture)：有 4 个基本的采集参数。

(8) 设备控制器(Device Control)：预卷(可以在常规首选项内设置) 和时间码补偿，通常仅用在模拟视频采集期间。

(9) 标签色(Label Colors)：允许改变"项目"面板中默认媒体链接标签的颜色。

(10) 默认标签(Label Defaults)：在这里为不同媒体类型指定具体的标签颜色。

(11) 媒体(Media)：用它清空缓存文件夹。

(12) 播放设置：可以选择默认播放器，通常为 Adobe Player。

(13) 字幕(Titler)：用来定义 Adobe Titler 框架中字体和样式实例的属性。

(14) 修整(Trim)：在修整 Trim 框架中选择最大修整偏移可用来调整剪切的帧数和音频单位数。

在用户首选项参数中所做的任何修改都立即生效，下次打开 Premiere Pro 时参数设置仍然有效，并且可以随时修改参数。

【小结】

本章主要介绍了 Adobe Premiere Pro CS4 的界面布局、菜单命令和各个面板的功能布局，项目设置以及工作区的定制，便于学习者全面了解 Adobe Premiere Pro CS4。

【习题】

1. 项目设置（Project Settings ）有哪几种方式?
2. 简述 Adobe Premiere Pro CS4 各个面板的功能。

第5章　影视节目的基本编辑

【学习目标】

1. 掌握素材的采集方法。
2. 掌握音频、图片等素材的导入方法。
3. 掌握装载时间线的几种方法。
4. 熟练运用时间线编辑工具。

【知识导航】

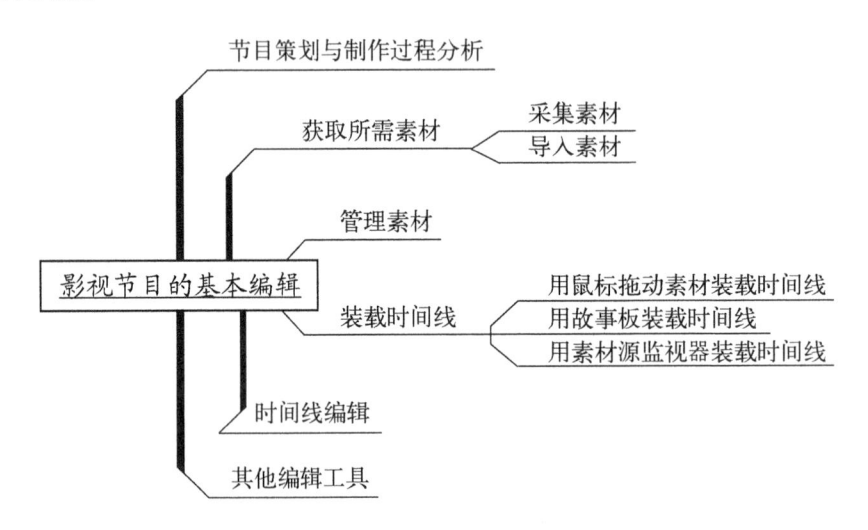

```
                        ┌─ 节目策划与制作过程分析
                        │
                        ├─ 获取所需素材 ─┬─ 采集素材
                        │                └─ 导入素材
                        │
                        ├─ 管理素材
影视节目的基本编辑 ─────┤
                        ├─ 装载时间线 ─┬─ 用鼠标拖动素材装载时间线
                        │              ├─ 用故事板装载时间线
                        │              └─ 用素材源监视器装载时间线
                        │
                        ├─ 时间线编辑
                        │
                        └─ 其他编辑工具
```

"工欲善其事，必先利其器。"任何影视节目后期编辑都需要编辑人员在了解编辑节目的基本原理与规律基础上掌握一定的制作技术与技巧，才能把编辑思想融入到节目中，达到对节目的创作。本章将详细介绍在 Premiere Pro CS4 环境下节目的基本编辑方法与技巧，使我们掌握节目创作的工具，达到对素材高效的处理。

5.1　节目策划与制作过程分析

"凡事预则立，不预则废"，所谓预者，策划也。在电视节目制作过程中，从市场调研到内容选题，从制定方案到实施计划，每一个环节都需要制作者全面而具体地策划。对于电视节目制作初学者，更要重视节目制作之前的策划过程，从获得策划灵感到确立策划目标，从着手拟订计划到具体实施步骤，从预期效果检测到市场受众调查，整个过程都要连贯协调。在观看和学习别人的节目时，也要从节目的策划、主题立意和制作过程分析，达到事半功倍效果。在本章主要学习节目基本编辑工具和掌握节目编辑流程，因此实例设计比较简单，主要以制作风光片为主，初学者在学习制作技巧的同时，要注重学习画面剪辑中节奏、音乐的选择以及特效的添加等，在本书实例中涉及了节目制作的全部流程，主要包括以下步骤。

(1) 拍摄视频素材。
(2) 采集(传输)视频素材。
(3) 通过选择、剪切以及把素材添加到时间线上，建立编辑后的视频文件。
(4) 在素材间加入切换特效，应用视频特效，合成素材。
(5) 建立文本、字幕或必要的图像并把它们应用到项目中。
(6) 加入音乐、音效。
(7) 在音频素材中将多轨音频混合，并使用切换特效和特殊音效。
(8) 将最终文件导出到磁带或制作 DVD 光盘。

打开"第五章"文件夹下的"风光欣赏 1.Prproj"，在时间线上播放它，如图 5-1 所示。

图 5-1

当前效果是仅将素材放到了时间线上，但时间线上的素材与第 3 章所用的照片图形文件不同，它们是用专业的广播级摄像机拍摄的视频素材。

要获取这些原本在数字磁带中的素材，就必须要用到 Premiere Pro CS4 的采集功能。

5.2 获取所需素材

5.2.1 采集素材

在编辑节目之前，需要先把视频素材传输到 PC 硬盘里。用 NLE 术语来说，就是需要采集视频。Premiere Pro CS4 可以通过 3 种方法采集视频素材：

(1) 把整个磁带采集为一个长素材。

(2) 记录素材的入点、出点信息，供自动、批量采集使用。

(3) 任何时候当按下摄像机上的暂停/录制键时，就可以用 Premiere Pro CS4 的场景检测功能自动创建独立的素材。

视频采集常用的硬件有采集卡、DV 摄像机以及非编系统。常用的 DV 机有索尼、松下、JVC 等厂商的产品；常用视频采集卡有 Matrox 公司的 Digisuit Le、Digisuit Max，DPS 公司 DPS 5200/5250 和更高级的 Velocity，还有品尼高公司的 Real Time、Edition DV 系列板卡及 TARGA3000 等板卡。通常情况下，DV 摄像机配有火线（IEEE1394）电缆与视频采集卡连接，形成一套完整的视频采集系统。

1．正确连接设备

(1) 将摄像机与 PC 机连接，如图 5-2 所示。

图 5-2

(2) 打开摄像机电源，设置到重放模式：VCR。

提示：Windows 可能会发现已打开摄像机，弹出"数字视频设备"(Digital Video Device) 连接信息。

当采集视频的时候，请使用摄像机的交流电源，不要用电池。因为用电池时摄像机会进入休眠模式，而且在采集期间电池电量也常常会用完。

(3) 如果弹出了"数字视频设备"(Digital Video Device) 窗口，请点击"不执行操作"(Take No Action)。选取"总执行所选操作"(Always Perform the Selected Action)复选框，点击"确定"（OK）。

2．预览并采集素材

(1) 打开"第五章"文件夹下的"风光欣赏.Prproj"。

(2) 从主菜单中选择"文件"(File)→"采集"(Capture),打开"采集"(Capture)面板,如图 5-3 所示。

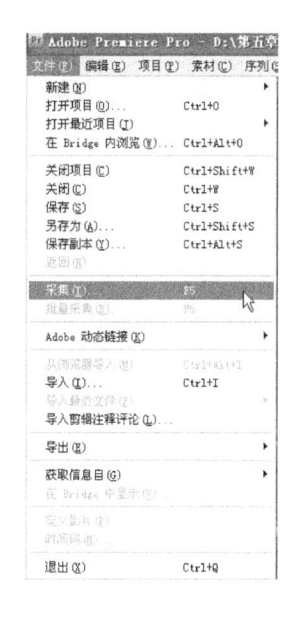

图 5-3

(3) 查看上面"采集"面板中的预览窗口,确保摄像机连接正确。

注意:如果提示"无设备控制或采集设备脱机",那么就需要排除这一故障。最简单的解决方法就是确认摄像机电源已经打开、数据线已经连接。

(4) 将磁带插入到摄像机中,Premiere Pro CS4 会提示输入磁带名。

(5) 在文本框中输入磁带名,一定不要给两盘磁带起相同的名字。Premiere Pro CS4 会根据磁带名来记忆素材的入/出点,如图 5-4 所示。

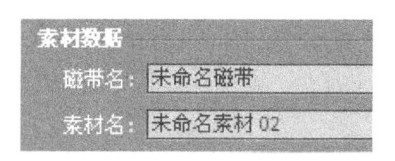

图 5-4

(6) 在"采集"面板中使用设备控制按钮来"播放"、"快进"、"倒带"、"暂停"和"停止"磁带,如图 5-5 所示。

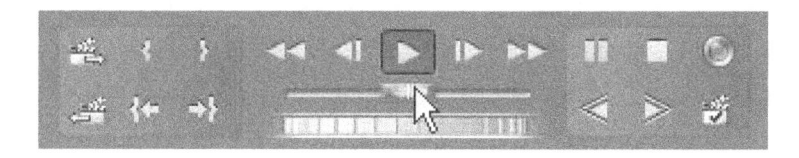

图 5-5

提示:如果要了解这些按钮的含义,只需把光标移动到按钮上面就可以看到弹出的工具提示。

(7) 将磁带倒至起点或者要开始录制的地方。

61

(8) 在"记录"选项卡的设置区域,"音频和视频"是默认设置。如果只想采集"音频"或"视频",则可以改变这个设置,如图 5-6 所示。

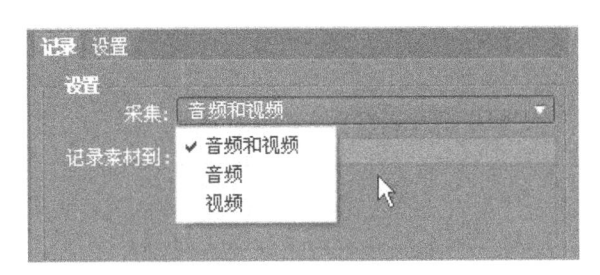

图 5-6

(9) 点击"录制"(Record)按钮开始录制。
(10) 待采集停止时,点击红色"录制"按钮或黑色"停止"按钮,会弹出保存采集素材的对话框。为素材取一个名字"风景 1",然后点击"确定"。Premiere Pro CS4 会把采集的这段素材存储至硬盘内的"第五章"文件夹中。我们可以通过选择"编辑"→"参数"→"暂存盘"(Scratch Dish)来改变存储位置。
(11) 如果需要重新设置采集有关项目,点击"设置"→"编辑",这将打开"采集设置"面板,在"采集格式"中选择"DV"采集,如图 5-7 所示。

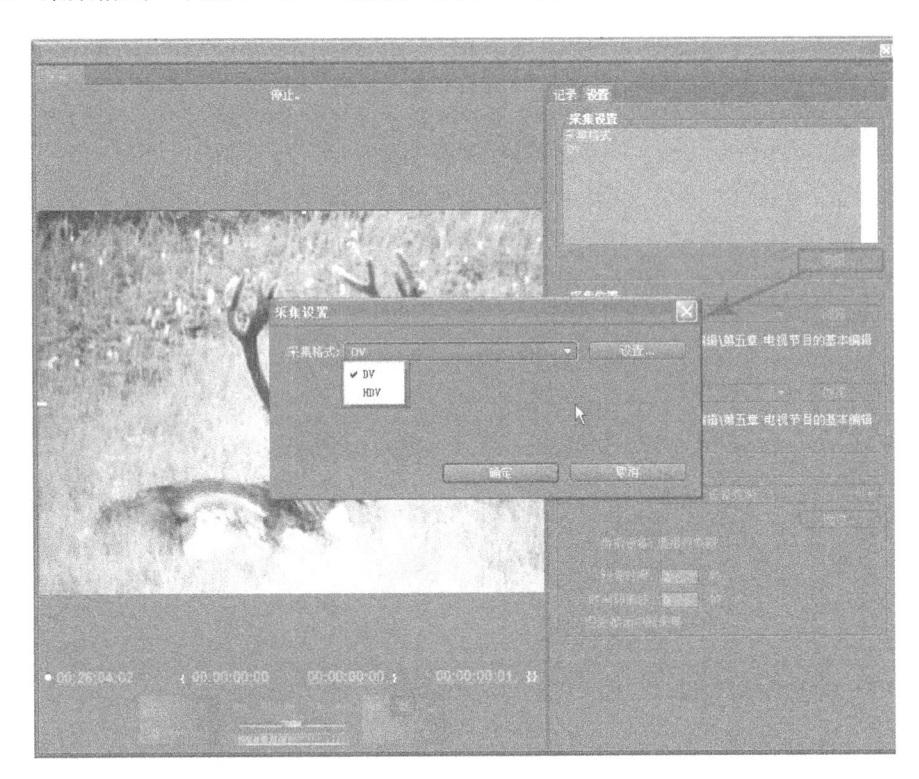

图 5-7

(12) 也可以通过选择"采集位置"视音频路径来改变存储位置,如图 5-8 所示。
(13) 如果 DV 设备没有激活遥控,在"设备控制器"中将"设备"选为"DV/HDV 设备控制",也可以修改"预卷时间"和"时间码偏移"的数值来适应磁带的实际状况,如图 5-9 所示。

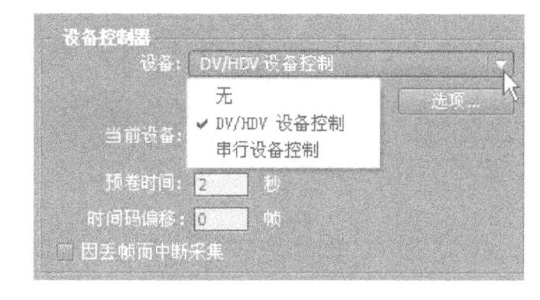

图 5-8   图 5-9

3. 检查已采集的素材

1. 在"项目"面板中检查刚才采集的"风景 1"是否存在。

2. 双击"风景 1",在素材源窗口点击播放/停止按钮预览一下,检查有无丢帧等问题,如图 5-10 所示。

图 5-10

5.2.2 导入素材

Premiere Pro CS4 中导入素材就是向项目(Project)面板添加文件链接的过程。很多数字格式的素材是以文件的方式存储在计算机中,这时不再需要采集,而是通过导入过程来实现素材的管理和应用。本节我们将导入 4 种媒体类型:视频、音频、图形和图片。

1. 普通素材导入

(1) 在当前工作状态下,选择"文件"(File)→"导入"(Import)。

(2) 导航到"第五章"文件夹,选择两个音频素材、一个图形文件、两张静止图片和一个视频文件,点击"打开",所选文件都导入至"项目"面板,如图 5-11 所示。

(3) 在"项目"面板中的空白区域双击(这是另一种导入素材的方法),导航到"第五章"文件夹,选择"河.psd",点击"打开"(Open)。Premiere Pro CS4 对于 Photoshop 文件,会弹出"导入图层文件"的对话框,如图 5-12 所示。

(4) 选择"导入为":→"序列"(Import As:Sequence)点击"确定"(OK)。

63

图 5-11

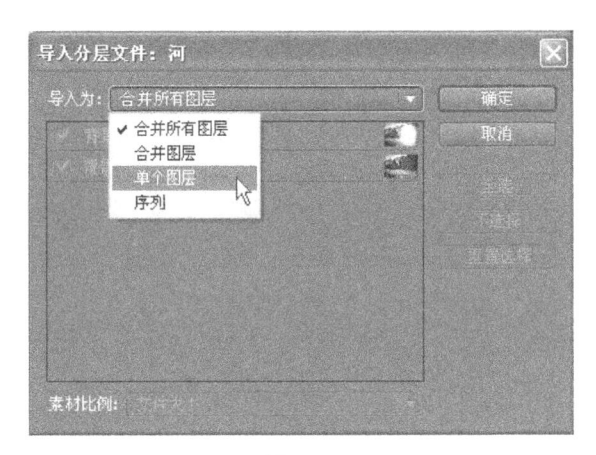

图 5-12

在项目面板将添加一个文件夹，Photoshop 文件的各个图层作为独立的素材在该文件内列出；同时创建"河"序列，各个图层分别处于不同的视频轨上。

2．图像和图形导入

Premiere Pro CS4 能导入任何格式的图像和图形文件。我们已经看到了 Premiere Pro CS4 怎样处理 Photoshop 格式的带图层文件，它为我们提供不同的选择。可以把图层导入为序列中的不同独立图形，也可以导入为单独的图层，或者将整个文件合并为一个图形素材。

接下来看一下 Premiere Pro CS4 是如何处理 Adobe Illustrator 文件的。

(1) 右击"项目"面板中的"illustrator file.ai"，从弹出菜单中选择"属性"（Properties），如图 5-13 所示。

这种文件是 Adobe Illustrator Art 文件，Premiere Pro 对 Illustrator 文件的处理方法是：

① 这个文件和普通素材导入第(4)步中导入的 Photoshop 文件一样，是一个图层图形文件。但是，Premiere Pro 没有提供以单独的图层导入 Illustrator 文件的选项，而是直接合并它们。

② 把 Adobe Illustrator 基于路径的矢量作品做栅格化处理，把它们转换为 Premiere Pro 使用的、基于像素的图像格式。

③ Premiere 自动消除锯齿，也就是对 Illustrator 作品的边缘进行平滑处理。

④ Premiere 将所有空区域转换为透明的 Alpha 通道，可以让时间线上位于透明区域下方的素材可见。

(2) 关闭"属性"窗口。

(3) 按住 Ctrl 键点击"项目"面板的拖动手柄，将其拖出原有框架，变换为浮动窗口，如图 5-14 所示。

(4) 将"项目"面板浮动窗口的宽度尽可能地展开，向下展开"河"旁边的小三角形，显示出所有 Photoshop 图形图层，如图 5-15 所示。

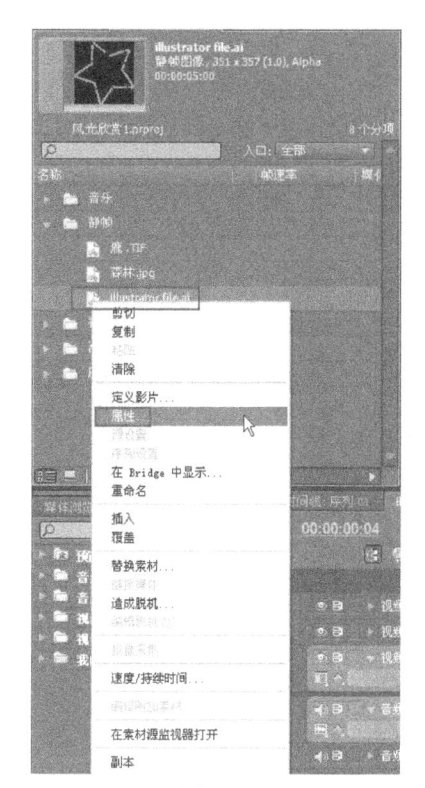

图 5-13

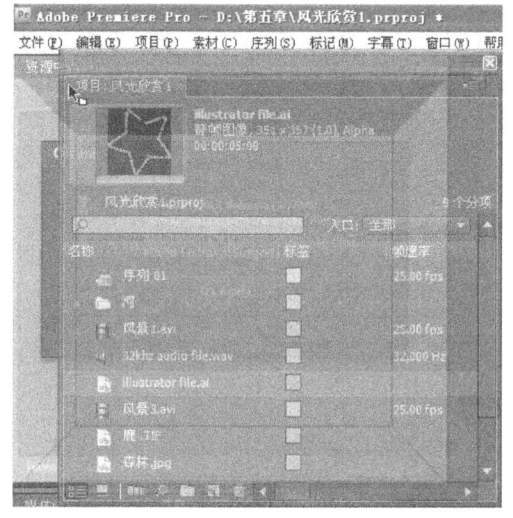

图 5-14

图 5-15

(5) 沿着"项目"面板的底部拖动滚动条，注意各种描述栏和它们应用到的媒体类型。特别要注意两个静止图像的视频信息（Video Info）栏，它们代表图像的分辨率。

(6) 将"项目"面板拖回到原来框架中。

提示：如果无法将浮动窗口重新定位到框架中，可以选择"窗口"→"工作区"→"重置当前工作区"，让浮动窗口归位。

(7) 新建"序列 02"，将两幅静止图像"鹿.tif"和"森林.jpg"拖到"序列 02"的"视

65

频 1"轨。

(8) 按反斜杠键"\",这是扩展时间线视图的键盘快捷键,可以使时间线的长度与其中素材的长度相同。扩展后的时间线如图 5-16 所示。

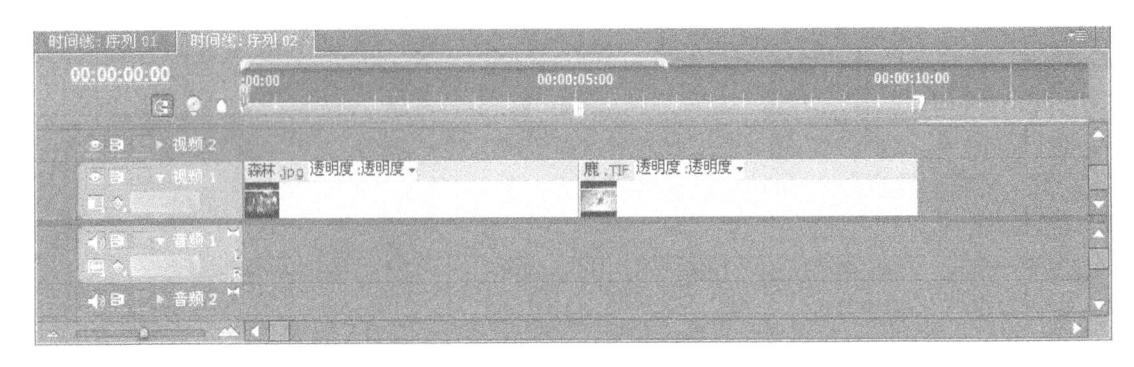

图 5-16

(9) 移动"CTI"穿过时间线上的这两个素材。

提示:在拖动 CTI 时请观察节目监视器(Program Monitor)。只能看见每个图像的一部分:中心的 720 × 576 像素,如图 5-17 所示。两个素材的分辨率都比标准 DV 屏幕尺寸大,Premiere Pro 只能显示其中的一部分。

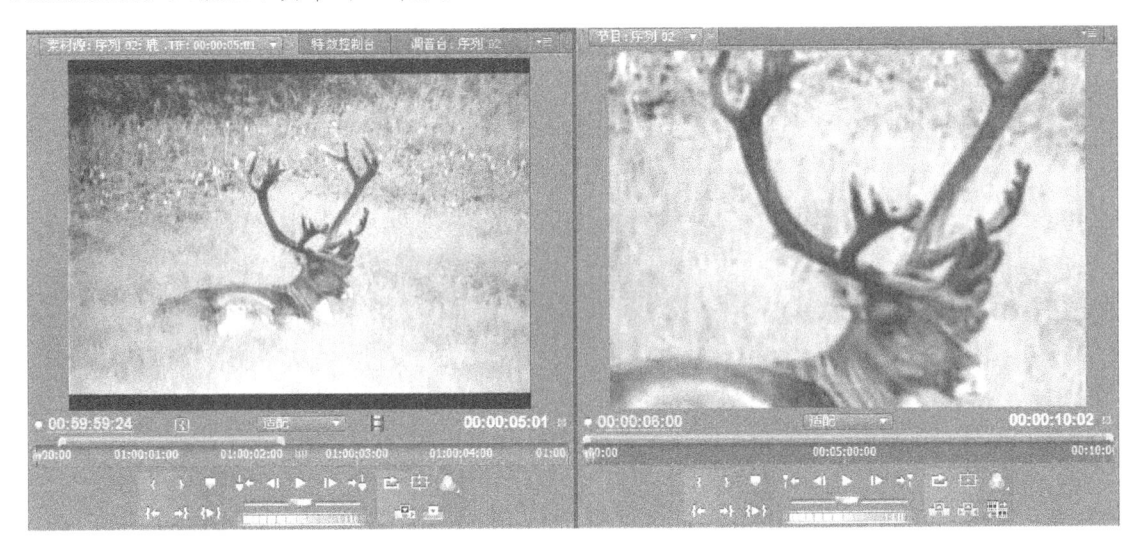

图 5-17

(10) 在时间线上第一个素材"森林.jpg"上单击右键,从弹出菜单中选择"适配为当前画面大小",打开该功能,就可以看到整张图片了,如图 5-18 所示。

(11) 导入为这个练习创建的两个效果预置(Effect Presets)。

点击"效果"(Effects)选项卡,打开其菜单,选择"导入预置"(Import Preset),如图 5-19 所示,导航到"第五章"文件夹,双击"5-1 运动.prfpset"和"5-2 重复.prfpset",如图 5-20 所示。

(12) 打开"效果"(Effects)面板中的"预置"(Presets)文件夹,将"5-1 运动"拖到"森林.jpg"上。

(13) 播放该素材,注意树林从小变大过程中的位置变化。

图 5-18

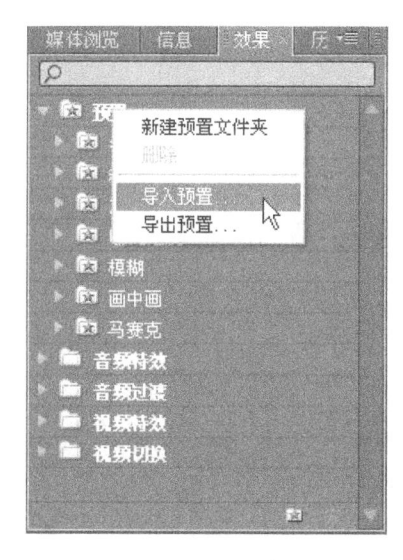

图 5-19　　　　　　　　　　　　　　图 5-20

(14) 将"5-2 重复预设"特效拖到"鹿.tif"上并播放,镜头从"16×16"个图像开始递减为一个,如图 5-21 所示。

67

图 5-21

3. 音频文件的导入

(1) 导航到"第五章"文件夹，选择"32khz audio file.WAV"，点击"打开"（Open）。Premiere Pro 可以直接导入 WAV 文件。

(2) 右击"项目"面板中的"32khz audio file.WAV"，从弹出菜单中选择"属性"(Properties)，如图 5-22 所示，查看音频文件格式。

提示：音频源格式(Source Audio Format) 是 44 100Hz 16bit Stereo，该项目的音频格式是 4800Hz 32bit floating point Stereo。Premiere pro 能将所有音频格式转换成项目设置要求的格式，以确保编辑过程中没有质量损失。

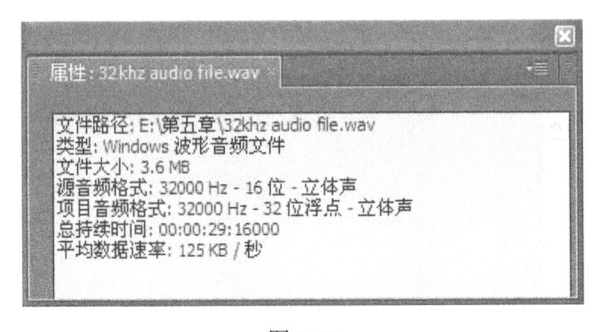

图 5-22

5.3 管理素材

项目面板仅仅是存取和组织素材的一种方法，这些素材包括视频素材，音频文件，静止图像、图形和序列。每一个列出的媒体素材都是一个链接，文件本身仍位于各自的文件夹里。在项目面板中管理和组织素材非常简单，只需添加文件夹，对素材进行归类，对素材采用一定的命名规则命名，使素材的查找便利快捷。

本节我们来重新组织前面用过的素材。

(1) 点击"项目"面板左下角的"图标"按钮，如图 5-23 所示。Project 面板的显示从列表方式变成缩览图和图标方式。

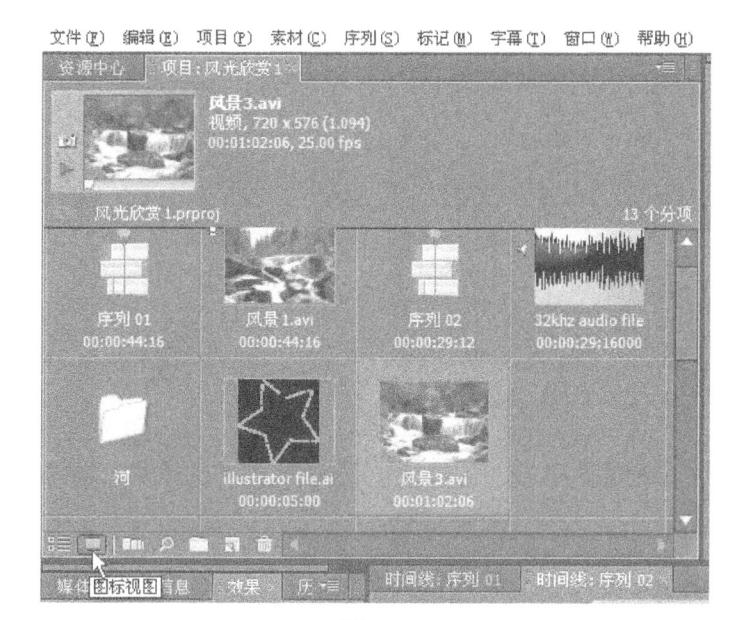

图 5-23

(2) 向右拖动"项目"面板右边缘,扩展其视图尺寸,使所有项目都可见,如图 5-24 所示。

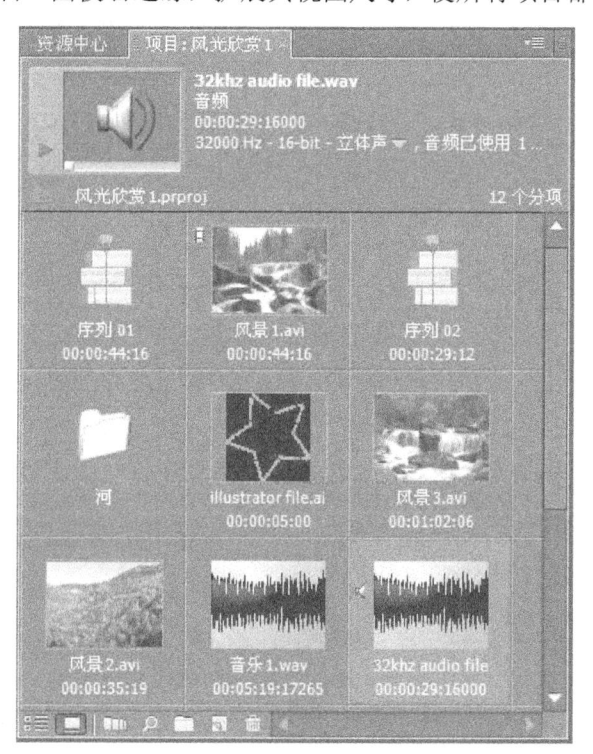

图 5-24

(3) 点击选中"32khz audio file.WAV",点击紧邻"预览"(Preview)窗口的"播放"(Play)按钮,播放音频素材,如图 5-25 所示。

(4) 点击"风景 1.avi",将"预览"窗口下方的滑块拖到该素材内几秒处。

(5) 点击紧邻"预览"窗口的"标识帧"(Poster Frame)按钮,为该素材创建新的"缩览图",如图 5-26 所示。

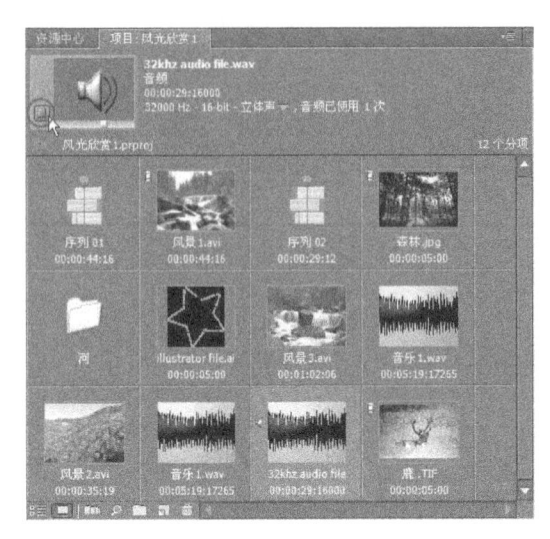

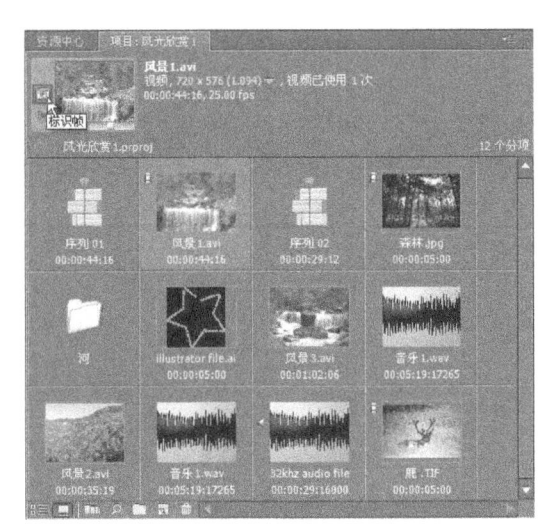

图 5-25　　　　　　　　　　　　　　　图 5-26

提示：新的缩览图会立即显示在项目面板中，这个缩览图视图中没有音频标记，表示这是一个没有音频的视频素材。

(6) 双击"河"文件夹图标缩览图，查看其中的4个缩览图：2个图形图层和2个序列。
(7) 点击带有向上箭头的"文件夹"按钮，如图 5-27 所示，回到主项目面板视图。

图 5-27

(8) 点击"文件夹"按钮，创建新的文件夹，其默认名是"文件夹 01"，如图 5-28 所示。
(9) 输入"音乐"取代"文件夹（Bin）01"，按"回车键"确认。
(10) 再创建一个文件夹，将它命名为"静帧"。
(11) 再创建一个文件夹，将它命名为"视频"。
(12) 将2个音频素材拖放到"音乐"文件夹缩览图上。
(13) 将3个静止图像拖放到"静帧"文件夹内。

(14) 将 3 个视频文件拖放到"视频"文件夹内。

(15) 组织文件夹，使它们组成如图 5-29 所示的 3×2 网格状。

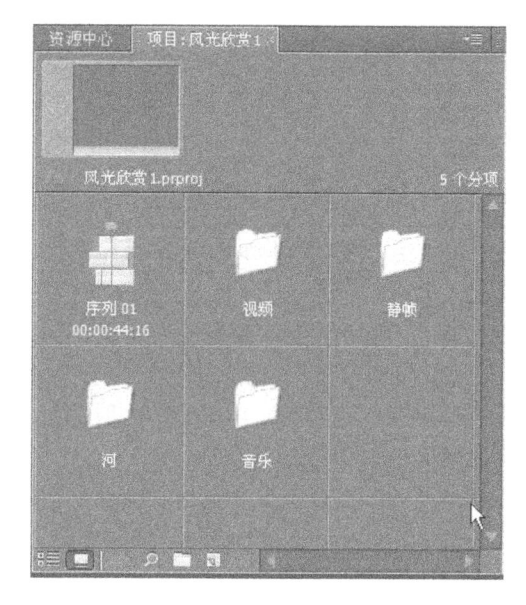

图 5-28

图 5-29

(16) 点击"列表"（List）按钮，回到列表视图。

(17) 在"项目"面板内的空白处单击左键，取消被选中的所有文件夹。

提示：必须取消被选中的所有文件夹，以免使将要添加的文件夹变为另一个文件夹的子目录。

(18) 点击"新建文件夹"按钮，创建新的文件夹，命名为"序列"。

(19) 打开"河"文件夹，将"河序列"拖放到"序列"文件夹中。

(20) 将"序列 01"拖放到"序列"文件夹里。

(21) 双击"项目"面板内文件链接列表顶部的"名称"，使所有素材链接和文件夹按顺序排列。重新排列后的项目面板如图 5-30 所示。

图 5-30

5.4 装载时间线

对素材采集、归类完成后，就需要按照导演意图来进行节目的编辑。Premiere Pro CS4 中的编辑工作主要在时间线上完成，因此首先要将所需的素材按编辑要求装载到时间线。装载时间线时，可以一次将一个或者多个素材放置到时间线；也可以利用素材源窗口或者通过故事板装载时间线。

5.4.1 用鼠标拖动素材装载时间线

(1) 打开"第五章"文件夹中的"风光欣赏.prproj"，清除掉"序列 01"轨道上的素材。

(2) 将"项目"面板中的"视频"文件夹打开，用鼠标左键单击"风景 1"，按住鼠标左键不放直接将"风景 1"素材拖放到时间线轨道"视频 1"上，如图 5-31 所示。这种将素材装载到时间线的操作是最常用的。

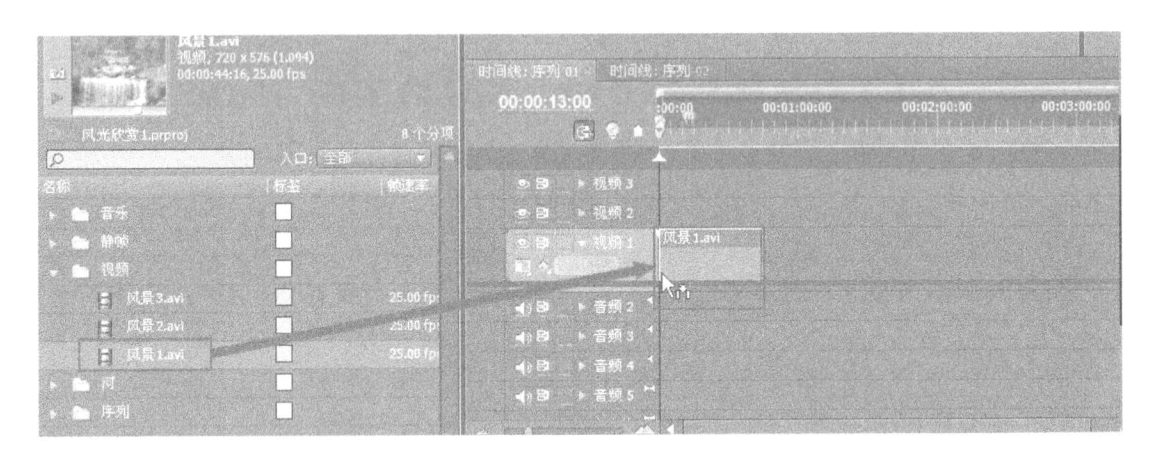

图 5-31

(3) 也可以用同样的方法选择多个素材，直接拖放到时间线序列，这些素材按照在项目面板文件夹中的顺序依次排列在时间线上，如图 5-32 所示。

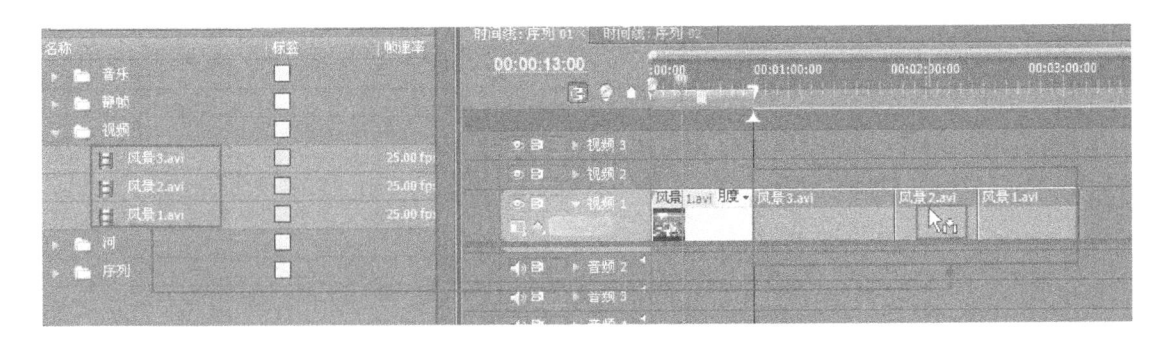

图 5-32

(4) 项目面板中素材文件夹也可以用鼠标直接拖动的方法加载到时间线序列，如图 5-33 所示。

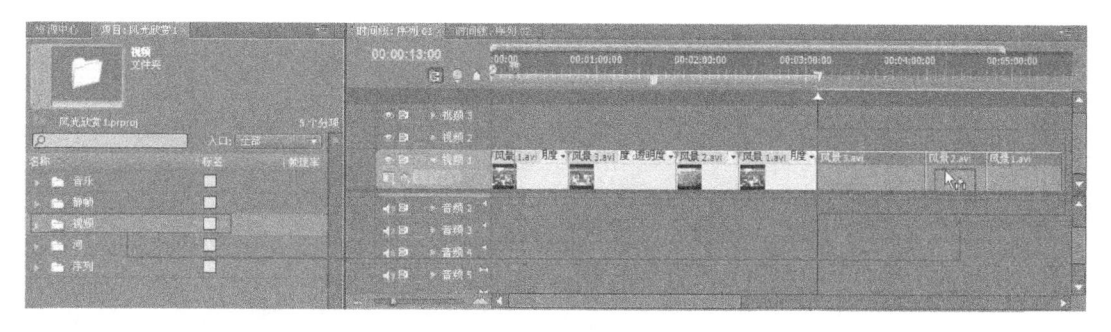

图 5-33

5.4.2 用故事板装载时间线

1. 新建故事板

(1) 启动 Premiere Pro CS4。

(2) 点击"打开项目"(Open Project),导航到"第五章"文件夹,双击"风光欣赏 2.prproj"。"风景 1"、"风景 2"、"风景 3"文件和一些图形文件已经在项目面板中打开,我们再导入一些其他素材。

(3) 在项目面板内新建文件夹,输入"补充素材"名称,如图 5-34 所示。在其下的空白处双击(或选择"文件"→"导入",从"第五章"文件夹中导入所有素材(项目文件除外):"音乐"、"音乐 1"、"瀑布"、"天鹅"、"瀑布 2"、"湖"等素材,如图 5-35 所示。

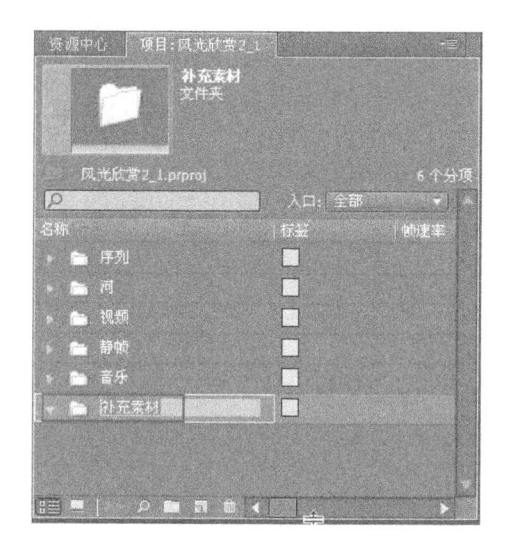

图 5-34   图 5-35

(4) 点击"项目"面板中的"文件夹"按钮(键盘快捷键是 Ctrl+/),将新文件夹命名为"故事板",如图 5-36 所示。

(5) 用"框选"或"Shift+点击"的方法选取刚才导入的视频素材。

(6) 在选取的素材上右击,从弹出菜单中选择"复制",如图 5-37 所示。

(7) 在"故事板"文件夹上右击,选择"粘贴",如图 5-38 所示。

所有的视频文件都会显示在故事板文件夹下,同时仍存在于主项目(Project)面板的补充素材中,如图 5-39 所示。

73

图 5-36

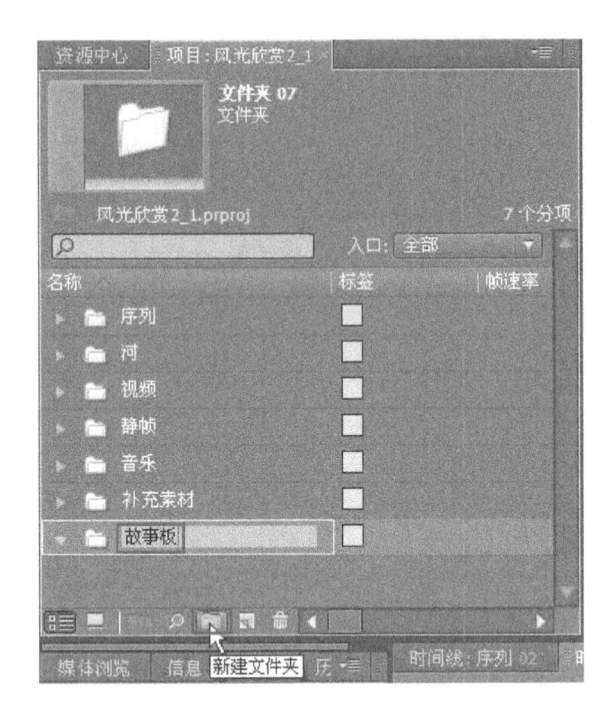

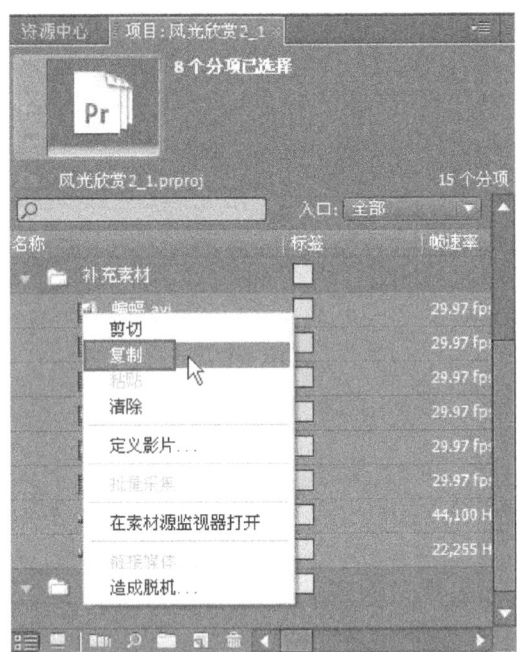

图 5-37

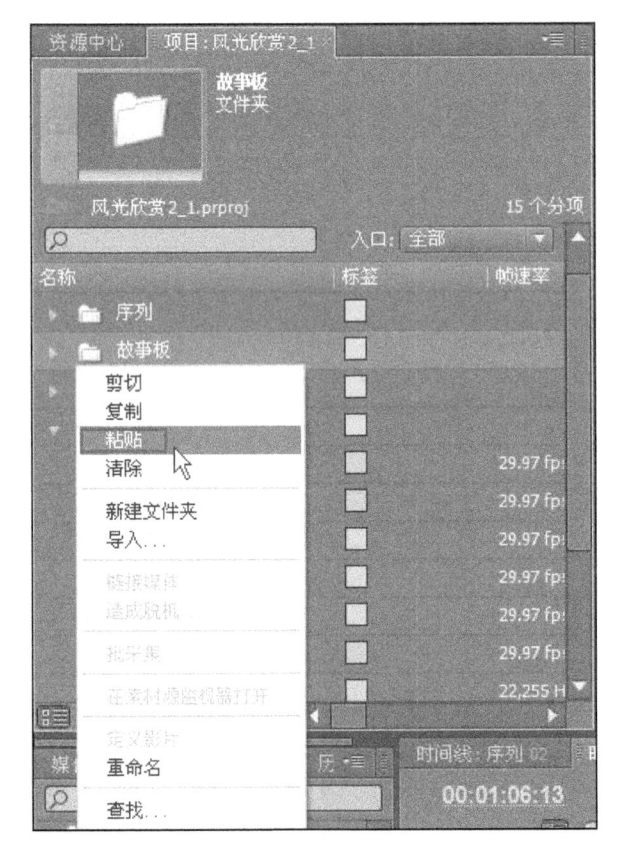

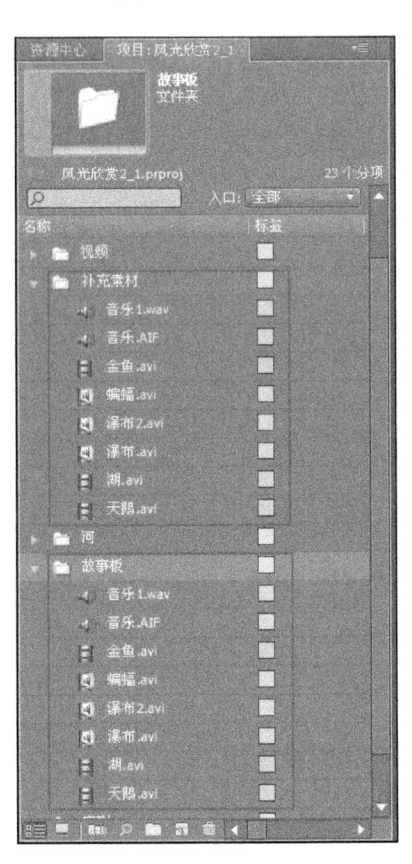

图 5-38

图 5-39

提示：视频文件复制到独立的故事板文件夹里后，当素材在故事板文件夹里被删除时，项目（Project）面板中补充素材文件夹中的素材依然存在。

74

(8) Ctrl+点击"项目"面板，将它从框架中拖出，建立一个浮动窗口。

(9) 点击"图标"(Icon)按钮，切换到图标视图。

(10) 双击"故事板"文件夹缩览图，显示里面的视频文件。

(11) 点击项目面板右上方的向右的小三角图标，选取"缩略图"(Thumbnails)→"大"(Large 缩览图)，如图 5-40 所示。

(12) 扩展项目面板视图，显示所有的素材，会看到一个 2×5 的网格，如图 5-41 所示。

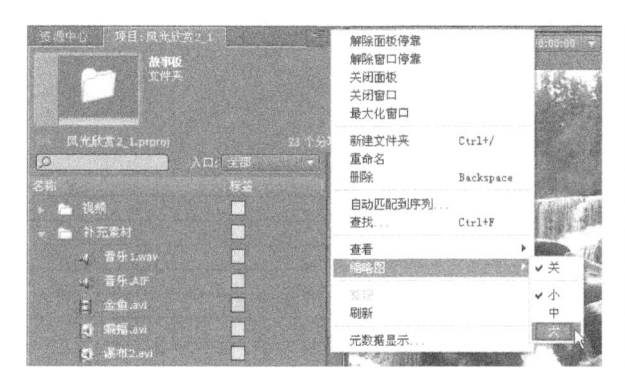

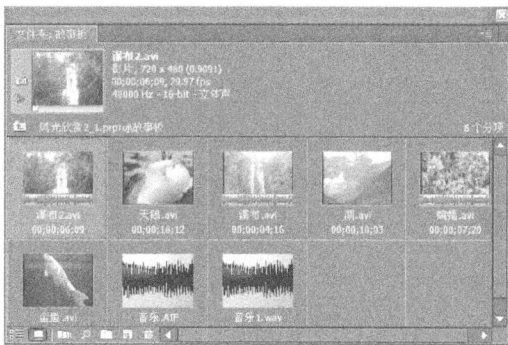

图 5-40

图 5-41

2. 组织故事板

接下来我们按照逻辑顺序组织缩略图。分别选择每段素材，点击"预览"(Preview)窗口的"播放"(Play)按钮，如图 5-42 所示，在"预览"窗口中观看，并确定素材的排列顺序为"瀑布"、"天鹅"、"瀑布 2"、"湖"。

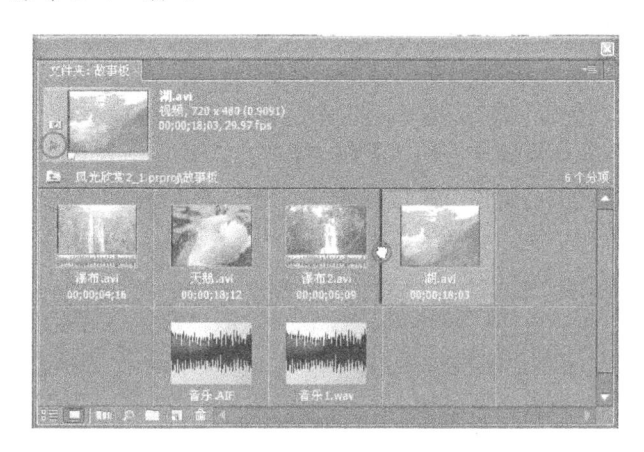

图 5-42

拖动"故事板"文件夹内的素材，使它们按以下顺序排列："瀑布"、"天鹅"、"瀑布 2"、"湖"。拖动素材时，光标会变成小手形状，黑色垂直线指出它被放置的新位置，如图 5-42 所示。

3. 将故事板自动转换为序列

现在可以将故事板中的素材按顺序连续组织到时间线上了，Premiere Pro CS4 中将它叫做自动匹配到序列。具体操作步骤如下：

(1) 确保"CTI"（当前时间线指示器）位于时间线的起点。自动匹配到序列从 CTI 位置处开始放置素材。

(2) 选择"编辑"→"全选"，使所有素材突出显示。

75

(3) 点击"项目"面板左下角的"自动匹配到序列"按钮,打开"自动匹配到序列"对话框,如图 5-43 所示。

图 5-43

① 到序列 01：按照故事板内确定的顺序把素材放置到序列 01 上。如果按住 Ctrl 键点击各个素材,则按照它们的选择顺序放置它们。

② 放置：将素材顺序放置到时间线上。

③ 方法：有两种方法选择：插入编辑(Insert) 或覆盖编辑(Overlay)。由于这个练习是把素材放置在空序列上,所以这两种方法的效果相同。

④ 素材重叠（Clip Overlap）：素材重叠会在所有素材之间放置像交叉溶解这样的切换特效。

⑤ 转场过渡：包含应用默认音频转场过渡和应用默认视频转场(Apply Default Audio/Video Transition),由于我们不选择任何切换特效,所以可以取消选取这些复选框。

⑥ 忽略选项：包含忽略音频和视频 (Ignore Audio/Video),由于这些素材没有音频,所以这些选项没有激活。

(4) 点击"确定",将素材按顺序放置到时间线"序列 01"上。

(5) 点击"时间线",按"空格键"播放素材。

5.4.3 用素材源监视器装载时间线

(1) 打开"风光欣赏 2"项目中的"序列 01"。

(2) 框选时间线中"序列 01"里的所有素材,按 Delete 键删除,如图 5-44 所示。

(3) 双击"项目"面板中故事板文件夹中的"天鹅"素材,在"素材源"监视器中打开。

提示：也可以从项目面板中将该素材拖放到素材源监视器（Source Monitor）中。

(4) 把"素材源"监视器的"CTI"移至"11；05"处,也就是天鹅回头的地方,让素材从这里开始,如图 5-45 所示。

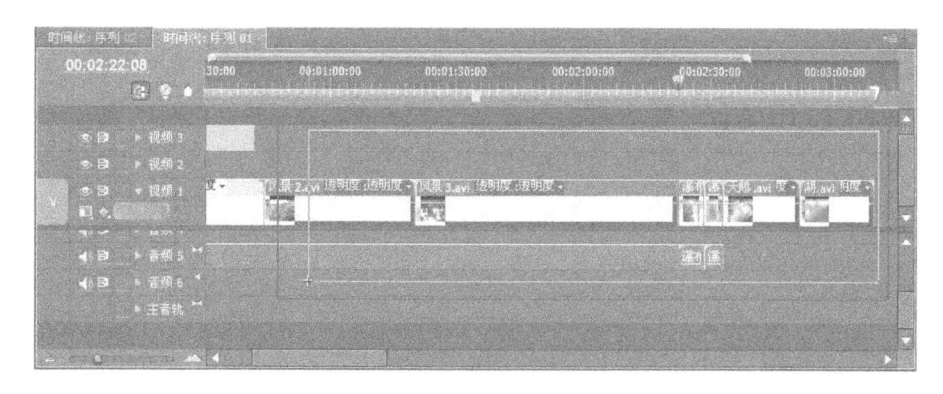

图 5-44

图 5-45

(5) 点击"设置入点"(Set In Point)按钮。
(6) "播放"素材,仔细观察逻辑出点,把"素材源"监视器的"CTI"移动到"16;00"。
(7) 点击"设置出点"按钮,如图 5-46 所示。

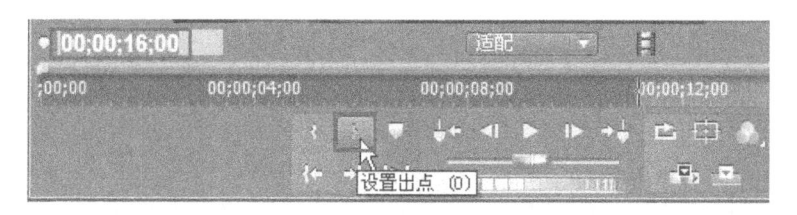

图 5-46

77

(8) 点击"跳到入点"和"跳到出点",在入点和出点之间来回切换。点击"从入点播放到出点"(Play In to Out)按钮( )播放整段片段。

(9) 把时间线(Timeline)的"CTI"移动到"序列 01"的开始处。

(10) 选中"视频 1"和"音频 1"轨,如图 5-47 所示。

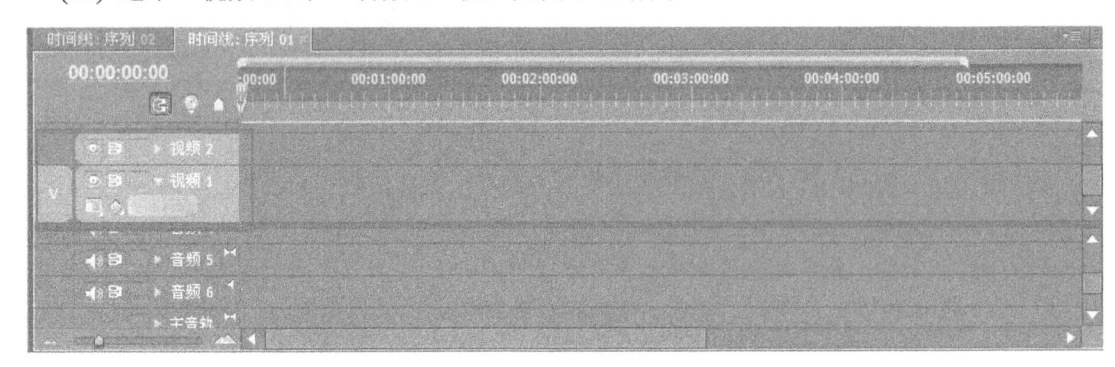

图 5-47

(11) 点击"素材源"监视器中的"插入"( )按钮,把这段素材放在"序列 01"时间线上的"CTI"之后。

提示:点击插入(Insert)或覆盖(Overlay)都会把素材放置在时间线(Timeline)的当前时间线指示器(CTI)之后。

(12) 双击"瀑布",使之出现在"素材源"监视器中。

(13) 展开"素材源"监视器顶上的三角形。

在素材源监视器中看到的所有素材都显示在这个列表里。我们可以从这里访问它们,选择"关闭全部"(Close All)或"关闭"(Close)可以一次将它们全部删除,或删除其中的一个,如图 5-48 所示。

图 5-48

(14) 在"素材源"监视器中播放"瀑布",仔细观察素材的开始或结尾。

(15) 现在"CTI"应该在第一个素材的末尾,点击"插入"按钮( )。播放时间线上的素材,观察效果。

(16) 用"素材源"监视器为"瀑布 2"创建入点和出点。

(17) 把时间线的"CTI"移动到第一段和第二段素材之间(可用 Page Up 键)。

(18) 点击"插入"按钮。这是一次标准的插入编辑,它将新的素材放在"CTI"位置上,

78

将以前的素材挤到序列的右边。

(19) 使用"素材源"监视器为其他素材创建入点和出点。

(20) 把时间线的"CTI"放置在第 2 段和第 3 段素材之间。

(21) 点击"仅拖动视频"按钮(■),这样就可在不改变现有音频的情况下单独放置视频素材。

(22) 点击"覆盖"按钮(■)。这段新素材覆盖了第 3 段素材的视频部分,但不改变音频部分。"播放"该序列,观看编辑效果。

5.5 时间线编辑

我们将使用多种编辑工具来改进这个故事板的粗切效果,如拖放素材的尾部剪切(Trim)、波纹删除(Ripple Delete)、波纹编辑(Ripple Edit)等。打开"第五章"文件夹中"风光欣赏 2.prproj"。

5.5.1 剪切素材

(1) 选择"窗口"→"工作区"→"复位当前工作区"。

(2) 点击"项目"面板内的"列表"(List) 按钮(■),切换到列表模式。

(3) 激活"时间线",按反斜杠键 "\",扩展时间线宽度。

(4) 按等号键"=",再次扩大视图。扩展素材的宽度,有助于更精确地编辑。调整后的时间线如图 5-49 所示。

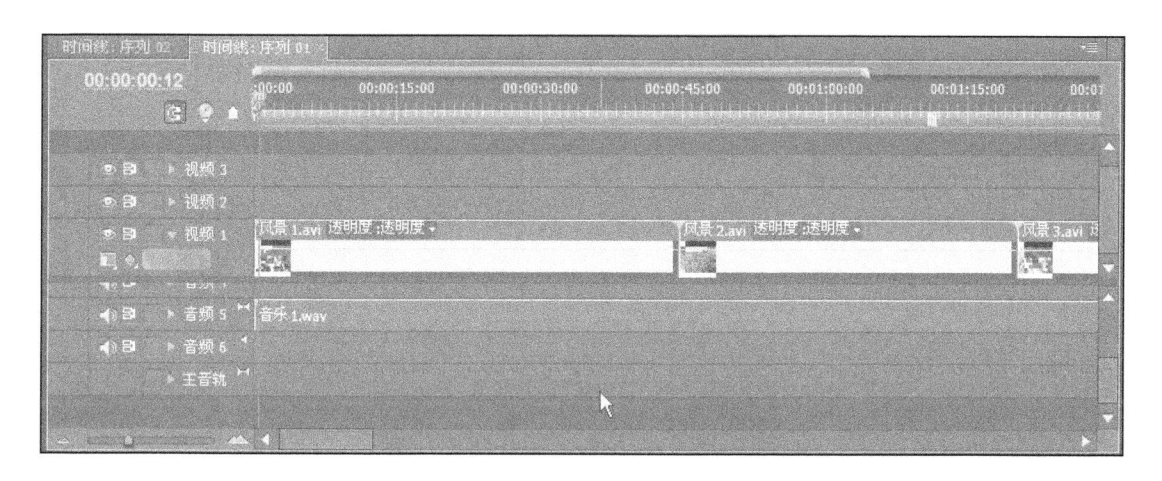

图 5-49

(5) 将鼠标悬停在第 2 个素材的左边,直至看见朝向向右的括弧(■)为止,如图 5-50 所示。

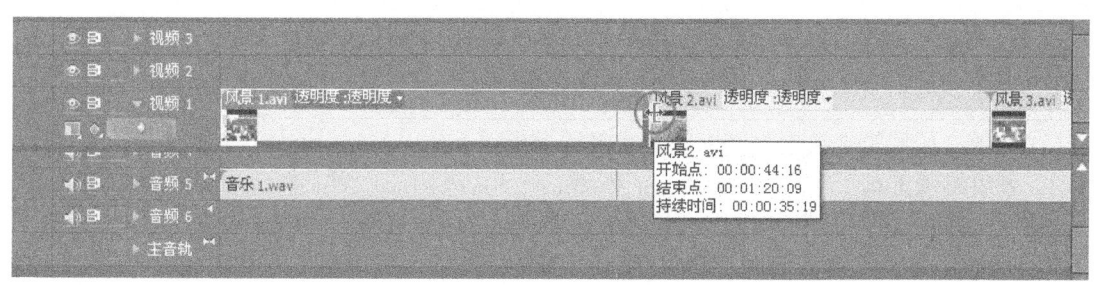

图 5-50

(6) 将该括弧向右拖"14帧"(约半秒)，删除掉前面晃动的几帧画面，如图5-51所示。

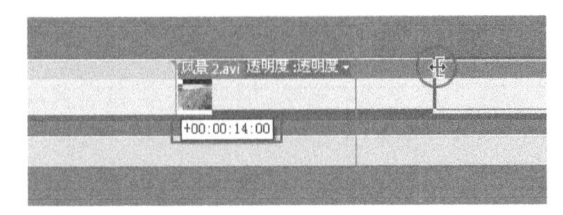

图 5-51

(7) 按减号键"-"，缩小时间线视图，以便能够完整地看见第3个素材。
(8) 将"CTI"移动到"00;01;00;00"(在节目监视器上可以看到)。
(9) 将第3个素材的右边界往左拖到"CTI"线所处位置，有一条垂直黑线出现，表示编辑与这点对齐，然后松开鼠标，如图5-52所示。

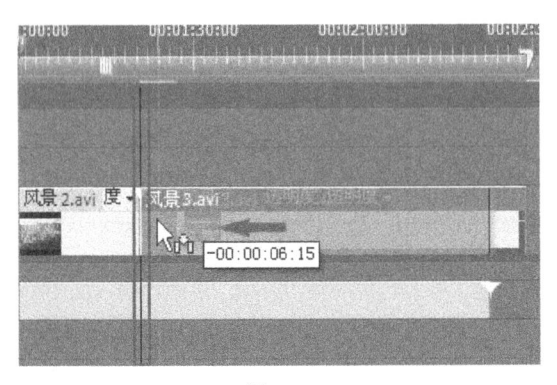

图 5-52

1. 消除间隙——波纹删除

剪切两个素材时在序列上留下了两个间隙。下面将用波纹删除（Ripple Delete）来消除这些间隙。

(1) 在第1段素材和第2段素材之间的间隙上单击右键，选择"波纹删除"（Ripple Delete），如图5-53所示。"波纹删除"通过将间隙后面的所有素材左移来消除间隙。

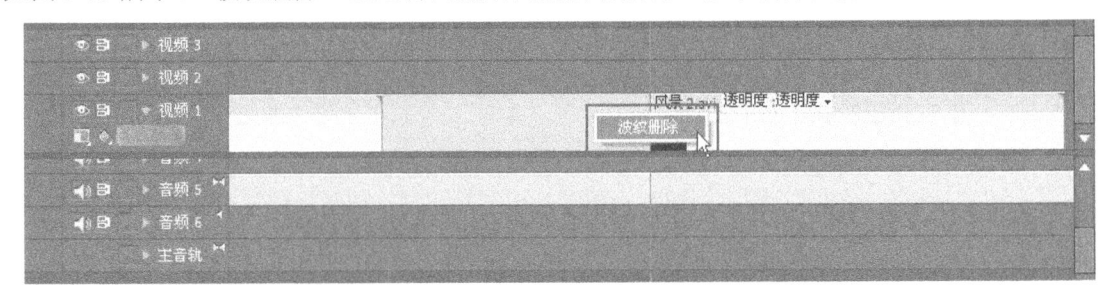

图 5-53

(2) 对第2段和第3段素材间的间隙重复以上步骤。

2. 波纹编辑工具

避免产生间隙的方法是使用"波纹编辑"（Ripple Edit）工具，如图5-54所示。

用"波纹编辑"工具剪切素材的方法与使用选择工具一样。两者之间的区别是波纹编辑工具不会在序列上留下间隙，在节目监视器中的显示会更清晰地表达出编辑的效果。

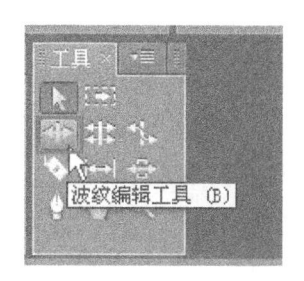

图 5-54

使用"波纹编辑"工具拉伸或缩短素材时，该操作会在整个序列中产生波纹。也就是说，编辑点后的所有素材会往左移动填补间隙，或往右移动形成更长的素材。

在使用"波纹编辑"工具操作之前，"瀑布"、"天鹅"、"瀑布2"、"湖"几个素材与"风景1-3"并不一样，它们需要先进行与当前画幅比例适配，框选这几个素材，单击右键，在弹出的菜单中勾选"适配为当前画面大小"，如图5-55所示。

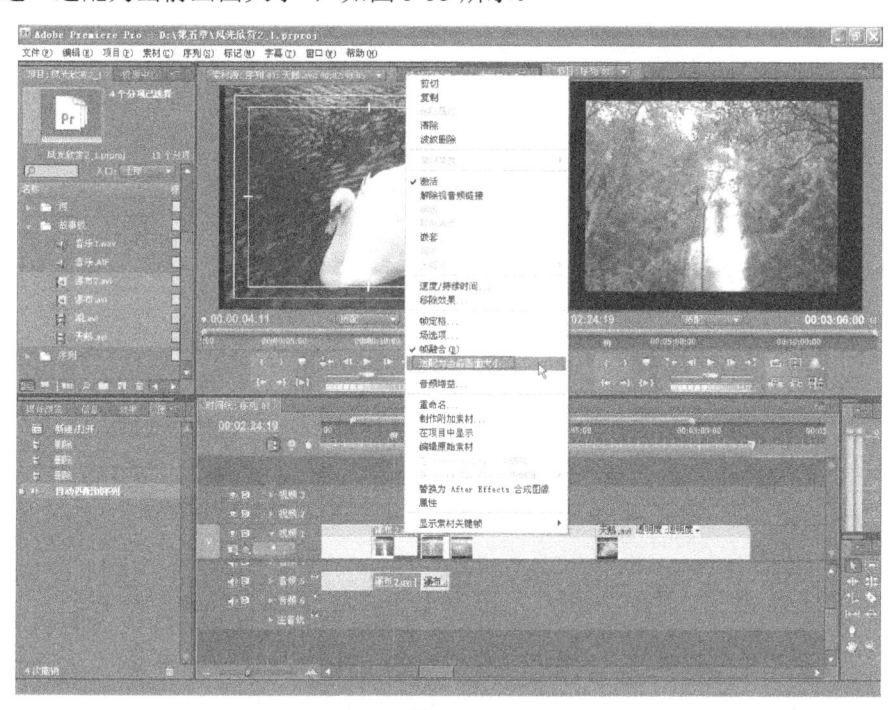

图 5-55

(1) 点击"波纹编辑"工具（键盘快捷键：B）。
(2) 将光标悬停在第4段素材的左边缘，直至它变成一个朝向右的"括弧"(⊣)为止，如图5-56所示。

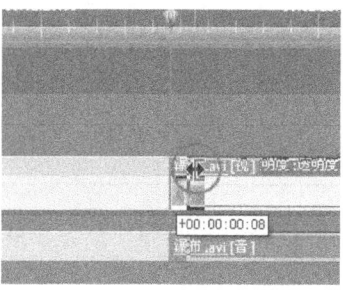

图 5-56

81

(3) 点击第 4 段素材，并把它大约向右拖动"8 帧"。

注意观察 Program Monitor 右半部分中的移动编辑位置。我们的目标是移动该素材，使"瀑布"与前一段素材尾部的瀑布位置(左边)相匹配，如图 5-57 所示。

图 5-57

(4) 松开鼠标按钮，完成编辑。素材的剩余部分往左移动填满间隙，并把其右边的素材滑动到它上面。"播放"序列，查看编辑效果是否平滑。

(5) 把"CTI"大约移动"00;02; 21;16"处。

(6) 用"波纹编辑"工具把第 5 段素材的左边缘向右拖，直到它与"CTI"对齐为止，如图 5-58 所示。

图 5-58

再重复一遍，"吸附"（Snap）打开时，把"CTI"放置到编辑点可以很容易地进行精确编辑。

(7) 定位"CTI"到在"00;02; 35;00"处再做一次"波纹编辑"，把第 6 段素材的左边缘往右拖，使它与"CTI"对齐。

(8) 观看该序列，其效果已经非常平滑。

Premiere Pro CS4 的一个优点是可以很容易地在项目中的任意位置上添加素材，移动或删除它们。

把素材放置到时间线（Timeline）上可以通过两种方式来实现：

(1) 覆盖 (Overlay)：新放置的素材及其音频取代序列上的原有内容。

(2) 插入(Insert)：新放置素材的首帧会切入到当前素材中，但不会覆盖任何内容。切入段及其后面的所有素材都向右移动。这个操作需要用组合键，点击的同时按住 Ctrl 键。

有两种方法可以把时间线上的素材移位：

(1) 提升(Lift)：在原来素材的位置留下间隙。

(2) 抽取(Extract)：与 Ripple Edit 类似，其他素材移动填补间隙。

这步操作需要用组合键，在点击要移动的素材前先按住 Ctrl 键。

3．在时间线上添加、移动素材

现在开始设置一个由 3 个素材构成的新序列。

(1) 打开"风光欣赏 3"。

(2) 选择"文件"→"新建"→"序列"。

(3) 把该序列命名为"风光欣赏 3"，点击"确定"，如图 5-59 所示。

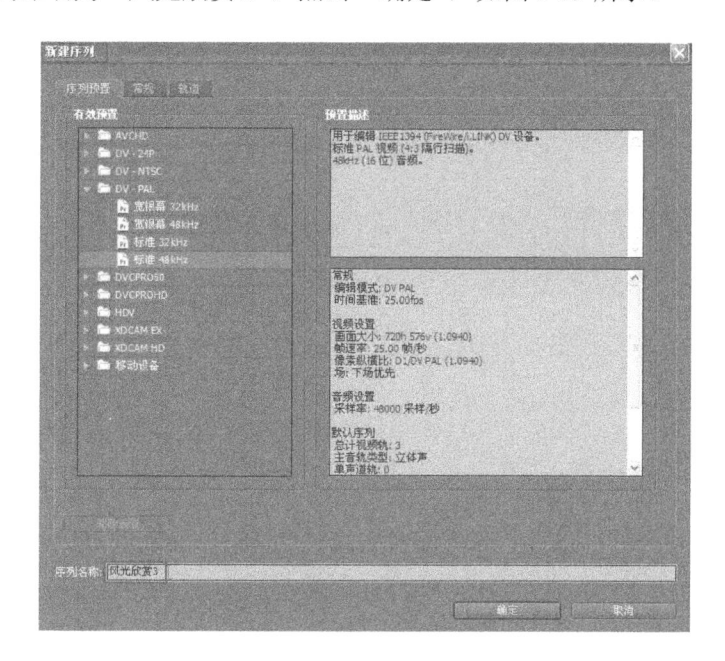

图 5-59

(4) 选择 3 段视频素材："风景 1"、"瀑布 2"、"湖"，将它们拖放到时间线上新创建的序列"风光欣赏 3"上。

(5) 按下反斜杠键"\"扩展视图，如图 5-60 所示。

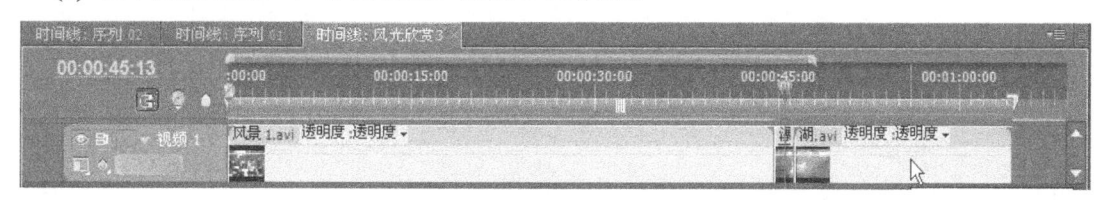

图 5-60

83

5.5.2 覆盖编辑

(1) 把"天鹅"从"项目"面板拖放到时间线上，使它的首帧大致位于第 1 段素材的中央。"节目"监视器中显示两幅图像。左视图是新素材之前第 1 个素材的新出点，右视图是接着新放置素材的下一个素材的新入点，如图 5-61 所示。

图 5-61

(2) "天鹅"放在时间线上之后，"覆盖"了原有位置上的"视/音频"，但不改变序列的长度，如图 5-62 所示。

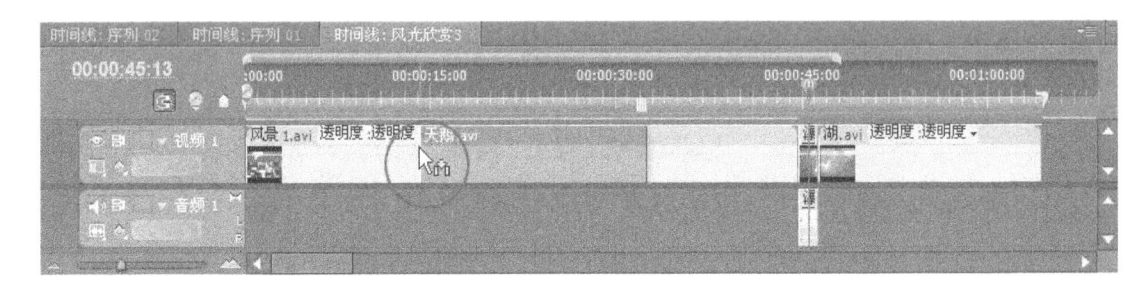

图 5-62

5.5.3 插入编辑

(1) 按 Ctrl+Z 取消上一步的编辑。
(2) 把"天鹅"拖到同样的位置，但这次在释放鼠标按钮之前按住 Ctrl 键。

"天鹅"会把第一个素材切成两片，把第一个素材的后半部分及其后面的所有素材向右移动，在时间线上插入"天鹅"，使序列长度变长，如图 5-63 所示。

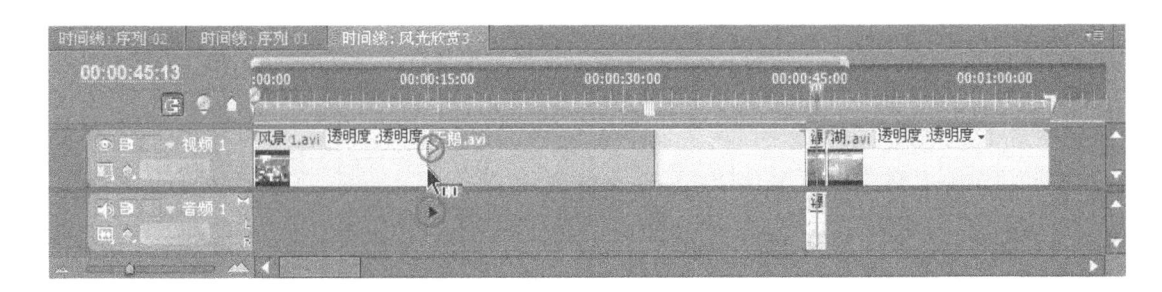

图 5-63

提示：对于插入编辑，监视窗口只显示一幅图像——素材一的切割位置处的图像，而对于覆盖编辑，则显示两幅图像——素材一的新出点和素材二的新入点的图像。

5.5.4 提升和移动编辑

(1) 按下 Ctrl+Z 取消上一步的编辑。

(2) 将"天鹅"从项目面板拖放到第 3 个素材的末尾,创建一个具有 4 个素材的序列:"风景 1"、"瀑布 2"、"湖"、"天鹅"。按下反斜杠键 "\", 查看所有素材。

(3) 将时间线上的第 2 个素材拖放到第 4 个素材的末尾,即将"瀑布 2"放在"天鹅"之后。

这是"提升"(Lift)和"移动"(Move)编辑。第 2 个素材原来位置出现间隙,序列超出其原来的长度,如图 5-64 所示。

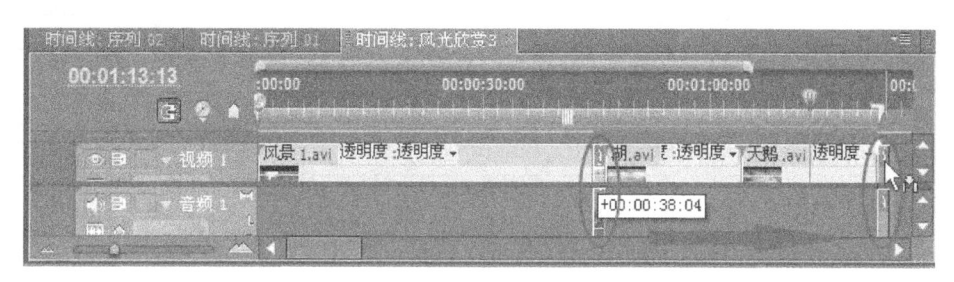

图 5-64

5.5.5 抽取和移动编辑

(1) 按下 Ctrl+Z 取消上一步的编辑。

(2) 按 Ctrl 键,点击第 2 个素材,并把它拖放至序列末尾。

这是"抽取"(Extract)和"移动"(Move)编辑。序列的长度没有改变,素材的顺序发生了变化,如图 5-65 所示。

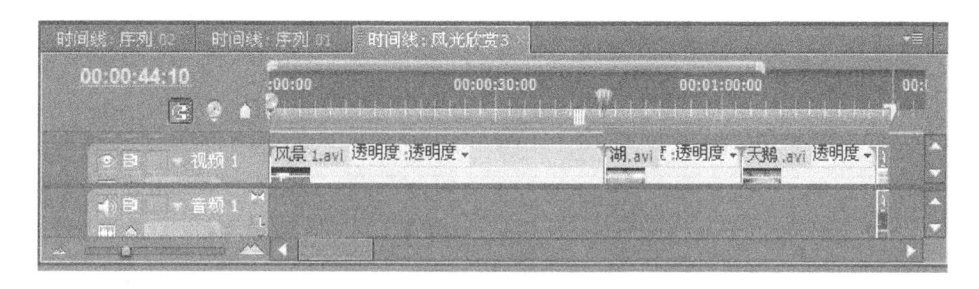

图 5-65

5.5.6 抽取和覆盖编辑

(1) 按 Ctrl+Z 取消上一步的编辑。

(2) 按 S 键关闭"吸附"(Snap)功能(或点击 Timeline 左上角的 Snap 按钮),如图 5-66 所示。

图 5-66

(3) 按下 Ctrl 键，点击第 1 个素材，并将它拖到第 3 个素材的中央，放开 Ctrl 键，把素材放置在此处。

这是"抽取"（Extract）和"覆盖"（Overlay）编辑。素材移动填充了第 1 个素材(按 Ctrl 键把提升（Lift）编辑变成了抽取（Extract）编辑）留下的间隙。序列的长度会变短，如图 5-67 所示。

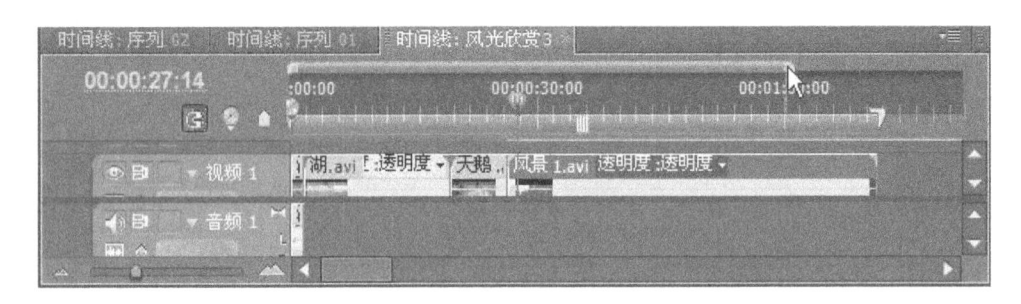

图 5-67

5.5.7 抽取和插入编辑

(1) 按 Ctrl+Z 取消上一步的编辑。

(2) 按 Ctrl 键，之后点击第 1 段素材，并将它拖到第 4 个素材的中央。继续按住 Ctrl 键，在此处放下素材。

这是"抽取"（Extract）和"插入"（Insert）编辑。素材移动填补了第 1 个素材留下的间隙，插入编辑点之后的素材向右移动。序列的长度保持不变，如图 5-68 所示。

图 5-68

5.5.8 改变素材播放的速度和方向

素材的反向播放在剪辑中具有特殊的表现效果，如：爆炸的尘雾变为大楼，孩子跳到墙上等效果都可以通过反向播放素材完成。同时利用镜头的快、慢动作，可以创作出有趣、富有戏剧性的场景。本节将让天鹅的游动速度逐渐变慢、停止，然后倒着游。

(1) 打开 Premiere Pro CS4，导航到"第五章"文件夹下的"风光欣赏 3"，打开序列"天鹅"。

(2) 点击时间线中的"序列 01"，删除在时间线上所有的素材。

(3) 将"天鹅"拖到"序列 01"的"视频 1"轨的起始处。按下"/"键扩展该素材视图。

(4) 选取"剃刀"（Razor Edit）工具，在"1;00"、"2;00"和"3;00"、"8；00"处做 4 个剪切，把一段素材变成 5 段，将第 5 段素材删除，如图 5-69 所示。

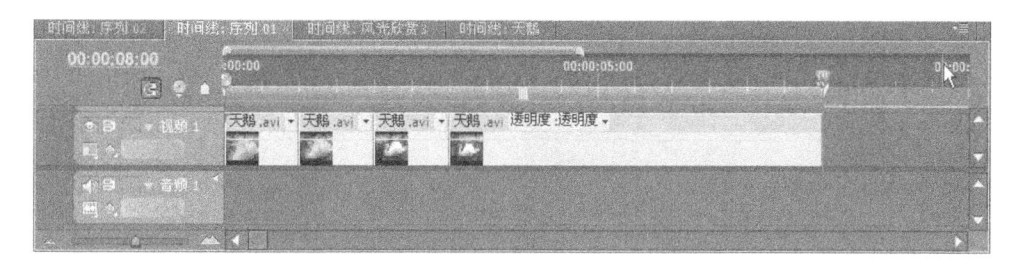

图 5-69

(5) 在最后一段素材上单击右键,选择"复制"。
(6) 将"CTI"移动到该序列的末尾处(用 Page Down 快捷键),按下 Ctrl+V(或者选择"编辑"→"粘贴")。
(7) 将"CTI"移动到新放置的素材末尾处,再次按下 Ctrl+V 键。
(8) 把第 3 段素材"复制"→"粘贴"到该序列的末尾处。
(9) 把第 2 段素材"复制"→"粘贴"到该序列的末尾处。
(10) 把第 1 段素材两次"复制"→"粘贴"到该序列的末尾处,如图 5-70 所示,轨道上共有 10 段素材。

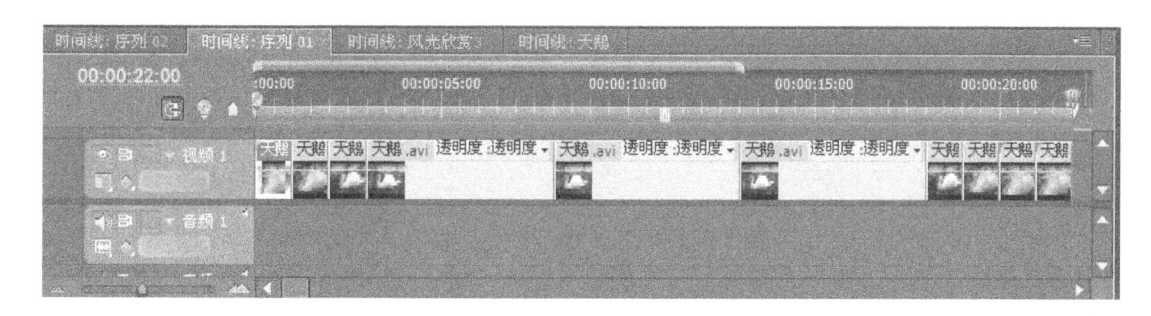

图 5-70

(11) 框选后面 8 段素材,把它们整体向右拖过"18"秒标记处,如图 5-71 所示,为慢动作素材腾出空间,开头两段素材保持在序列起始处不变。

图 5-71

提示:将一段素材的速度减半,素材的长度就会增加一倍。如果素材右边存在一段素材,那么它的长度不会加倍,前半段素材会以慢动作播放,后半段素材会被丢弃。

(12) 在第 2 段素材上单击右键,选取"速度/持续时间"(Speed/Duration),如图 5-72 所示。打开素材"速度/持续时间"对话框,如图 5-73 所示,其中有以下选项:

① 速度：以百分比的形式。以两倍速度快放是 200%，一半速度慢放是 50%，100%是不变化。

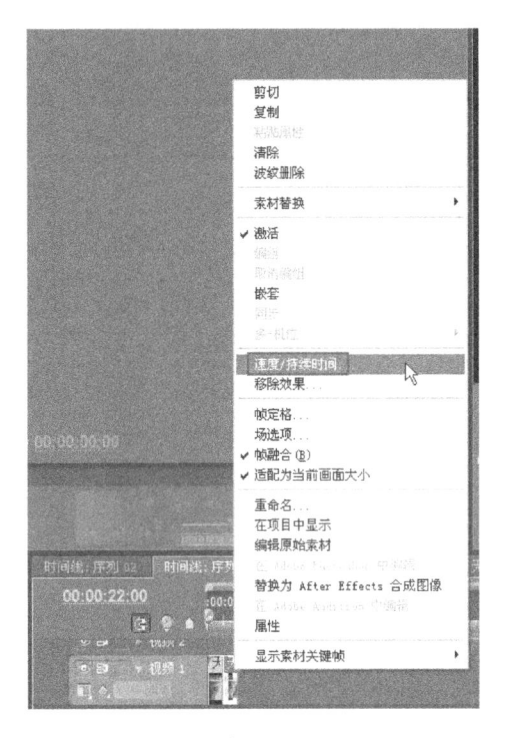

图 5-72　　　　　　　　　　　　　　　图 5-73

② 链接/取消链接按钮：如果选择链接，改变速度会相应地改变长度。如果选择取消链接，长度则会保持不变。

提示：加快素材的播放速度会使素材长度缩短。如果想保持时间长度不变，Premiere Pro CS4 将使用所有可用的头尾帧来填充速度变化留下的空隙。如果没有足够的头尾帧，那么素材的速度就只能调节到所有可用帧能填补序列中原来空隙相应的速度。如果没有头尾帧，素材只能被缩短。

③ 速度反向：以设置的任何速度反向播放视、音频剪辑。也可以把音频分离出来，让它正常播放。

④ 保持音调不变：音频速度变快时，听起来的效果就像松鼠叫。变慢时，听起来很低沉。保持音频的音调意味着虽然音频改变了速度，但依然保持着原来的音调。

⑤ 持续时间：不是用百分比表示，可以选择具体的时间。如果想要填充间隙，但素材又不够长时，可以简单地使用比例缩放工具来实现，但它没有保持音调这一选项。

提示：如果想要加快说话者的声音来与相关说明匹配的时候，使用保持音调（Maintain Audio Pitch）功能能很好地做到这一点。

(13) 在"速度"（Speed）文本框内输入"75%"，点击"确定"。

(14) 将第 3 段素材拖到第 2 段素材之后，单击右键，选取"速度/持续时间"，在"速度"栏中输入"50%"，点击"确定"。

(15) 对第 4 段素材进行同样操作，将"速度"（Speed）设置为"25%"。

(16) 在第 5 段素材单击右键，选取"帧定格"，选择"定格在出点"，点击"确定"，如图 5-74 所示。

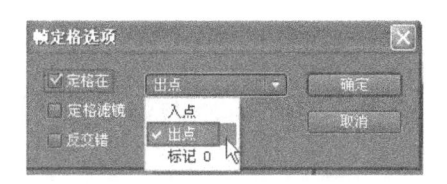

图 5-74

(17) 播放前 5 段素材，天鹅的速度会慢慢减缓，然后静止。

(18) 在第 6 段素材单击右键，选择"速度/持续时间"，选择"25%"，点击"速度反向"（Reverse Speed），点击"确定"。

(19) 对第 7、8 和 9 段素材进行同样操作，"速度"分别设置为"50%"、"75%"和"100%"，每次要选取速度反向。

(20) 将第 10 段素材拖过来，把"帧定格"放置在它的"入点"上(意味着它会和前一段素材的出点匹配，因为它是反向播放)。

(21) 播放该序列，它应该和序列："天鹅"相同。

5.6 其他编辑工具

(1) 打开 Premiere Pro CS4，导航到"第五章"文件夹下的"风光欣赏 4"。

(2) 打开时间线上的"序列 01"。它有足够的头、尾帧可用于执行编辑操作，如图 5-75 所示。

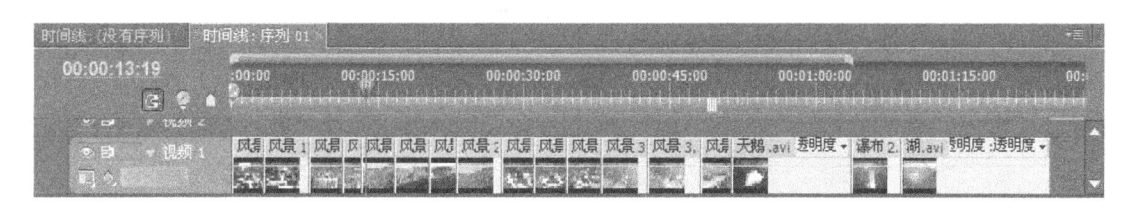

图 5-75

(3) 把"节目"监视器（Program Monitor）变换为浮动窗口，展开它，以便在执行"旋转编辑"（Rolling Edit）时能更清楚地看到分割的窗口视图。

(4) 从"工具"（Tools）面板中选择"旋转编辑"工具(快捷键是 N)。

(5) 拖动时间线上前两段素材间的"编辑点"，用"节目"监视器的"拆分"窗口查找更好的匹配编辑点。

我们建议把该编辑点向右滚动"1;02"(1 秒 2 帧)。可以用"节目"监视器时码或时间线内的时码来查找这个"编辑点"，如图 5-76 中。

提示：为了方便精确到帧的编辑，可以按下等号键"="，扩展时间线视图。

(6) 选择"滑动编辑"（Slide Edit）工具(快捷键是 U)，将它放在时间线序列中第 3 段素材上。

(7) 左右拖动第 3 段素材。

(8) 在进行"滑动编辑"时请注意观察"节目"监视器，如图 5-77 所示。

最上面的两幅图像是第 3 段素材的入点和出点，它们都没有改变。两幅较大的图像分别是第 2 段素材的出点和第 4 段素材的入点，第 2 段素材的出点和第 4 段素材的入点会随着第 3 段素材的左右滑动而改变位置。

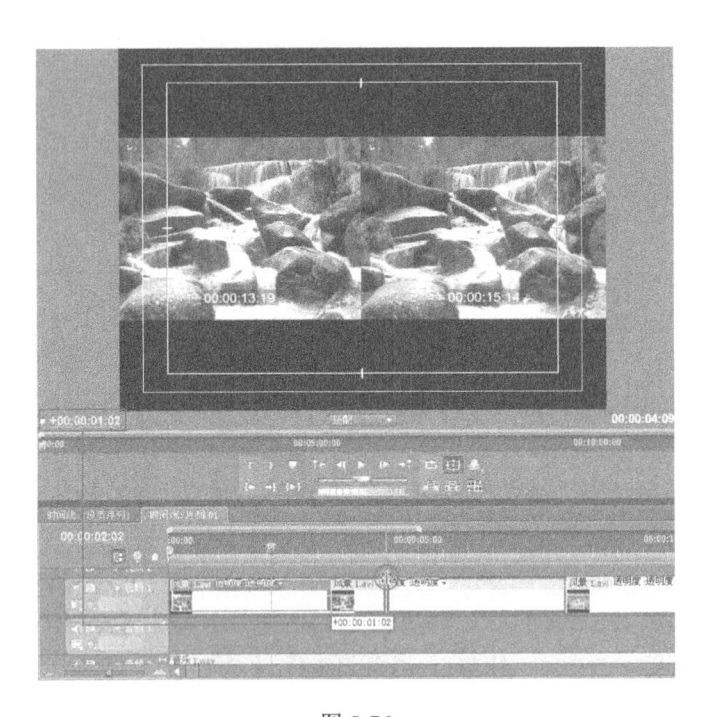

图 5-76

第3段素材入点和出点（不变）

第2段素材出点　　　　　　　　　　　　　　　　　　　第4段素材入点

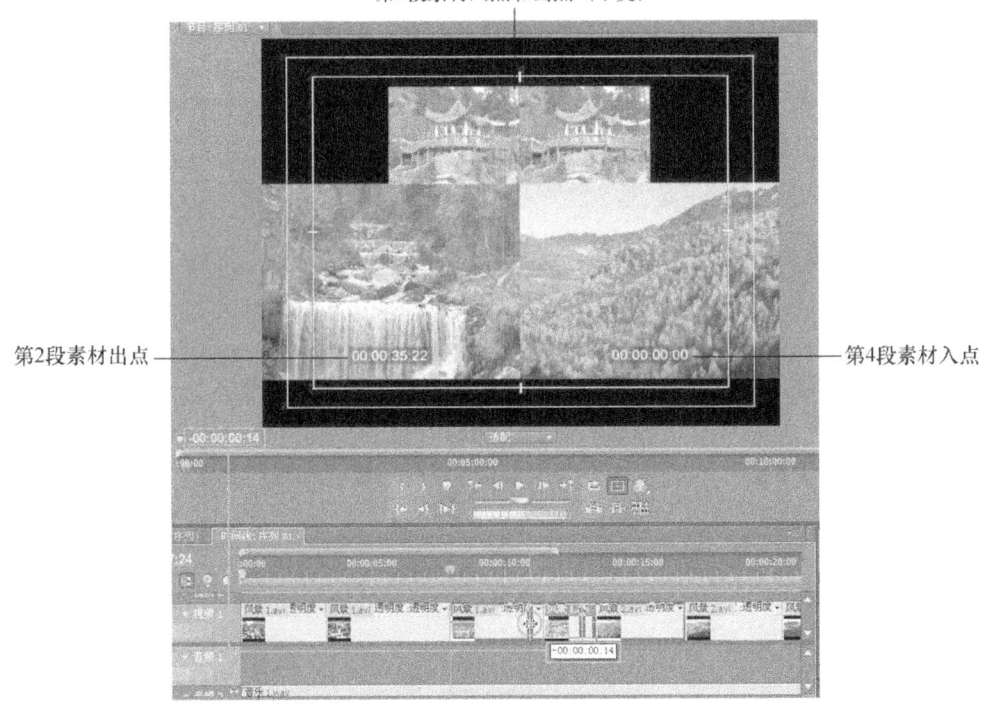

图 5-77

(9) 选取"错落编辑"（slip Edit）工具(快捷键是 Y)，左右拖动第 3 段素材。

(10) 在进行"错落编辑"时请注意观察"节目"监视器，如图 5-78 所示。顶部的两幅图像分别是第 2 段素材的出点和第 4 段素材的入点，两幅较大的图像是第 3 段素材的入点和出点。在第 2 段素材和第 4 段素材下方滑动第 3 段素材时，第 3 段素材的入点和出点随之改变。

90

图 5-78

【小结】

本章通过实例详细介绍了在 Premiere Pro CS4 环境下电视节目制作的完整流程。通过对素材的采集、素材的管理、装载时间线的方式、在时间线进行节目的基本编辑以及各类编辑工具和技巧的详细介绍，使学习者初步掌握影视节目制作的基本技巧。

【习题】

1. 如何用故事板装载时间线？
2. 简述覆盖编辑与插入编辑的区别。
3. 如何设置采集素材的路径？
4. 简述错落编辑与滑动编辑的区别。

第 6 章　添加视频转场效果

【学习目标】

1. 理解添加转场效果的必要性。
2. 熟悉 Adobe Premiere Pro CS4 中的转场特效。
3. 掌握如何在 Adobe Premiere Pro CS4 应用转场特效。
4. 掌握在 A/B 模式下调整转场效果。

【知识导航】

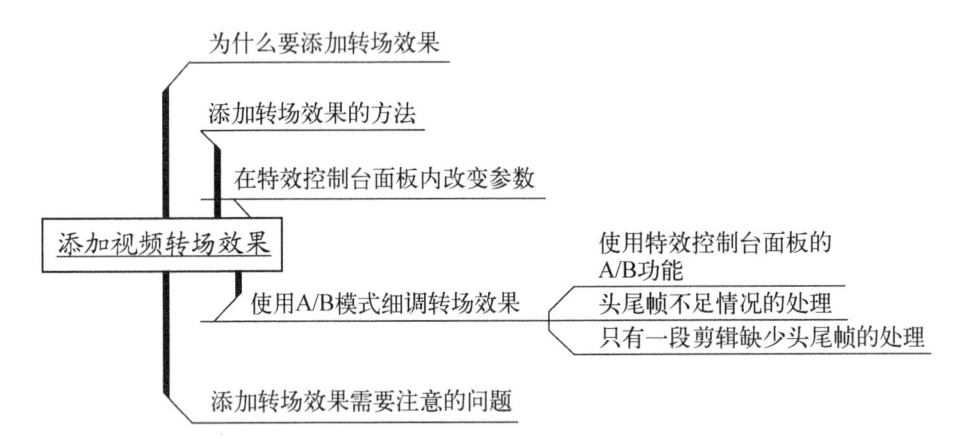

```
                    ┌── 为什么要添加转场效果
                    │
                    ├── 添加转场效果的方法
                    │
                    ├── 在特效控制台面板内改变参数
                    │                          ┌── 使用特效控制台面板的
  添加视频转场效果 ──┤                          │    A/B 功能
                    ├── 使用A/B模式细调转场效果─┼── 头尾帧不足情况的处理
                    │                          └── 只有一段剪辑缺少头尾帧的处理
                    │
                    └── 添加转场效果需要注意的问题
```

后期编辑并不是把一些素材简单地组织起来就完事了，而是要融合进自己对整个作品的理解，充分发挥编辑者的主动性和创造性，体现出导演的创作意图。所以对影视作品进行后期编辑的过程，同时也是对作品进行再创作的过程。在这种创作中，合理地使用视频转场可以加强作品连贯性和整体性，同时增强作品主题的表现力。所以认识并掌握各种视频转场的使用方法和规律，是本章学习的重点。

6.1　为什么要添加转场效果？

影视作品剪辑就是把一个片子的每一个镜头按照一定的顺序和手法连接起来，成为一个具有条理性和逻辑性的整体。剪辑的目的是通过组接建立起作品的整体结构，更好地表达主题；增强作品的艺术感染力，使其成为一个呈现现实、交流思想、表达感情的整体。在节目剪辑中需要解决的问题就是镜头之间的转换，使之连贯流畅——逻辑上连贯、视觉上流畅；创造效果——创造新的时空关系和逻辑关系。

影视节目最小的单位是镜头，若干镜头连接在一起形成镜头组，一组镜头经有机组合构成一个逻辑连贯、富于节奏、含义相对完整的节目片段，它是导演组织影片素材、揭示思想、创造形象的最基本单位。影视节目剪辑中镜头之间最简单的连接方式就是跳转，即无技巧剪辑。

由于转场效果可以控制两个相邻镜头很好地融合在一起，使画面转换流程自然、亲切，富于表达节目的主题，因此我们在后期剪辑中不同的场景下会添加不同的转场效果以达到编辑的创作意图，发挥出转场的作用。

镜头转场可以使不自然的画面过渡表现出时间变化效果，如两个差别较大的场景：一个是夜间的而另一个是白天的。如果直接连接播放，就会显得生硬。如果使用淡化到黑色的转场，不仅自然转换了场景，而且模拟出了夜晚到深夜再到清晨的时间过程效果。

镜头转场可以为剪辑增加亮点，如故事片剪辑中常见的片段：通过一个画面推出另一个画面的转场，实现时空的转换；从正在洗扑克牌的人手近景画面开始，制作交换(Swap)特效，转场到另一个和扑克牌有关的画面等。

镜头转场会令视频作品充满激情，如：一辆高速行驶的汽车，在它驶过屏幕画面时使用同一速度的划像转换到下一场景。

随着影视技术的发展，一些感性有趣的转场效果层出不穷。但在电视新闻节目中，大多数只用硬切编辑。新闻节目中缺少转场效果是因为转场会分散观众的注意力。编辑在新闻编辑机房中做的最多的工作就是消除不协调的地方，如严重的跳跃转场，并且使这些转场过程变得更平滑。在新闻机房常常听到的一条法则是"如果无法解决它，就使用划像。"

6.2 添加转场效果的方法

Premiere Pro CS4 提供了近 80 种视频转场效果。这些特效比较容易使用，并且可以定制。只有通过反复练习，才能体会到每种转场特技在节目剪辑中的运用效果。

在两个素材片段之间应用转场效果非常简单，只要拖放特效到两素材之间就可以了。但 Premiere Pro CS4 提供了许多特效选项，我们可以进一步调整选项参数，达到对转场效果的精确定位。

本节实例"风光欣赏"将演示 Premiere Pro CS4 中的一些转场效果，我们一起结合实例来熟悉转场特效以及控制特效变化的选项参数。

(1) 打开 Premiere Pro CS4，打开"风光欣赏"项目。

(2) 选择"窗口"→"工作区"→"效果"，如图 6-1 所示。

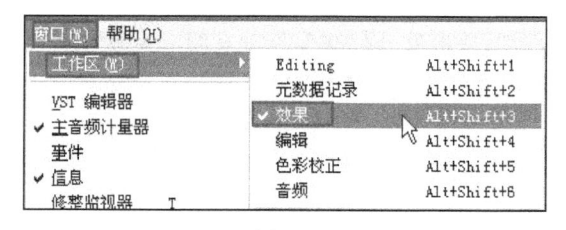

图 6-1

以上操作将工作区设置为 Premiere Pro CS4 开发小组创建的预设，它使我们能更方便地进行转场效果和视频特效，如图 6-2 所示。

(3) 激活时间线上"风光欣赏"完成序列并观看。

(4) 激活时间线上的"序列 01"，轨道上已装载素材。

(5) 把"风景 1"、"风景 2"、"风景 3"素材用"剃刀"工具进行剪切操作，用"第五章"学习过的编辑方式编辑，只留下有用的素材，按反斜杠键"\"扩展视图，如图 6-3 所示。

(6) 选择"波纹编辑"工具(快捷键是 B)，将第 1 段剪辑的末尾往左拖动，使其缩短约"2 秒"。

93

图 6-2

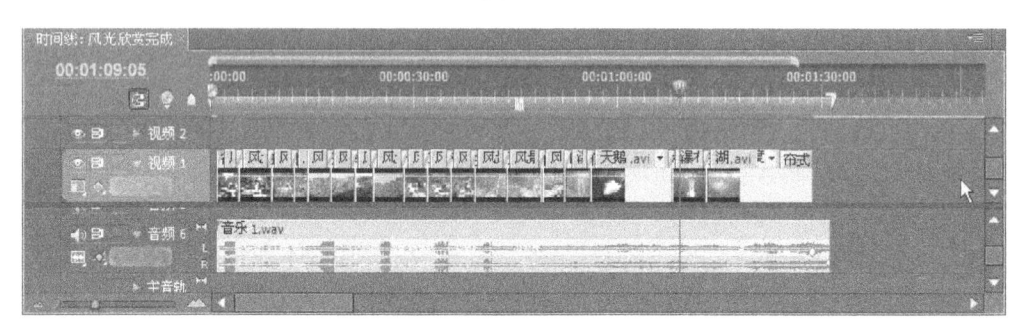

图 6-3

(7) 用"波纹编辑"工具把第 2 段剪辑的起始点往右拖动到大约在剪辑的"2 秒"处。
(8) 按下反斜杠键 "\",扩展时间线视图,按 V 键转回选择工具。
(9) 打开"效果"面板,打开"视频切换"效果→"叠化"文件夹。
(10) 把"交叉叠化"特效拖到序列上两段剪辑之间的编辑点上,先不要松开鼠标。

提示:"交差叠化"周会出现一个红色框,表明它是默认转场效果。

(11) 在鼠标按钮仍按下期间,左右移动光标,注意剪辑上的"光标"和突出显示的"矩形框"是如何变化的,如图 6-4 所示。可以让特效在编辑点处结束,也可以让它在编辑点的中央结束或者从这个点开始。

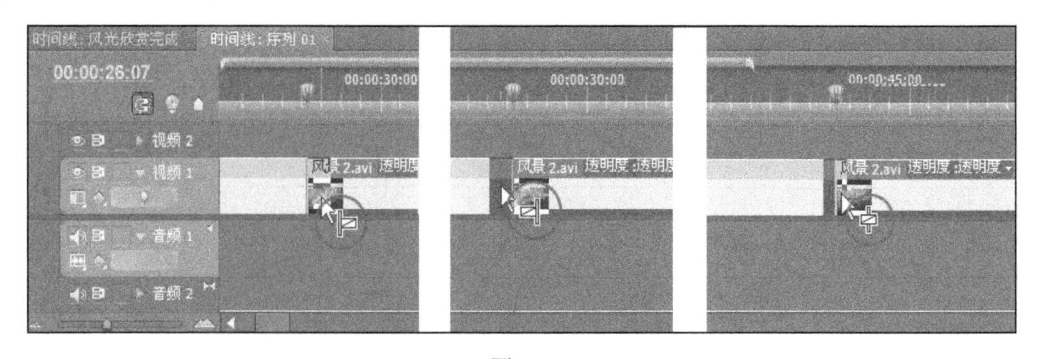

图 6-4

94

(12) 将该特效放置在编辑点的中间，如图 6-4 右边红圈所示。

(13) 将"CTI"移动到特效的前方，按下"空格键"播放它。该转场效果的默认时长是 1 秒。

提示：要设置不同的默认转场效果，首先选择要改变的切接特效，打开效果面板菜单，选择设置默认转场效果(Set Default Transition)，一个红色框会出现在该特效周围，如图 6-5 所示。选择默认转场持续时间，会弹出参数设置对话框，在这里可以修改时间。

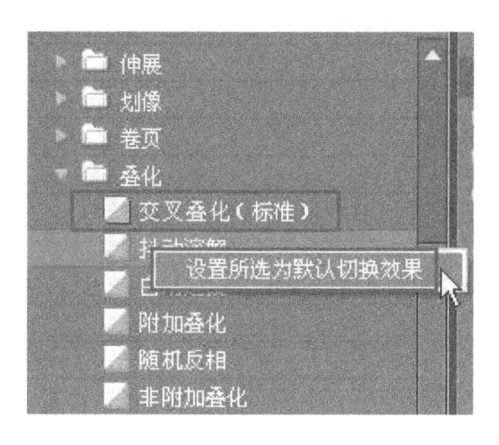

图 6-5

(14) 打开"3D 运动"文件夹，把"帘式"特效拖到第一段剪辑的起始处。注意仅有的一个放置选项是让转场效果从编辑点开始，如图 6-6 所示。

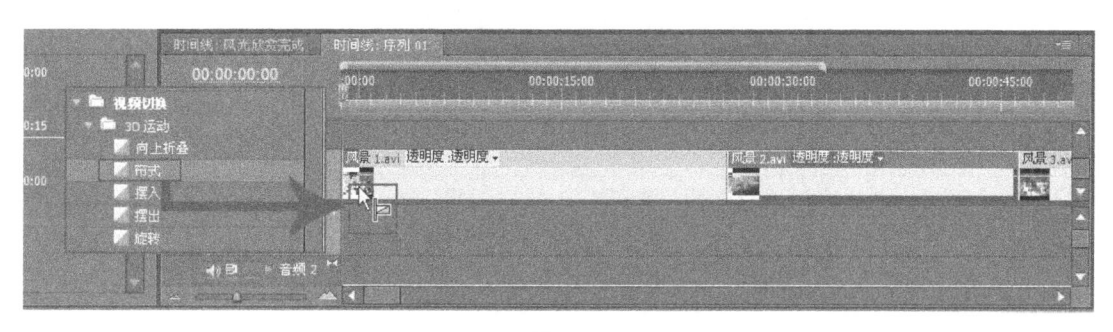

图 6-6

提示：可以把 Premiere Pro CS4 中的转场效果应用到一段视频的起始点或结束点，这称为单边转场效果；也可以应用在两段剪辑之间，称为双边转场效果。

(15) 按下 Home 键，把"CTI"移动到时间线的起始处，播放这段转场效果，如图 6-7 所示。

提示：Premiere Pro CS4 允许在序列内任意轨道上的两段剪辑之间(或者在剪辑的开始处或末尾处)应用转场效果。单边转场效果一个非常独到的用处是把它放置到更高轨道上的剪辑内，这样，它们会逐渐覆盖在时间线内处于它们下方的剪辑。

(16) 将"帘式"(Curtain) 转场效果拖到最后一个素材"湖"的末尾处。

(17) 点击"特效控制台"选项卡，打开"特效控制台"面板。

(18) 点击时间线上该剪辑末尾处的"帘式"(Curtain)转场效果矩形，使该特效的参数显示在"特效控制台"面板中。

图 6-7

(19) 点击"反转"(Reverse)复选框,如图 6-8 所示,使"帘式"在剪辑的末尾处完全合上。

图 6-8

(20) 打开"卷页"(Page Peel)文件夹,将"中心剥落"拖动到两段剪辑间的"交差叠化"转场效果处,替换"交差叠化"特效,播放新的转场效果。

提示:下一步需要用到 GPU(图形处理单元,也称 3D 加速卡)。如果 PC 没有 GPU,或者不能支持 Premiere Pro CS4 中的 GPU 效果,请跳过"下一步"。

(21) 打开"GPU 转场"文件夹,将"中心剥落"拖到时间线上原"中心剥落"转场效果处并播放,如图 6-9 所示。标准"中心剥落"转场与"GPU"加速的"中心剥落"转场有着较大的差异。

图 6-9

(22) 请用同样的方法尝试添加其他转场效果。

提示：至少从每类转场特效文件夹里试用每个转场特技的默认效果。

在本节完成的序列中使用的转场效果有：卷页、划像、拉伸、擦除、特殊效果中的置换，要在效果（Effects）面板中一一找出它们，可以通过查找方式。在查找文本框中键入特效名称，如图 6-10 所示显示出特效位置。

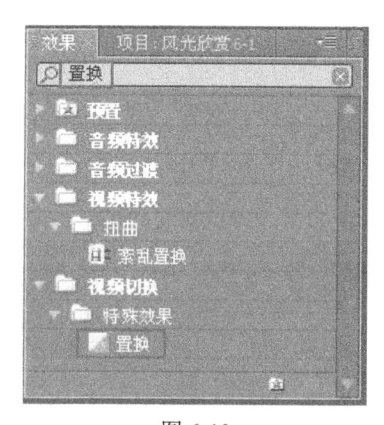

图 6-10

当把转场效果添加到序列时，一条短的红色水平线会出现在该转场效果的上方。红色线指序列的这部分节目片段必须经过渲染才能将它输出到磁带或创建最终的项目文件。

渲染是在导出项目过程中自动进行的，但我们可以只选择序列中的一部分进行渲染，使这部分序列在 PC 上能比较流畅地显示。要实现该操作，首先把工作区（Work Area Bar）手柄拖动到红色渲染线的末端（它们会自动与这些点对齐)按下 Enter 键。Premiere Pro CS4 会为这段创建视频剪辑（它会在 Preview Files 文件夹里生成一个文件），并将红色渲染线变为绿色，如图 6-11 所示。

图 6-11

6.3 在特效控制台面板内改变参数

我们在前面的练习中只是接触了转场特技的默认效果。在特效控制台（Effect Controls）面板中还有很多选项，每个转场特技都有其独特的选项参数。

我们首先从"叠化"特效开始，逐步使用在"风光欣赏"节目中用到的其他转场特效。下面介绍怎样调整转场效果的特性：

(1) 打开项目"风光欣赏 6-1"，激活时间线上"风光欣赏 01"序列并观看。

(2) 激活时间线上的"序列 01"，轨道上已装载素材。

(3) 把"效果"→"视频转场"→"叠化"文件夹中的"交叉叠化"拖放到第一段剪辑的起始处。

(4) 双击序列中该剪辑左上角的转场效果矩形，使其参数显示在"特效控制台"面板中。

(5) 点击"显示实际来源"复选框（图 6-12），拖动两个预监窗口下方的滑块。可以用这些滑块使转场效果开始部分渐强，然后逐渐完全显现。

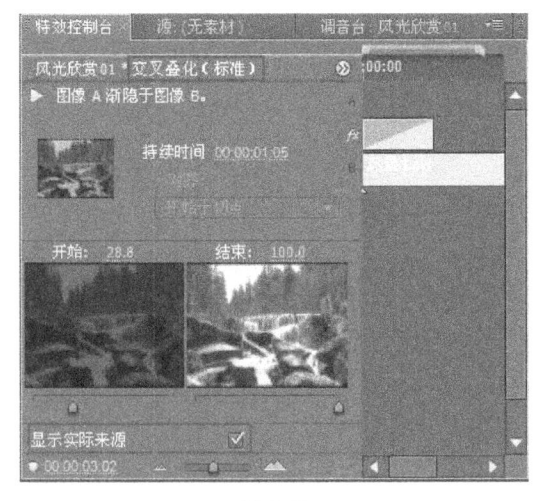

图 6-12

(6) 在"特效控制台"（Effect Controls）面板中，将特效"持续时间"改为"2"秒，在时间线上播放该特效。

(7) 将时间线的"CTI"移到 3 秒处(音乐正式开始处)，将序列中转场效果标记的右边缘拖到"CTI"位置。

(8) 现在播放这段特效，注意在乐声响起时其效果的增强方式。

(9) 将"卷页"特效从"GPU 过渡"（Transitions）文件夹中拖放到第 2 段和第 3 段剪辑间的编辑点上，如图 6-13 所示。在时间线上播放这个特效，注意它从左边卷入。

图 6-13

(10) 点击图 6-14 中所示的"反转"选项，将该特效的进入方向修改为"从下到上"。

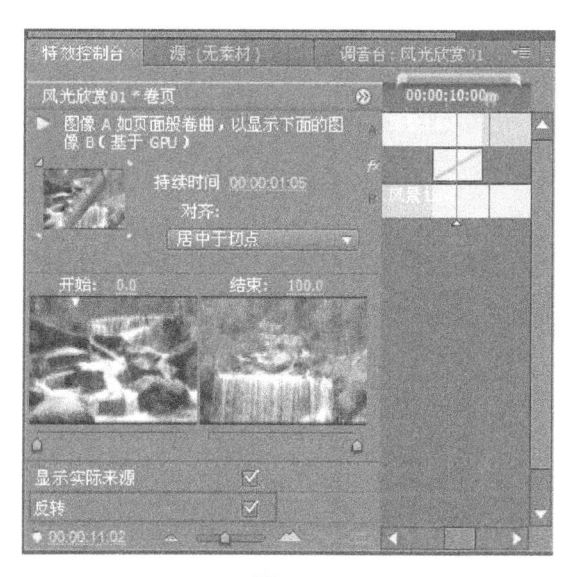

图 6-14

(11) 在第 4 段和第 5 段剪辑间应用"特效"→"擦除"特效。它有 3 个选项：边宽、边色、抗锯齿品质。

(12) 将"边宽"修改为"20"。

(13) 点击"反转"。

(14) 点击图 6-15 中突出显示的"边色"栏吸管工具，用它在"节目"监视器中的位置点击，使两段素材的色度层次相匹配。

(15) 把"抗锯齿品质"（Anti-aliasing Quality）设置为"高"（High），播放这个特效。

(16) 在第 5 段和第 6 段剪辑之间应用"特效"→"缩放"→"缩放拖尾"（Zoom Trails）转场效果。它有两个新的选项：自定义和一个小的定位圆圈。

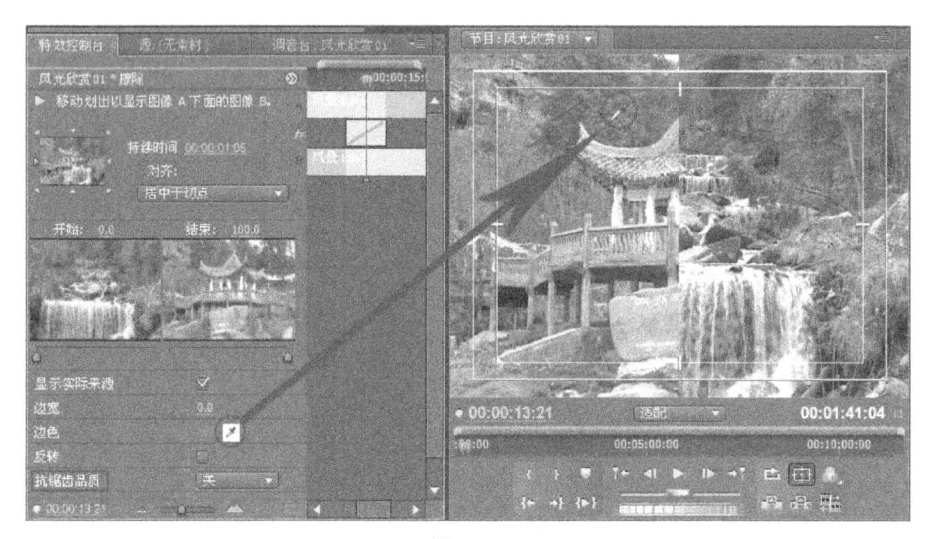

图 6-15

(17) 点击"自定义",将它的"跟踪值"改成"20",如图 6-16 所示。

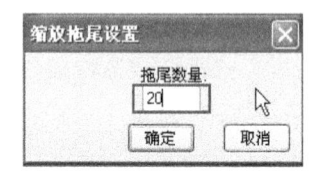

图 6-16

(18) 把"结束"预览窗口的"滑块"稍微向左移动,这样可以清楚地看到该转场效果结束时的效果。

(19) 移动"开始"预览窗口里的定位圆圈,使该转场效果在素材的左上角结束。

(20) 确定位置后,把结束预览窗口里的滑块拖到最右端,播放该转场效果,如图 6-17 所示。

图 6-17

(21) 在第 6 和第 7 段剪辑间应用"特效"→"划像"→"圆形划像"特效。

(22) 点击"特效控制台"面板中的"反转"按钮,这将使转场效果以一个大圆圈开始,然后收缩,如图 6-18 所示。

图 6-18

(23) 在第 7 段和第 8 段剪辑间添加"3D 运动"→"翻转离开"转场效果。

翻转离开转场效果使用透视的方法来增强特效的景深。翻转离开转场效果把 A 剪辑像一块平板一样水平或垂直旋转，然后在该平板的另一面显示 B 剪辑，这种翻转动作暂时在平板的后面留下空间，如图 6-19 所示。

图 6-19

(24) 保存项目。

6.4 使用 A/B 模式细调转场效果

A/B 编辑模式是一种电影风格的线性编辑手法。电影编辑人士经常使用两卷复制：A 卷和 B 卷，它们通常是从同样的母带复制出来的，编辑时可以从 A 轨交叉溶解到 B 轨。

Premiere 老版本中在第一次启动时，用户需要对编辑模式进行选择，一种是 A/B 编辑模式，另一种是 Single-Track 编辑模式，这两种编辑模式最大的差别在于 Video 通道的存在形式，如果选择 A/B 编辑模式，则可以在 Video1 通道的 A 与 B 中重叠地放置两个片断；如果选择 Single-Track 编辑模式，则无法在 Video1 通道中重叠放置片断，只能头尾相连地放置片断。A/B 编辑模式的好处是修改转场效果的位置、起点和终点比较容易。

Premiere Pro CS4 不再在时间线内包含 A/B 编辑模式，但在特效控制台面板（Effect Controls）中包含了 A/B 编辑模式及其他功能。

6.4.1 使用特效控制台面板的 A/B 功能

特效控制台面板的 A/B 编辑模式将单个视频轨道分割成两个子轨道。通常在单轨上是两个连续相邻的剪辑在独立的子轨道上显示为单独的剪辑，可以选择在它们之间应用转场效果，处理它们的头、尾帧，以及修改其他转场效果元素。

(1) 打开项目"风光欣赏 6-1"，激活时间线上"序列 01"。
(2) 将"特殊效果"→"置换转场"效果拖放到第 3 段和第 4 段剪辑之间，替换原来特效。
(3) 在时间线上的该转场效果上点击选择它，在"特效控制台"面板中显示其参数。
(4) 在"特效控制台"面板中点击右上角的"显示/隐藏时间线视图"(Show/Hide)按钮，打开"A/B 时间线"，如图 6-20 所示。

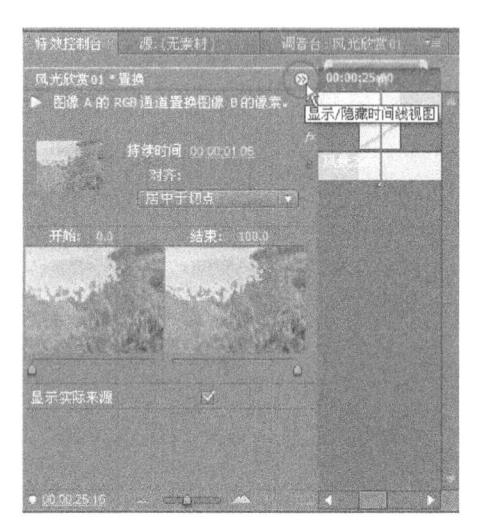

图 6-20

(5) 拖动"A/B 时间线"和"转场"效果参数区之间的边框，如图 6-21 中光标所示，扩展时间线视图。

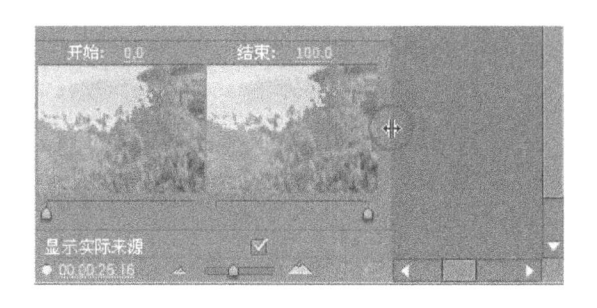

图 6-21

(6) 将光标悬停在该转场效果矩形框，这是两段剪辑之间的编辑点，光标在这里表现为"旋转编辑"工具光标，如图 6-22 所示。

(7) 左右移动"旋转编辑"工具光标，观察节目监视器中显示的左边剪辑的出点和右边剪辑的入点的变化。

提示：像前面使用修整（Trim）面板中的旋转编辑（Rolling Edit）工具一样，左右移动该工具不会改变整个序列的长度。

(8) 左右移动光标，光标变为"滑动"（Slide）工具。使用"滑动"（Slide）工具左右拖动该转场效果矩形框，如图 6-23 所示。

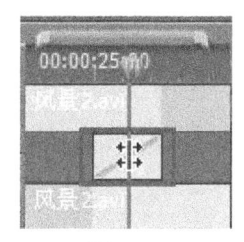

图 6-22 　　　　　　　　　图 6-23

提示：这个操作改变了转场效果的起始点和结束点，但不改变它的总长度。新的起始点和结束点显示在节目监视器（Program Monitor）中。

(9) 点击打开"对齐"下拉列表，依次点击 3 个可用选项："居中于切点"（center at Cut）、"开始于切点"（Start at Cut）和"结束于切点"（End at Cut），如图 6-24 所示。

图 6-24

提示：做任何修改时，转场效果矩形框都会移动到一个新的位置。这 3 个位置模拟把转场效果拖到时间线不同的位置。

(10) 将"预览比例手柄"（Viewing Area Bar）的末端拖放到 A/B 时间线的边缘，如图 6-25 中红色框所示。以上操作扩展两个相邻剪辑的视图，所以我们可以看到左边剪辑的起始点和右边剪辑的结束点。

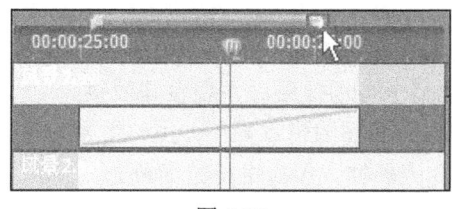

图 6-25

103

(11) 拖动转场效果的左右边缘，使它变长。

6.4.2 头尾帧不足情况的处理

我们总会碰到想在编辑点上放置转场效果时头尾帧不足的情况。这种情况可能是因为摄像机暂停的速度太快，或者是摄像机启动的速度太慢。Premiere Pro CS4 会自动识别所加效果前后两素材的头尾帧，并将不足部分用静帧代替。

(1) 打开"风光欣赏 6-2"，激活时间线"序列 01"，定位"CTI"到该序列中的"风景 3"末尾素材和"瀑布"素材的开始处。

(2) 这次不用剪切这两段素材片段来获得头尾处理帧，显示在编辑点上面的小三角形表示素材没有额外的可用帧。

(3) 将"擦除"转场效果拖到该编辑点上。

我们看到"素材长度不够，切换过渡将包含重复帧"的警告，如图 6-26 所示，请点击"确定"。

图 6-26

(4) 点击"擦除"特效，在"特效控制台"面板中显示它，我们注意到该转场效果内有平行的对角线穿过，这表示缺少头尾帧。

(5) 将该转场效果的方向设置为由下到上。

这个方向将显示 Premiere Pro CS4 是如何解决头尾帧不足这一问题的，如图 6-27 所示。

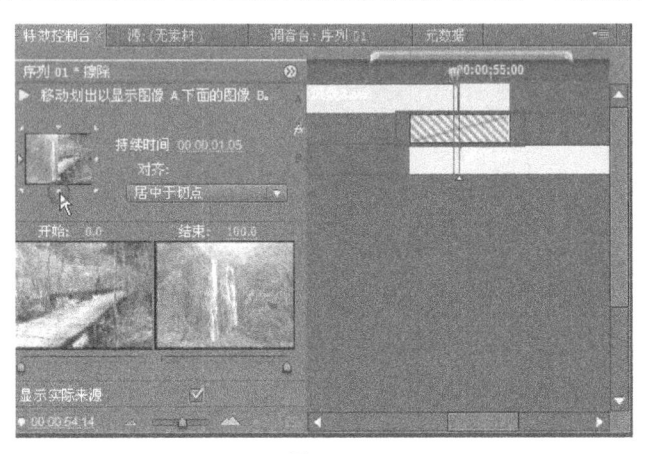

图 6-27

(6) 拖动该"擦除"效果矩形的左右边缘，把它加长约"3 秒"。

提示：A/B 剪辑保持它们的浅蓝色不变，这表示没有头尾帧可用于重叠。

(7) 慢慢地将"CTI"拖过整个转场效果，并观察其效果：

① 对于该转场效果的前半部分(到编辑点为止)，B 剪辑是静帧，A 剪辑一直处于播放状态。

② 在编辑点上，A 剪辑变为静帧，B 剪辑开始播放。

③ 以正常速度播放时，很难看出静帧的存在。

6.4.3 只有一段剪辑缺少头尾帧的处理

在上面的例子中，A 和 B 剪辑都没有头尾处理帧。常见的情况是只有一段剪辑没有头帧或尾帧。在这些情况下，Premiere pro CS4 强制使转场效果的位置从编辑点开始或结束，这取决于是哪段剪辑缺少额外的重叠帧。

把转场效果拖放到缺少额外帧的剪辑上，如图 6-28 所示。在项目"风光欣赏 6-2"，分别激活时间线"序列 02"和"序列 03"，添加转场效果。转场效果居中放置，斜线表示静帧出现在头帧或尾帧上。图 6-28 中左图表示"风景 3"没有额外的尾帧，右图表示"瀑布"缺少额外的头帧。

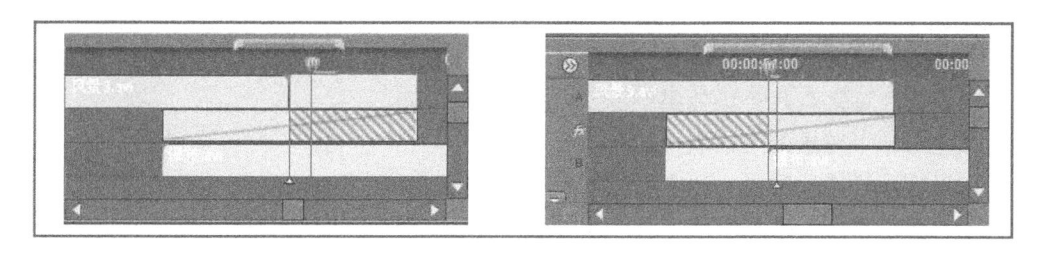

图 6-28

6.5 添加转场效果需要注意的问题

大部分影视节目，会以淡入而始，而以淡出做全部结束。在一场戏或一个段落中使用淡出做结束，通常暗示着强烈的终止感，比用直接硬切更有结束的感觉，若以标点符号来形容，两场戏直接硬切就是逗号，淡出则会是句号。需要注意的是，使用淡出之后，下一场戏通常会用淡入开始，在这两场戏间，就代表着有大段的时间过去。如果淡出淡入的速度缓慢，感觉就更为强烈，大部分的淡出淡入都以黑色开始或结束。

叠化相对淡入淡出或硬切来说是比较温和的转场效果，在叠化的中间过程中，事实上这两个画面是叠印在一起的。如果是漫长、缓慢的叠化，就更可以看得出来。叠化也会代表时间的消逝，但长度上不如淡入淡出的长久。通常编辑人员会使用叠化来掩饰问题（如轴线错误等），或是某部分的动作被省略时使用。也因为叠化在视觉上已经把画面结合在一起，虽然极为短暂，但也可以建立起两个画面间的关联性。例如，编辑人员有可能会选择叠化，来连接现在时态和过去时态的画面，以加强它们的关联性。

在划像的使用上，第二个画面会推挤出或推挤入第一个画面之中，直接在银幕上予以替换。这两个画面不像叠化般叠印一起，而是以可见的形状或花样（例如垂直线条、钻石形状、圆形、四边形），逐渐地去取代先前的画面。划像的使用，同时代表了时间的消逝和地点上的改变。有时使用划像是为了表达幽默感。在通俗流行的连续剧和肥皂剧中，就经常使用这类效果。在执行划像的时候，也可以让动作终止，令两个画面同时继续演出。这就形成分割画面，常被使用在电话对话中，一个人被置于银幕左边，一个则在右边。

像淡入淡出、叠化、划像、数字特效等不同的转场方式，都在暗示着时间的变迁。适当的使用，有助于剪辑师去强调一场戏，去改变节奏，或者去连接一系列的镜头。但切忌滥用这些转场效果。除非在故事上有好的理由去使用转场效果，否则最干净最有效的转场，还是直接的硬切。频繁地使用转场效果后，会导致在真正需要这些效果时，其冲击力不足。

剪辑的奥妙，就在于有着几乎无限的可能。当观众或导演厌倦了某种特定表现手法之后，带有创意的心灵和双手，就会再设计出新的做法，来为影片制作和影片观看经验增加变化和趣味。

【小结】

本章通过"风光欣赏"实例详细介绍了转场效果在节目剪辑中的必要性，Premiere Pro CS4 环境中转场特效的添加、设置、修改，使用 A/B 模式细调转场效果和添加转场效果需要注意的问题，使学习者进一步掌握影视节目剪辑中效果的有效应用。

【习题】

1. 如何改变默认转场效果的长度？
2. 如何按名称来查找转场效果？
3. 如何用一个转场效果来取代另一个转场效果？
4. 如果应用了转场效果，但它没有显示在特效控制台面板中，这是为什么？
5. 一些转场效果开始为小正方形、圆形或其他几何形状，之后逐渐变大，显示出下一段剪辑。如何使它们以大几何形状开始，然后收缩，显示出下一段剪辑？
6. 如何在 A/B 模式下调整转场效果？

第 7 章　添加视频特效

【学习目标】

1. 掌握运用关键帧控制画面的运动路径和角度。
2. 掌握应用视频特效的方法。
3. 学会运用键控特效。
4. 熟练运用嵌套序列。
5. 了解 Premiere Pro CS4 常用视频特效的属性。

【知识导航】

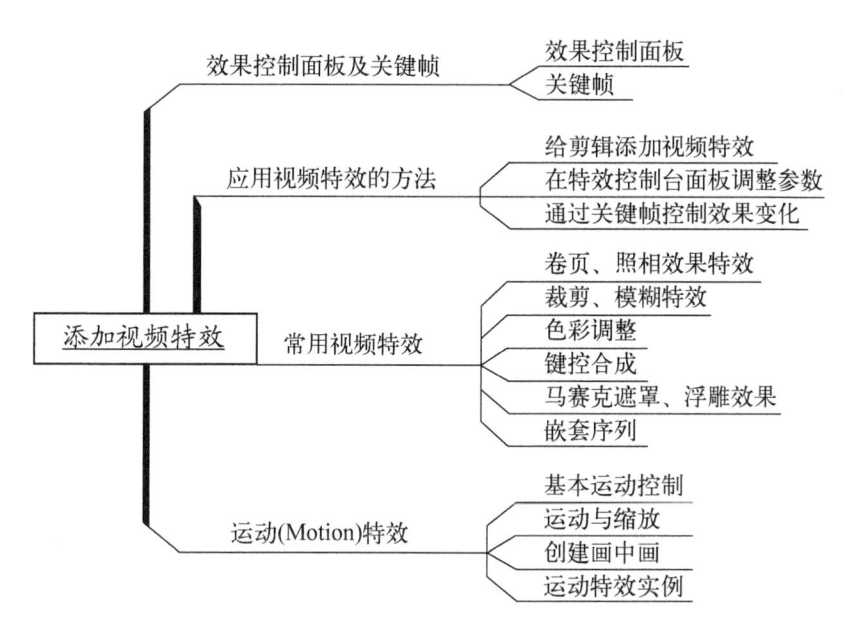

```
                          ┌─ 效果控制面板及关键帧 ─┬─ 效果控制面板
                          │                        └─ 关键帧
                          │
                          │                        ┌─ 给剪辑添加视频特效
                          ├─ 应用视频特效的方法 ───┼─ 在特效控制台面板调整参数
                          │                        └─ 通过关键帧控制效果变化
                          │
                          │                        ┌─ 卷页、照相效果特效
  添加视频特效 ───────────┤                        ├─ 裁剪、模糊特效
                          ├─ 常用视频特效 ─────────┼─ 色彩调整
                          │                        ├─ 键控合成
                          │                        ├─ 马赛克遮罩、浮雕效果
                          │                        └─ 嵌套序列
                          │
                          │                        ┌─ 基本运动控制
                          └─ 运动(Motion)特效 ─────┼─ 运动与缩放
                                                   ├─ 创建画中画
                                                   └─ 运动特效实例
```

为了使枯燥的画面充满生趣，使拍摄的素材变幻出意想不到的效果，我们一般会为节目添加视频特效。在节目实际编辑过程中视频特效不仅可以改变画面的视觉效果，更重要的是可以纠正拍摄中出现的技术问题。如视频特效可以改变视频素材的曝光度和颜色、扭曲图像或者添加艺术效果；也可以使用特效来对剪辑进行旋转和动画处理，或在帧内调整尺寸和位置。

Premiere Pro CS4 提供 140 多种视频特效。如发光、聚光灯以及闪光灯效果等。大多数效果都带有一组参数，这些参数都可用精确的关键帧控制进行调整，使它们随时间而变化。要制作出精彩的节目，必须要熟练掌握 Premiere Pro CS4 视频特效参数的变化和关键帧的控制，综合应用各种特效。

7.1 效果控制面板及关键帧

7.1.1 效果控制面板

所有的视频特效参数都可以在特效控制台面板中进行精确调整，从而可以方便地设置特效的属性和强度。可以单独地将关键帧应用到特效控制台面板中列出的每一项属性，使这些属性随时间而改变；也可以使用贝赛儿（Bezier）曲线调整这些变化的速率和加速度。

在 Premiere Pro CS4 工作界面的介绍中，我们已经认识了效果控制面板，在本章我们将结合实例进一步学习效果控制面板的应用。效果控制面板中选中素材的名称显示在面板的顶部。在素材名称的右边有一个显示/隐藏时间线视图 按钮，点击这个按钮可以打开时间线并创建关键帧，也可以显示或隐藏在时间线上。效果控制面板左下方显示一个时间，说明素材出现在时间线上的什么地方，时间显示的右边是控制放大缩小的选项。

效果控制面板中，在选中的序列和素材下面是运动（Motion）和不透明度（Opacity）两个固定特效。如果给素材应用了视频特效，视频特效的名称将出现在不透明度（Opacity）效果的下方。视频效果按它们应用的先后顺序自上而下排列，可以通过单击视频效果名称上下拖动来改变顺序。固定效果和视频特效名称左边都有一个中间带符号 f 的圆圈，符号 f 表示可用的，单击符号 f 可以禁用效果。效果名称旁边有一个小三角，单击三角，就会显示与效果名称相对应的参数设置。

7.1.2 关键帧

Premiere Pro CS4 中引入了关键帧的概念，动画的基础来自每一帧之间的变化，而特效的基础来自关键帧，它包含了视频特效的参数设置。通过关键帧可以使 Premiere Pro CS4 应用在时间线上某一点的效果设置逐渐变化到时间线上另一点的设置。使用关键帧可以让视频素材或静态素材更加生动，还可以为静帧图像创建动画。

在 Premiere Pro CS4 中关键帧的创建、编辑和操作都可以通过关键帧轨道来实现。时间线面板和效果控制面板上都有关键帧轨道，我们可以通过点击显示/隐藏时间线视图在轨道中创建、显示、删除关键帧。

要激活关键帧，单击效果控制面板上的某个效果设置旁边的小秒表图标，也可以单击时间线面板上的显示关键帧图标，并从视频素材菜单中选择一个效果设置，来打开关键帧。在关键帧轨道中，圆圈或菱形表示在当前时间线帧设有关键帧。单击"朝右键头"图标，当前时间标示会跳转到下一个关键帧；单击"朝左箭头"图标，当前时间标示会跳转到前一个关键帧。

7.2 应用视频特效的方法

给一段剪辑添加视频特效有多种方法，可以将特效拖放到剪辑上；或者选择一段剪辑，并将特效拖放到特效控制台面板中。有时候为了制作出令人炫目的视频效果，我们可以在一段剪辑中组合任意数量的特效。

7.2.1 给剪辑添加视频特效

（1）运行 Premiere Pro CS4，打开"第七章"文件夹下"风光欣赏 7-1"项目。

(2) 选取"窗口"（Window）→"工作区"（Workspace）→"效果"（Effects），切换到效果工作区。

(3) 将"效果"→"图像控制"（Image Control）→"黑白"（BlackWhite）视频特效从图像控制文件夹拖到时间线（Timeline）中的剪辑上。原来的彩色视频素材立即转换为黑白视频。同时这种特效出现在"特效控制台"（Effect Controls）面板中。

(4) 用"特效控制台"面板中的按钮切换"黑白"（Black White）开关状态，如图7-1所示。切换(Toggle)开关是"黑白"（Black White）视频特效唯一可用的参数。

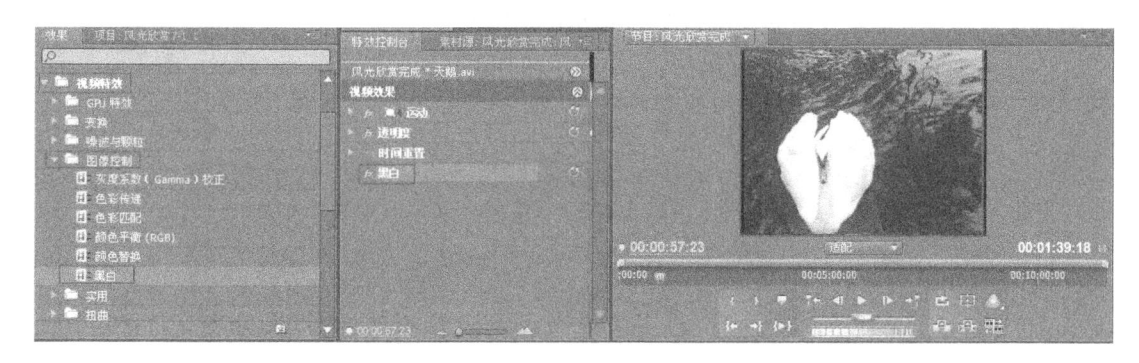

图 7-1

(5) 选中剪辑，使其参数显示在"特效控制台"（Effect Controls）面板内，点击选择"黑白"（Black White），按下 Delete 键删除"黑白"（Black White）。

(6) 将"模糊与锐化"→"摄像机模糊"拖放到"特效控制台"（Effect Controls）面板。

提示：应用视频特效的另一种方法：在时间线中选择剪辑，使其显示在特效控制台（Effect Controls）面板中，再将视频特效拖放至特效控制台（Effect Controls）面板内。

(7) 向下展开"摄像机模糊"（Camera Blur）特效左边的小三角形，注意它有3个选项：设置（Setup）按钮、模糊百分比（Percent Blur）滑块和关键帧记录器图标（用于设置关键帧)，如图7-2所示。

图 7-2

109

(8) 点击"设置"(Setup)按钮,在弹出的"摄像机模糊设置"(如图7-2所示)窗口的下面向右拖动游标增加模糊度,在"摄像机模糊设置"(Camera Blur setting)窗口中可以实时地看到变化,点击"确定"。

(9) 移动"特效控制台"(Effect Controls)面板中的"模糊百分比"(Percent Blur)滑块,在"节目"监视器(Program Monitor)实时观察其变化。

(10) 打开"效果控制台"面板菜单,选取"删除素材全部效果"(Delete AII Effects from Clip),但无法删除运动、透明度以及时间重置。

提示:通过删除所有的标准特效,可以重新给素材应用特效。

(11) 将"扭曲"(Distort)→"球面化"(Spherize)拖到第3段素材上,激活"特效控制台"面板,向下展开其旁边的小三角形,如图7-3所示。

图7-3

与"特效控制台"(Effect Controls)面板里其上方的"运动"(Motion)固定特效一样,"球面化"(Spherize)也有一个转换(Transform)按钮,这个按钮可以直接控制它在"节目"监视器中的位置。

(12) 将"半径"(Radius)滑块移动到大约"275"处,以便在"节目"监视器(Program Monitor)中看到该特效。

(13) 在位于"特效控制台"(Effect Controls)面板内的"球面化"(Spherize)名称上单击,在"节目"监视器(Program Monitor)中打开"Transform"控制的十字准线,如图7-4所示,将球状特效图标在该窗口内四处拖动。

提示:拖动时,特效控制台(Effect Controls)面板中的球体中心(Center of Sphere)参数会跟着改变。

(14) 观察球面效果后,在控制面板内删除"球面化"(Spherize)效果。

(15) 将"扭曲"(Distort)→"波纹弯曲"(Wave Warp)效果拖到"特效控制台"(Effect Controls)面板,展开其6个小三角形,显示出它的8个参数,如图7-5所示。

从"正弦"下拉列表中选择不同的选项并调整相应的其他参数。

图 7-4

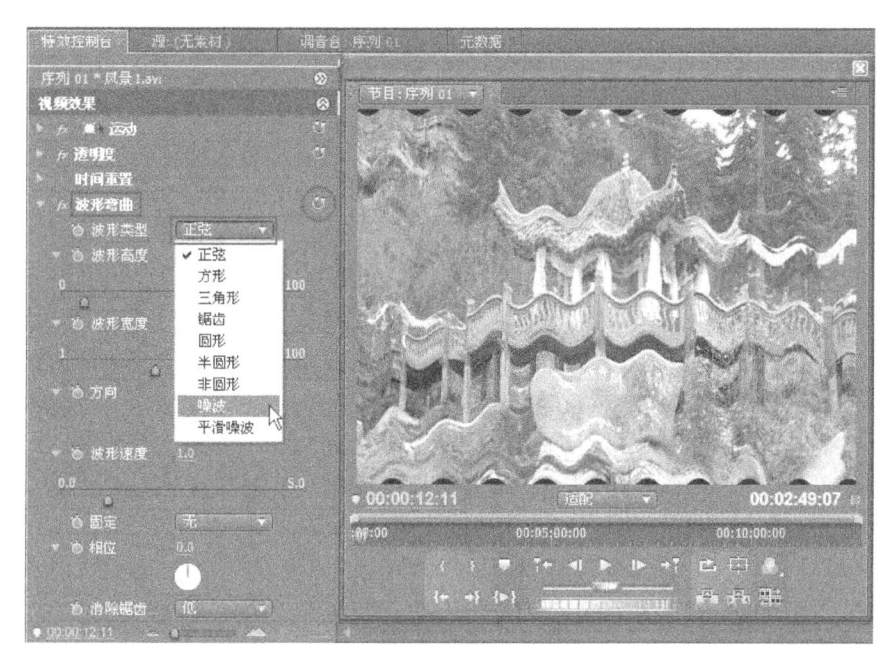

图 7-5

(16) 播放这段剪辑，观察视频效果。

提示：这是一种动画特效，Premiere Pro CS4 所有的视频特效都可以通过关键帧使它们随时间改变产生动画效果。

(17) 点击"波纹弯曲"（Wave Warp）右上的"Reset"按钮，返回到起点，如图 7-5 左上红圈处所示。

对于自己常用的视频特效，我们可以建立自己的特效文件夹，把常用的特效复制到自建的特效文件夹中，方便使用。

(18) 在"效果"面板中，点击"新建自定文件夹"(New Custom Bin)。该文件夹显示在效果面板中"视频切换"效果的下方，如图 7-6 所示。

(19) 突出显示新建文件夹，将其名称修改为"我的特效"。

111

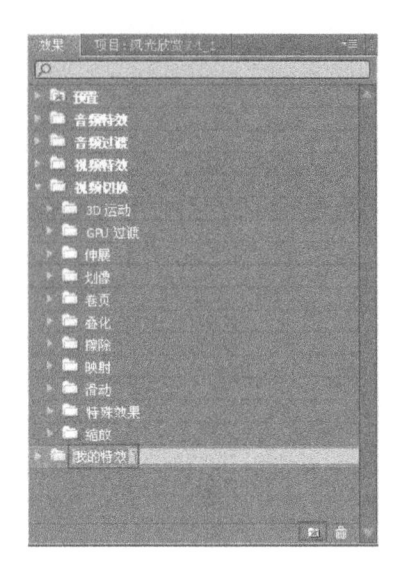

图 7-6

(20) 打开任一视频特效（Video Effects）文件夹，选择常用的视频特效依次拖放到自定义文件夹中。

提示：被拖动的特效仍然保留在它们原来文件夹中，同时也出现在新建文件夹里，可以用自定义文件夹构建适合自己工作风格的特效目录。

7.2.2 在特效控制台面板调整参数

影视节目编辑中所有视频特效的参数都可以设置关键帧。也就是说，我们可以用无数种方法使特效的动作随时间而改变。例如，可以让特效逐渐虚焦、改变颜色、拉长其阴影等。

(1) 在"特效控制台"面板内，点击"显示/隐藏时间线视图" 按钮，扩展特效控制面板显示宽度，使其显示出轨道。

(2) 删除"波纹弯曲"（Wave Warp）特效，将"模糊与锐化"→"快速模糊"（Fast Blur）特效拖放到"特效控制台"面板。

(3) 播放这段剪辑，查看这种预设的效果。该剪辑以最大模糊值开始，在 1 秒处变得清晰，如图 7-7 所示。右边的红圈标出的是关键帧，左边的椭圆标出的是关键帧控制按钮。

图 7-7

(4) 将特效的"第二个关键帧"往右拖动，播放该剪辑，看到模糊图像变清晰要花更长时间。

(5) 删除"快速模糊特效"，将"风格化"（Stylize）→"重复"(Replicate)拖到"特效控制台"面板中，展开它旁边的小三角形。

(6) 将"CTI"放在剪辑的起始处。

(7) 点击"切换动画关键帧记录器"图标，如图 7-8 中的突出显示部分所示。

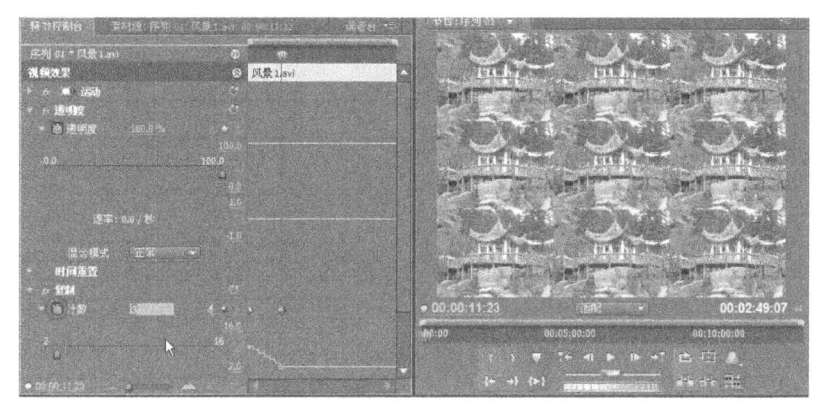

图 7-8

(8) 将"CTI"拖到大约"1 秒"处。

提示：通过节目监视器（Program Monitor）或时间线时间标尺（Timeline Time Ruler）找到"1 秒"这个时间点。

(9) 将"重复"（Replicate）特效的"计数"（Count）参数修改为 3，出现 3×3 的图像，如图 7-8 所示效果。

(10) 将"CTI"拖到大约"3 秒"处。

(11) 点击"添加/删除关键帧"按钮（位于两个关键帧导航按钮之间），将添加一个"关键帧"，它具有与前一关键帧相同的值，该特效在 1 秒至 3 秒之间不会发生变化。

(12) 定位到剪辑末端，显示剪辑的末帧。

提示：按下 Page Down 可以直接到达所选剪辑末帧的下一帧。使用键盘快捷键 Page Down 到达下一段剪辑的起始处，而不是当前剪辑的末帧。

(13) 将"计数"（Count）值修改为"16"，特效控制台面板如图 7-9 所示。

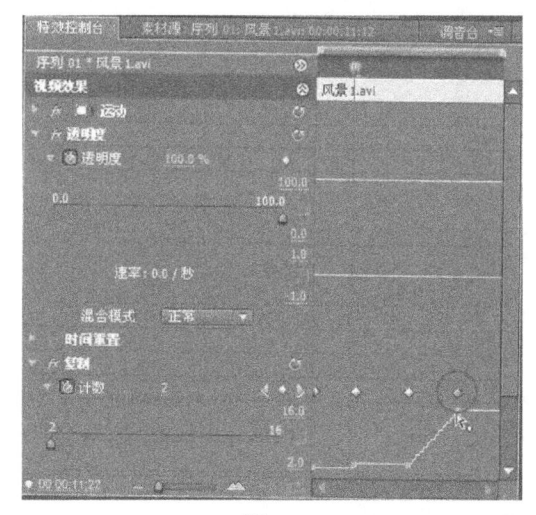

图 7-9

113

(14) 播放这段剪辑，注意该特效是怎样构成一个"3×3"的网格，保持"2秒"，最后变成"16×16"的网格。

现在用两种方法来改变两个关键帧的值。

(15) 点击"到下一关键帧"（Go to previous keyframe）按钮 2 次，移动到第 2 个关键帧。

(16) 用"计数"（Count）滑块把其值修改为"2"。这是一种改变关键帧值的简单方法。

(17) 点击"到下一关键帧"按钮，移动到 4 个关键帧中的第 3 个。

(18) 将光标悬停在该关键帧的"数值图"（Value Graph)按钮上，如图 7-9 所示。当光标变成一个小的"钢笔工具"（Pen Tool）时，把该按钮拖到最高处，将其值修改为"16"。这是另一种修改关键帧值的方法。

7.2.3 通过关键帧控制效果变化

视频效果的变化是通过控制关键帧的参数值来达到的，当特效移近或移离关键帧时，关键帧插值会改变特效参数的变化方式。通常情况下两个关键帧间的速度变化是恒定的，但是为了追求较好的视频变化效果，一般编辑会根据自己的想法通过对关键帧的控制以达到对视频变化效果进行夸大或改变，即逐渐加速或减速，或快速变化等。

Premiere Pro CS4 提供两种变化控制方法：关键帧插值和速度曲线(Velocity Graph)。本节中主要实现对固定运动(Motion) 特效中位置（Position）、比例（Scale）和旋转（Rotation）参数的调整。为了便于演示，我们在 Photoshop CS4 中创建了简单的具有透明背景的箭头图形。

(1) 将项目面板中的"箭头.psd"拖放到时间线上素材末尾处，如图 7-10 所示。

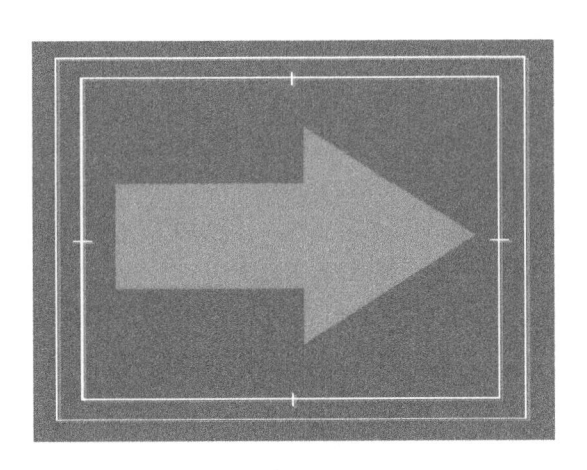

图 7-10

(2) 在时间线中把箭头图形剪辑的右边缘拖动到大约"10 秒"标记处，加长它。
(3) 根据需要拉宽特效控制台（Effect Controls）面板。
(4) 打开"特效控制台"面板的"时间线"。
(5) 展开"运动"特效参数选项，在 4 个位置添加"旋转"（Rotation）关键帧：首帧和尾帧，以及二者间的两个位置，如图 7-11 所示。

具体步骤是：将"CTI"定位在剪辑的起始处，点击"旋转"（Rotation）的切换动画按钮，在剪辑的起始处放置关键帧，参数使用默认值"0"，将"CTI"拖到其他 3 个位置上，在各个点上点击"添加/删除关键帧"按钮。

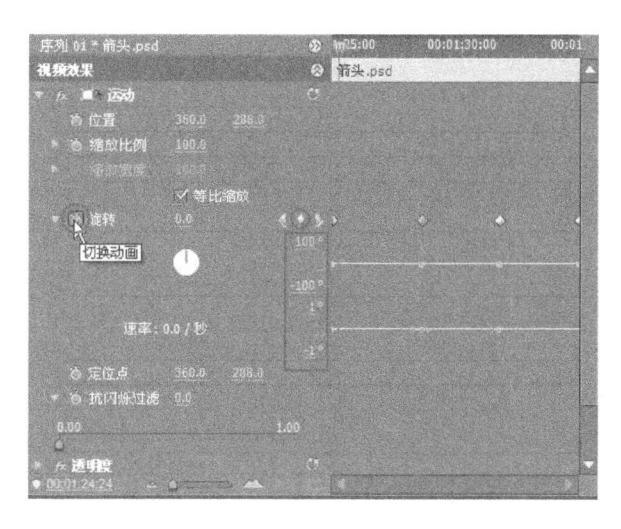

图 7-11

(6) 查看图 7-11 突出显示的数字。

① 100 和-100：这是旋转参数设置的默认最大值和最小值。一旦改变了关键帧设置，它会自动改变，以适应旋转（Rotation）的实际高、低值。

② 1 和-1：默认相对速度值。由于没有修改任何参数，所以速度就是一条数值为 0 的直线。

(7) 分别用 3 种方法改变第 2、第 3 和第 4 关键帧的旋转值（使用转到下一个/上一个关键帧按钮导航到关键帧）。

① 第 2 个关键帧：点击旋转数值，输入"2x"（顺时针旋转两圈）。

② 第 3 个关键帧：将旋转轮往左拖，直到其值显示为"-2x-0"为止。

③ 第 4 个关键帧：将关键帧插值按钮拖到"-1x0"。

3 个关键帧旋转数值设置完成后，关键帧和曲线如图 7-12 所示。

(8) 在剪辑内拖动"CTI"，观察"数值"和"速率"，以及曲线左边的数值，如图 7-12 所示。

① 插值的最大值和最小值变为 2x0 和-2x0(在两个方向旋转两周)，显示了参数的实际最大值和最小值。在移动 CTI 时，它们保持不变。

② 关键帧插值：显示在任意指定时间的参数值。

③ 曲线左边速度的最大值和最小值表示参数速率变化分布情况。图中显示的数值 1x32 和 -1x-32 表示顺时针和逆时针 392°(360+32)。这些值不必等于实际高、低速度值，仅仅是定义 X/Y 曲线中 Y 轴上的当前最大值和最小值。

④ 速度曲线显示两个关键帧间的速度。陡降或跳跃代表加速过程的突变。关键帧插值中间区域上方曲线上的点代表正（顺时针）速度，下方曲线上的点代表负（逆时针）速度；点或线离中间越远，速度值就越大。

(9) 播放这段剪辑。

箭头会顺时针旋转两周，然后以更快的速度逆时针旋转 4 周，再以较慢的速度顺时针旋转一周。

(10) 在第一个关键帧上单击右键，选择"淡出"(Ease Out)，如图 7-13 所示。

(11) 播放剪辑，我们看到运动缓出的逼真效果。

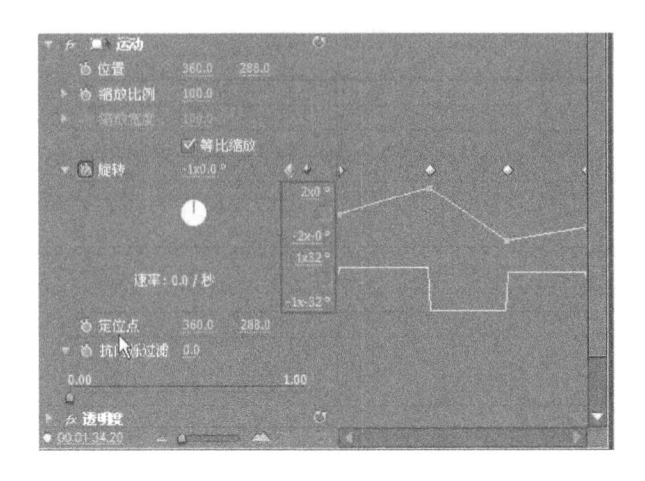

图 7-12　　　　　　　　　　　　　　　　图 7-13

(12) 在后三个关键帧上单击右键，按下面的顺序为关键帧指定"贝塞尔曲线"、"自动曲线"、"淡入"。各选项中关键帧插值改变方法如下：

① 直线（Linear）：默认方法。关键帧间变化的速率恒定。

② 贝赛儿曲线（Bezier）：可以手动调整关键帧任一侧曲线的形状，它允许在进、出关键帧时突然加速变化。

③ 自动曲线(Auto Bezier)：即使改变关键帧参数值，也能保证创建通过关键帧的平滑速率变化。如果选择手动调节其手柄，它变为连续曲线点，保持通过关键帧的平滑过渡。

④ 连续曲线（Continuous Bezier）：通过关键帧的平滑速率变化。与 Bezier 不同，如果调节一侧手柄，关键帧另一侧的手柄会以相反的方式移动，确保通过关键帧时平滑过渡。

⑤ 保持（Hold）：改变属性值，而没有渐变过渡（效果突变）。保持插值关键帧后的曲线显示为水平直线；

⑥ 淡入(Ease in)：进入关键帧时，减缓数值变化；

⑦ 淡出(Ease Out)：离开关键帧时，逐渐增加数值变化。

"特效控制台"（Effect Controls）的"时间线"现在应该如图 7-14 所示（由于 Effect Controls 面板大小不同，数值和速度曲线的取值区间可能不一样）。

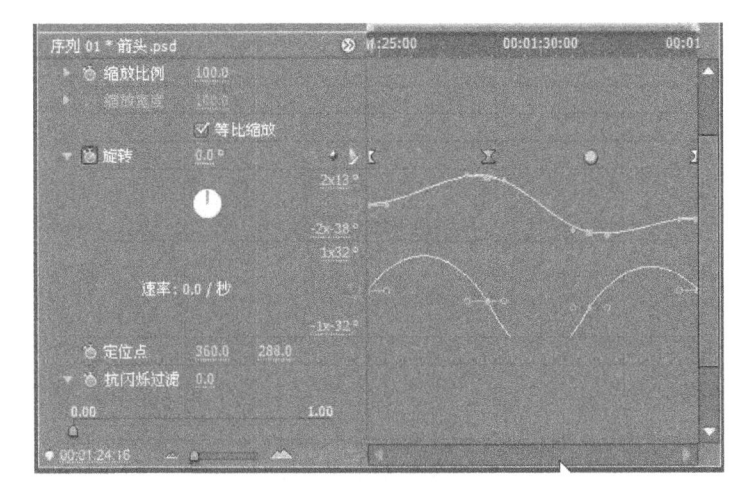

图 7-14

(13) 播放整段剪辑，我们发现添加了关键帧插值之后，关键帧之间的运动特效变得平滑、自然，更加逼真。

(14) 选择激活第 2 个关键帧："贝赛儿沙漏"。钢笔工具手柄会显示在该关键帧的插值和速度曲线以及相邻的两套按钮上。这是因为改变一个关键帧的插值手柄可以改变其相邻关键帧的行为方式。

(15) 将"速度曲线"手柄往左拖动，如图 7-15 所示。

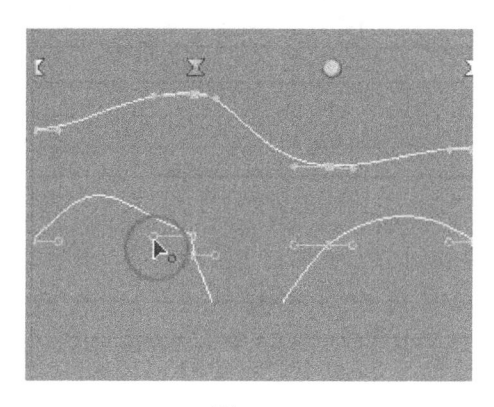

图 7-15

这将创建出一条陡峭的速率曲线，意味着箭头将迅速加速，然后迅速减速，但在第 1 和第 2 个关键帧间仍只旋转两周。我们改变了速度曲线形状，而没有改变速度的数值。

(16) 选择激活第 3 个关键帧："自动曲线"(Auto Bezier)圆圈图标。

(17) 拖动图 7-15 中突出显示部分所示的手柄，"圆形关键帧"图标立即切换成"沙漏状"。

提示：拖动左边手柄时，右边手柄也相应移动，以保持速率曲线平滑通过关键帧。

(18) 点击"自动范围尺度改变开关"（Toggle Automatic Range Rescaling）按钮，解除"曲线约束"，如图 7-16 所示。

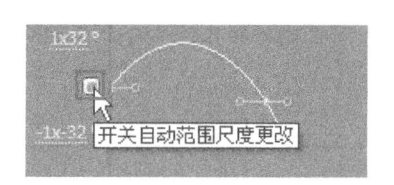

图 7-16

(19) 调节一、两个手柄，注意曲线会超出"插值"和"速度曲线矩形"的边框。

7.3 常用视频特效

7.3.1 卷页、照相效果特效

(1) 回到 Premiere Pro CS4 工作区，将时间线上的"箭头.psd"删除，拖入素材"V7.mov"。

(2) 将"GPU 特效"→"卷页"拖到该剪辑上。在"特效控制台"面板中显示其参数，如图 7-17 所示。

(3) 修改卷页角度数值，就可以从该剪辑的任意一边、角开始卷页。为了创建卷页动画效果，需要向"卷曲角度"（Curl Amount）应用关键帧，可以先部分卷页，然后再舒展开来。

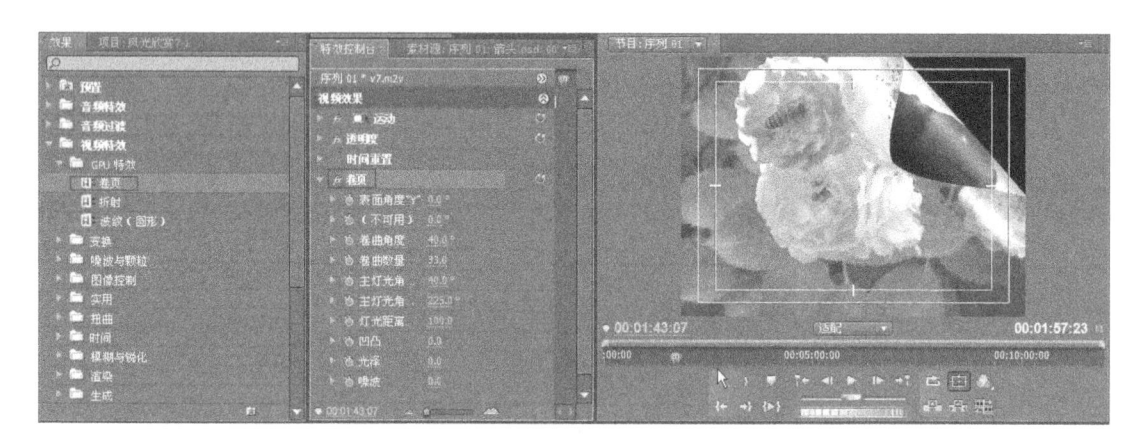

图 7-17

提示：可以控制卷页特效的角度、光源的角度和距离、表面凹凸程度（纹理），以及表面的平滑度和粗糙度。也可以把它当成一种切换特效来应用，比如，将它应用到时间线中的某段剪辑上，通过它的效果来显示位于该剪辑下方的另一段剪辑。

(4) 删除"卷页"特效，将"调整"（Adjust）→"照明效果"特效拖放到"V7"素材或"特效控制台"（Effect Controls）面板中。

(5) 将"箭头.psd"拖到"视频 2"轨中，位于"视频 1"轨内"V7"剪辑的正上方。

(6) 在"视频 2"轨中的"箭头.psd"剪辑上单击右键，点击"激活"（Enable），如图 7-18 所示。

图 7-18

关闭激活选项会关闭图形剪辑的显示，使它不会覆盖该序列内其下方的剪辑。我们将用该图形为聚光灯添加纹理。

(7) 选择"V7"剪辑，在"特效控制台"（Effect Controls）面板中显示"照明效果"特效的参数。

(8) 将"凹凸层"（Bump Layer）参数修改为"视频 2"，如图 7-19 所示。

提示：像卷页效果中一样，凹凸指的是纹理。在这个特效应用中要把图形、图像或视频剪辑放置到指定的视频轨上，并且该剪辑必须要处于应用了照明效果的特效剪辑的上方。

(9) 将"凹凸通道"改为"R"（红色），"聚光灯"现在会具有"箭头纹理"特效。

(10) 尝试调整"聚光灯"的"位置"、"角度"、"强度"、"颜色"等选项的参数，观看其效果。

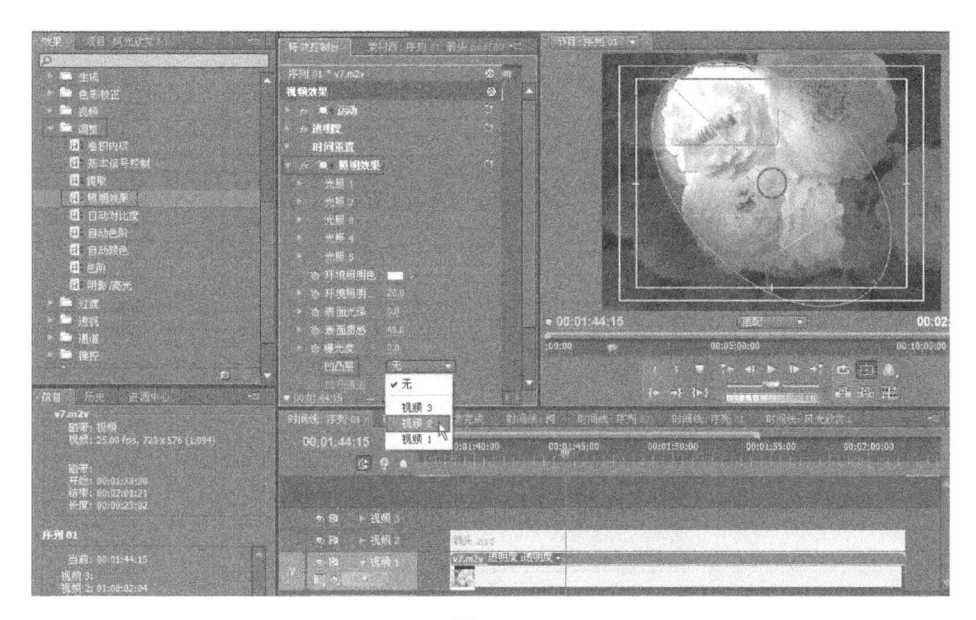

图 7-19

提示：照明效果特效有一个转换按钮，用它可以在节目监视窗口中将 5 个光源中的每一个拖到不同的位置。

7.3.2 裁剪、模糊特效

1. 裁剪

(1) 打开"第七章"目录下"视频特效.prproj"。
(2) 双击"项目"窗口中的"裁剪"序列。
(3) 将素材"ShanShui.mp4"拖至"视频 1"轨，按"/"键将视图放大。
(4) 展开视频特效目录，将"色彩校正"→"RGB 曲线"特效拖至"视频 1"轨的素材"ShanShui.mp4"上。
(5) 在素材上单击，在"特效控制台"展开"RGB 曲线"，将"输出"设置为"Luma"即亮度便可使该素材去色，其他参数设置默认即可，如图 7-20 所示。

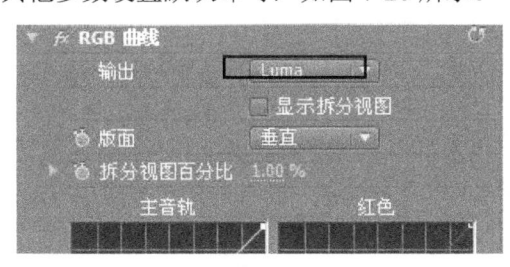

图 7-20

(6) 将素材"ShanShui.mp4"拖至"视频 2"轨，与"视频 1"轨中的素材对齐。
(7) 展开"视频特效"目录，将变换下的"裁剪"特效拖至"视频 2"轨的素材"ShanShui.mp4"上。
(8) 在素材上单击，在"特效控制台"展开该素材"裁剪"效果设置面板，参数设置如图 7-21 所示。
(9) 播放裁剪序列，并查看效果，如图 7-22 所示。

119

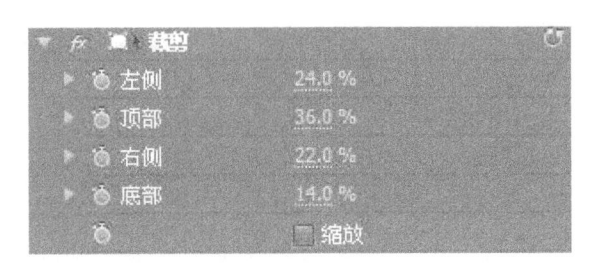

图 7-21

图 7-22

2. 模糊特效

(1) 打开"第七章"目录下"视频特效.prproj"。

(2) 双击"项目"窗口中的"模糊"序列。

(3) 将素材"bird.mp4"拖至"视频 1"轨，按"/"键将视图放大。

(4) 展开"视频特效"目录，将"模糊与锐化"下的"高斯模糊"特效拖至"视频 1"轨的素材"bird.mp4"上。

(5) 在素材上单击，并在"特效控制台"展开"高斯模糊"，此特效的默认模糊度为 0，即无模糊效果。可将其值增大，观察模糊效果。下面给模糊设置动画。

(6) 将"当前时间线指示器"移至素材中间位置，在"特效控制台"点击"模糊度"左侧的"切换动画开关"，然后将"当前时间线指示器"向右移至接近入点处，将"模糊度"设置为"50"，如图 7-23 所示。

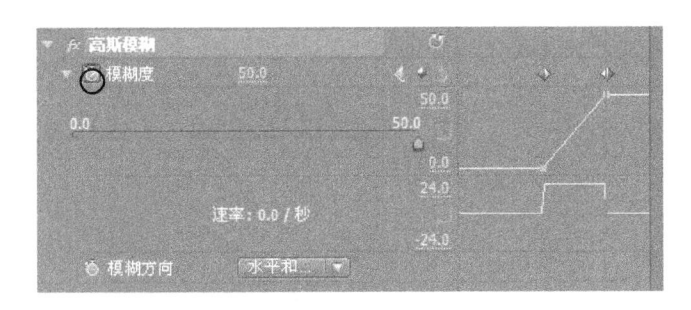

图 7-23

(7) 播放"模糊"序列，观察其模糊动画效果。

提示：除了高斯模糊效果外，还有复合模糊、摄像机模糊、快速模糊等效果，可将其分别应用于视频，观察其不同的模糊风格。

7.3.3 色彩调整

色彩调整是影视节目创作常用的特效之一。通过对画面整体色彩的校正可以使电影的视觉效果符合其情感氛围或某种流派。如风景的暖红色，历史画面的褐色，硬边风格电影的冷蓝色，或城市剧中的砂砾色等。Premiere Pro CS4 提供了一整套专业色彩调整特效，可以激发我们创作视频节目的灵感，使我们很快像专业人士一样，创作出符合自己风格的影视节目。

要了解 Premiere Pro CS4 在色彩特效方面提供的功能，请点击"效果"选项卡，在"查找"文本框中输入"颜色"，就会显示出 4 种特效。除此之外，还有几种与颜色相关的特效，如图 7-24 所示。

1. 着色

着色特效有以下几种：

(1) 着色(Tint)："视频特效"→"色彩校正"→"着色"，使剪辑产生总体色偏的一种简单方法。

图 7-24

(2) 修改颜色(Change Color)：视频特效→色彩校正→改变颜色，与着色类似，但它提供更多控制，可以改变更大的颜色范围。

(3) 渐变（Ramp）："视频特效"→"生成"→"渐变"，创建与原来图像颜色相混合的线性或径向渐变。

(4) 4 色渐变(4Color Gradient)："视频特效"→"生成"→"4 色渐变"，与字幕（Titler）中的同名功能类似，但它有更多选项，可以为参数定义关键帧，产生出强烈的效果。

(5) 油漆桶(Paint Bucket)："视频特效"→"生成"→"油漆桶"，用纯色涂抹场景中的指定区域。

(6) 查找边缘："视频特效"→"风格化"→"查找边缘"，给剪辑应用绘图效果。

(7) 通道模糊(Channel Blur)："视频特效"→"模糊&锐化"→"通道模糊"，按用户指定的方向上单独模糊红、绿或蓝通道来创建发光。

2. 颜色的删除或替换

颜色的删除和替换可以用以下的特效来进行：

(1) 脱色(Color Pass)："视频特效"→"色彩校正"→"脱色"，除了用户指定的颜色之外，将整个剪辑转换为灰度。

(2) 颜色替换（Color Replace）："视频特效"→"图像控制"→"颜色替换"，将场景中用户选择的颜色修改为用户指定的颜色。

(3) 改变颜色(Change to Color)："视频特效"→"色彩校正"→"改变颜色"，类似于颜色替换，但它有更多选项和控制功能。

3. 色彩校正

(1) 颜色平衡（HLS）：（在"视频特效"→"色彩校正"文件夹）和颜色平衡（RGB）（在"视频特效"→"图像控制"文件夹）对中间调、阴影和高光中的红、绿、蓝值提供的控制功能最强。HLS 和 RGB 只能控制总体色调、饱和度和亮度，也就是红、绿和蓝色。

(2) 自动颜色(Auto Color)："视频特效"→"调节"→"自动颜色"，一种快速简单的普通颜色平衡方法。

(3) RGB 色彩校正和 RGB 曲线（RGB Color Corrector and RGB Curves）：（在"视频特效"→"色彩校正"文件夹）提供的控制功能比颜色平衡更多，其中包括对阴影和高光色调范围的控制，以及对中间调值（Gamma）、亮度（Pedestal）和对比度（Gain）的控制。

(4) 亮度校正和亮度曲线(Luma Color and Luma Curve)：（在"视频特效"→"色彩校正"文件夹）调整剪辑中高光、中间调和阴影内的亮度和对比度，同时也校正所选颜色范围内的色相、饱和度和亮度。

(5) 快速色彩校正（Fast Color Corrector）：（"视频特效"→"色彩校正"→"快速色彩校正"文件夹）这个工具是我们最常用到的。它可以把颜色改变立即显示在节目监视器（Program Monitor）的分屏视图中进行预览。

(6) 三路色彩校正（Three-Way Color Corrector）：（在"视频特效"→"色彩校正"文件夹）它使我们能够通过调整高光、中间调和阴影的色调、饱和度和亮度做更精细地校正。

(7) 色彩匹配(Color Match)：（"视频特效"→"图像控制"→"色彩匹配"）一种很有用但也很难掌握的工具。可以让场景置于不同颜色灯光下进行全面地颜色方案匹配。用这种方法可以把在荧光灯（蓝绿色）和钨丝灯（橙色）下拍摄的场景进行颜色匹配，如图 7-25 所示。

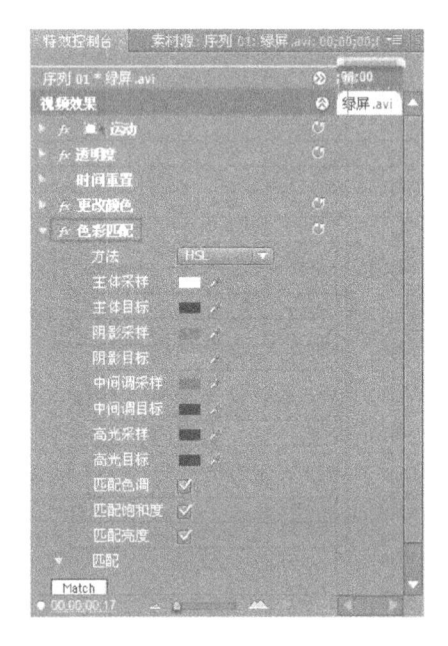

图 7-25

4．技术颜色特效

(1) 广播级色彩（Broadcast Colors）：（在"视频特效"→"色彩校正"文件夹）调整视频使之符合电视机显示标准。校正由于特效或添加图形所产生的颜色过亮和几何图案问题。

(2) 视频限幅器(Video Limiter)：（在"视频特效"→"色彩校正"文件夹）类似于广播级色彩，但它可以在转换成广播电视标准时更加精确地控制保留原来的视频质量。

5．色彩调整特效的应用

(1) 打开项目"风光欣赏 7-2"，"序列 01"，将"风景 1"拖到"视频 1"轨道。

(2) 将"视频特效"→"图像控制"→"颜色平衡"（RGB）特效拖放至"风景 1"。

这是一个最直观的色彩校正特效，可以在它的设置窗口中手动调整红、绿和蓝的水平，不论剪辑中的实际颜色水平是多少，所有剪辑的起点都是 100。

(3) 修改"RGB 设置"，使这个过于灰调的场景产生一些暖色调，如图 7-26 所示。

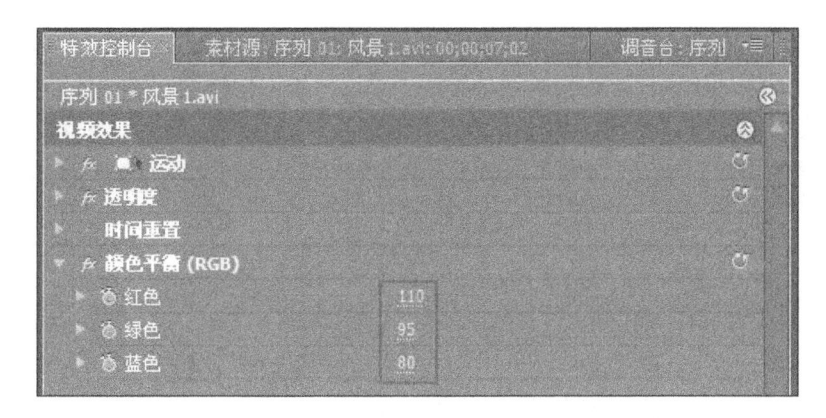

图 7-26

将"红"设置为"110%","绿"设置为"95%","蓝"设置为"80%",最终效果如图 7-27 所示。左边为原始素材,右边为颜色平衡(RGB)后的效果。

图 7-27

(4) 删除"颜色平衡"(RGB)特效,用"视频特效"→"调节"→"自动颜色"(Auto Color) 代替它。

(5) 尝试修改参数。

瞬时平滑(Temporal Smoothing)立刻看到了一些帧,将它们的值进行平均,减少颜色平衡差别。黑色限制和白色限制值会增加对比度,如图 7-28 所示。

(6) 删除"自动颜色"(Auto Color),用"快速色彩校正"(Fast Color Corrector)代替它,观察特效控制台面板中的参数。

这个特效显示它可能执行的各种编辑功能。选项中包括一个"色轮",用它可以直观地调整"色相"和"饱和度",如图 7-29 所示。

图 7-28

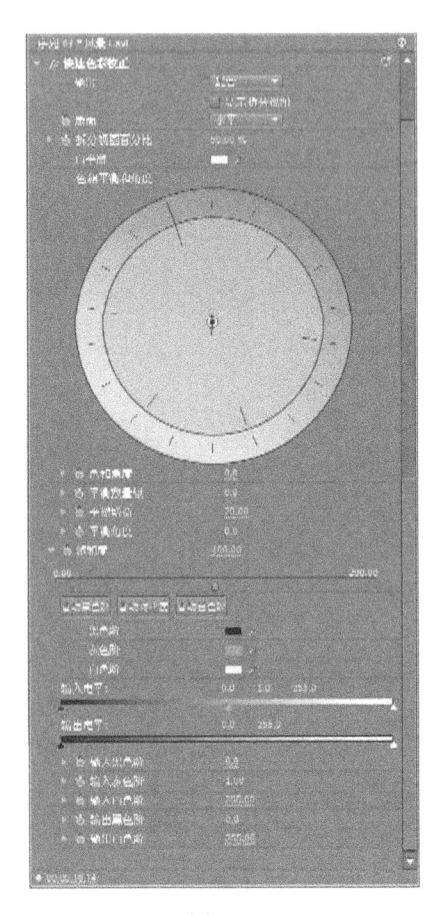

图 7-29

(7) 单击"吸管",将"白平衡吸管"工具拖到"节目"监视器中,点击"中性色区域"。
(8) 观察图像变化,点击"复位"(Reset)按钮,撤销"白平衡"。
(9) 点击"显示分割视图"复选框。
(10) 观察色轮,其参数如下:

① 色相角度(Hue Angle)：顺时针方向移动外环会使整体颜色偏红，逆时针移动会使整体颜色偏绿。

② 平衡幅度(Baiance Magnitude)：引入到视频内的颜色强度。将圆从中心向外移会增加幅度（强度）。

③ 平衡增益(Balance Gain)：设置平衡幅度和平衡角度调整的相对精细或粗糙程度。将手柄向外环移动会使调整变得更加明显，将这个垂直的控制手柄靠近色轮中心的位置会使调整变得更加精细。

④ 平衡角度(Balance Angle)：使视频颜色偏向目标颜色。

(11) 调整色轮：

① 将平衡级数量级（Balance Magnitude）拖到大约"60"的地方，提高颜色强度。

② 将平衡增益(Balance Gain)（小的垂直线）拖到大约"10"的位置，使调整变得更精细。

③ 把平衡角度(Balance Angle)的值改为"-140"左右，使颜色偏向橙色。

④ 将饱和度（Saturation）改为"115"左右，使颜色变得更丰富，如图7-30。

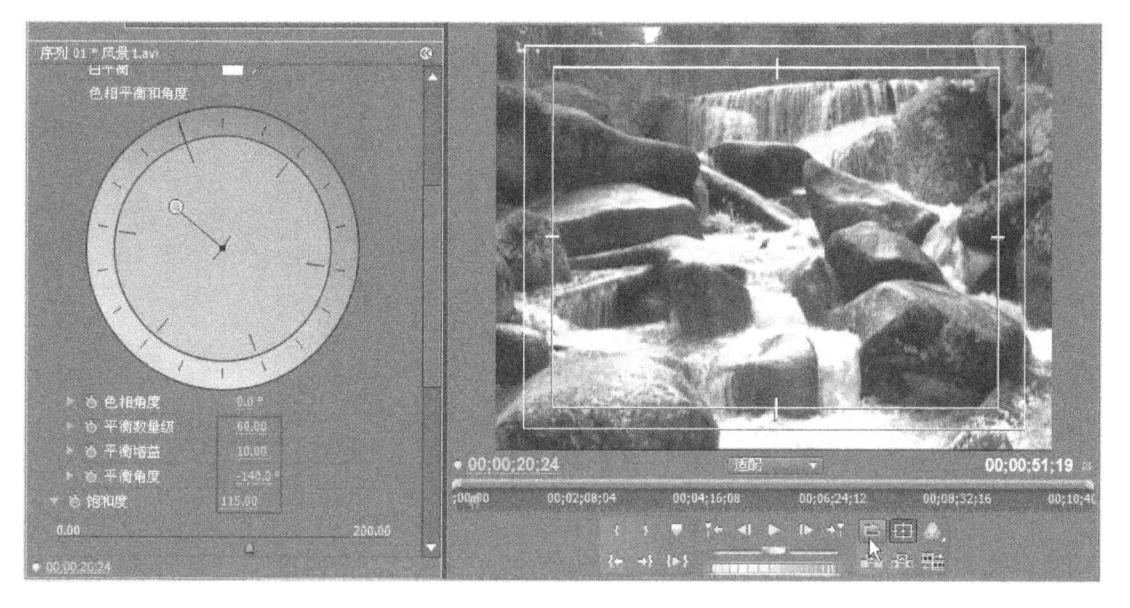

图 7-30

(12) 点击"自动对比度"（Auto Contrast）按钮。

会同时应用"自动黑色阶"(Auto Black Level) 和"自动白色阶"(Auto White Level)，使高光变暗，阴影变亮。

(13) 选择"黑色阶吸管"工具，按住 Ctrl 键，点击场景中最暗的区域。

(14) 选择"白色阶吸管"工具，按住 Ctrl 键，点击场景中最亮的区域。

(15) 进一步调整"输入黑色阶"(Input Black Level)，建议设为"18"；"输入白色阶"(Input White Level)，建议设为"247"；"灰度色阶"(Input Gray Level) 保持默认值"1"不变，如图7-31所示。

(16) 播放这段剪辑，效果如图7-31右图所示。

(17) 选择"窗口"→"工作区"→"色彩校正"，如图7-32所示。

提示：现在已经有第3个视频窗口：参考监视器。

125

图 7-31

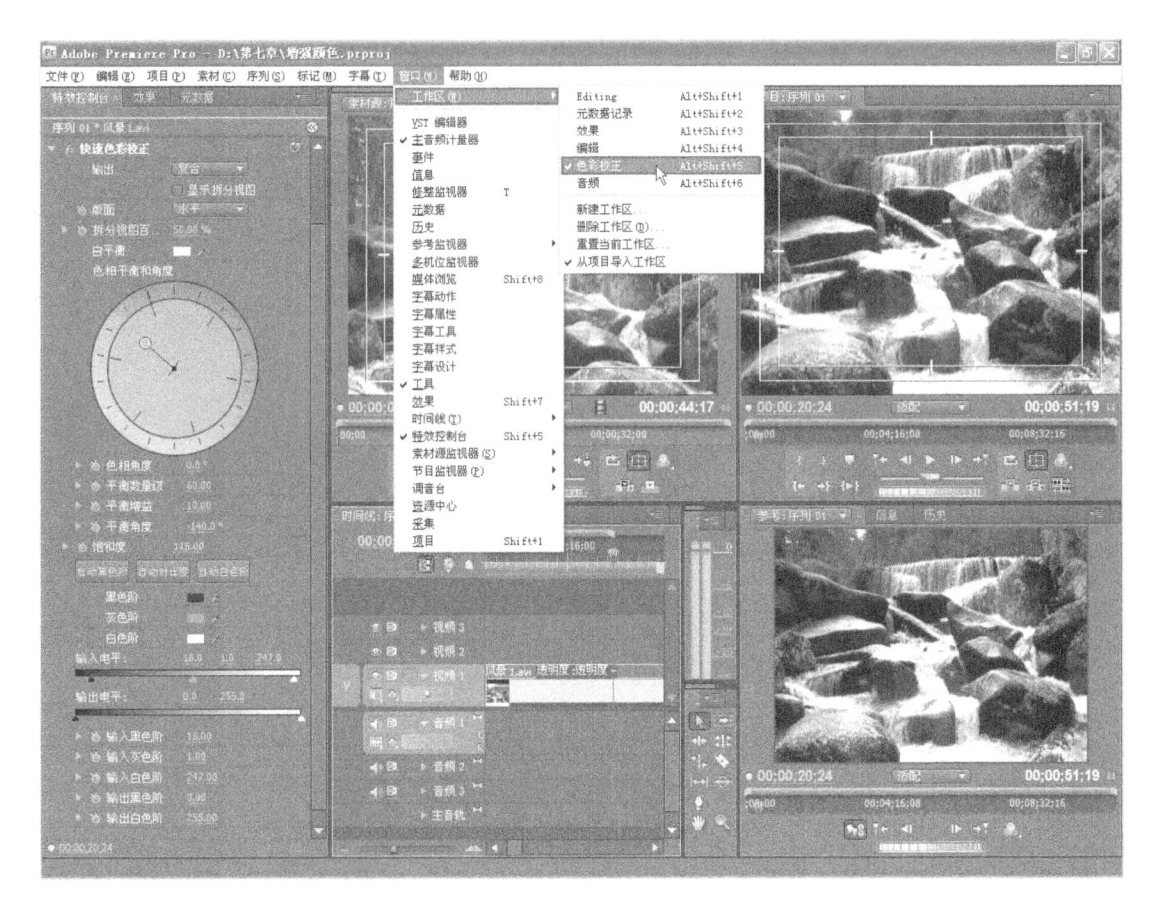

图 7-32

(18) 点击"参考"监视器菜单,选择"所有范围"(Allscopes)。

这里有 3 个波形监视窗口和一个矢量显示器(右上角)。电视台的工程师几十年来就是用它们来确保电视信号符合标准(不能太亮,对比度也不能太强),如图 7-33 所示。

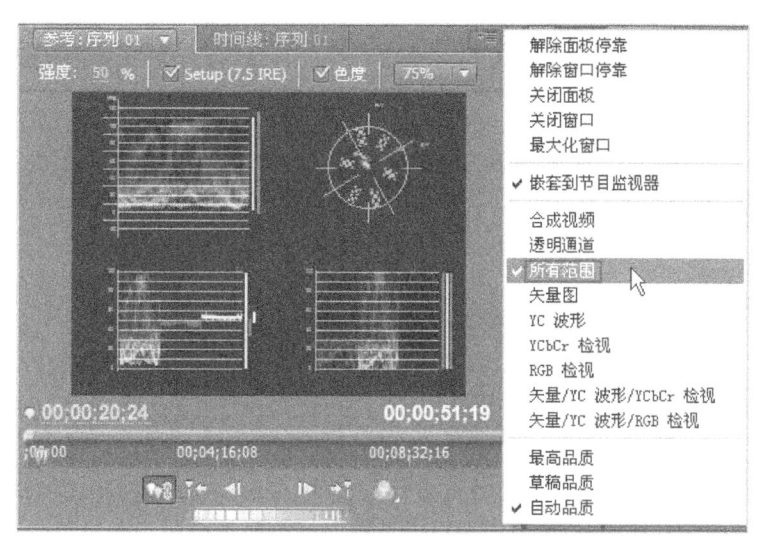

图 7-33

在提高自己的色彩增强技巧时,需要用它们来确保信号符合电视标准,也可用它们来调整颜色。

7.3.4 键控合成

几乎所有的非线性编辑软件都有图像合成功能,它们通过实现多个视频轨道素材的叠加,从而形成一个新的剪辑。包括 Premiere Pro CS4 在内的非编软件的默认操作习惯是:时间线上上一轨道的素材优先于下方轨道上的素材。也就是说,最高层轨道上的剪辑会覆盖其下方轨道上的剪辑。

正是非线性编辑软件的这种特性,我们在制作节目时可以根据画面需要通过键控技术来合成新的剪辑。目前这种合成技术在影视领域得到广泛应用,特别是很多科幻片、危险镜头等大量使用了键控技术进行合成,节省了节目制作成本,降低了拍摄的风险。

常见的气象预报节目合成形式如图 7-34 所示,气象预报人员站在地图前的视频就是应用合成技术的效果。一般情况下预报员站在一块绿色或蓝色的幕布前面,技术导演使用抠像特效使幕布背景成为透明的,然后插入相应的天气图形。在 Premiere Pro CS4 中实现素材的合成主要有 4 种方式:控制上一轨道素材的透明度;在剪辑和特效中使用 Alpha 通道透明度;色键和亮键抠像特效;蒙板抠像特效。

图 7-34

1. 透明度的控制

(1) 打开"第七章"目录下"运动与透明.prproj"。

(2) 双击"项目"窗口中的"透明度"序列。

(3) 将素材"jiuzhai.mp4"拖至"视频 1"轨，按"/"键将视图放大，将"人间的天堂"字幕文件拖至"视频 2"轨。

(4) 鼠标单击字幕，在"特效控制台"展开"透明度"效果面板，如图 7-35 所示。

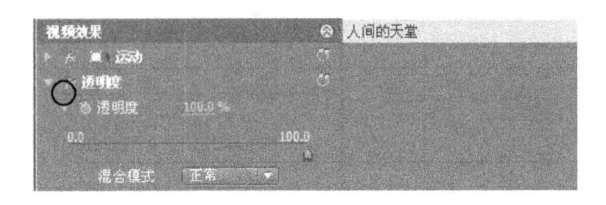

图 7-35

(5) 将"当前时间线指示器"移至字幕入点。

(6) 将"透明度"左侧的"切换动画开关"点选，将其后的值由"100"改为"0"。

(7) 将"当前时间线指示器"向右移动"1 秒"，将其后的值由"0"改为"100"。

(8) 将"当前时间线指示器"移至出点，值由"100"改为"0"。

(9) 将"当前时间线指示器"向左移动"1 秒"，将其后的值由"0"改为"100"，完成后的参数如图 7-36 所示。

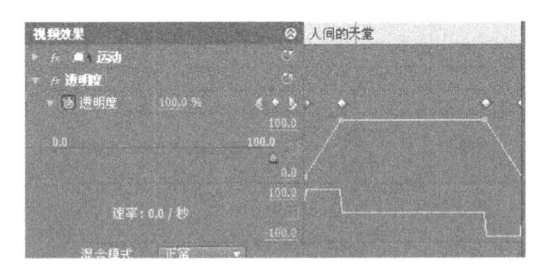

图 7-36

(10) 播放序列，观察为字幕做的淡入淡出效果。

提示：在透明度项内，还有素材的混合模式，本内容与 Photoshop 中的图层混合模式在原理上相同，可参阅相关 Photoshop 书籍。

2. 应用具有内置 Alpha 通道的视频特效

Premiere Pro CS4 的一些视频特效具有 Alpha 通道。如摄像机视图、镜头扭曲(Lens Distortion)和闪光灯(Strobe Light)等特效都有 Alpha 通道。

(1) 启动 Premiere Pro CS4，打开"第七章"目录下合成项目，激活"合成"序列。将"花01"拖放到"视频 1"轨上，"花 02"放到"视频 2"轨上（把它们放到前面使用过的剪辑之后）。

(2) 将"效果"→"视频特效"→"变换"→"摄像机视图"（Camera View）拖放到"视频 2"上的"花 02"素材上，在"特效控制台"面板打开其设置对话框，取消选取"填充 Alpha通道"（Fill Alpha Channel），点击"确定"。

选取"填充 Alpha 通道"会在该特效下方放置纯色蒙板，如图 7-37 所示。

(3) 调整其参数，以便看到其下"视频 1"轨道上的剪辑。

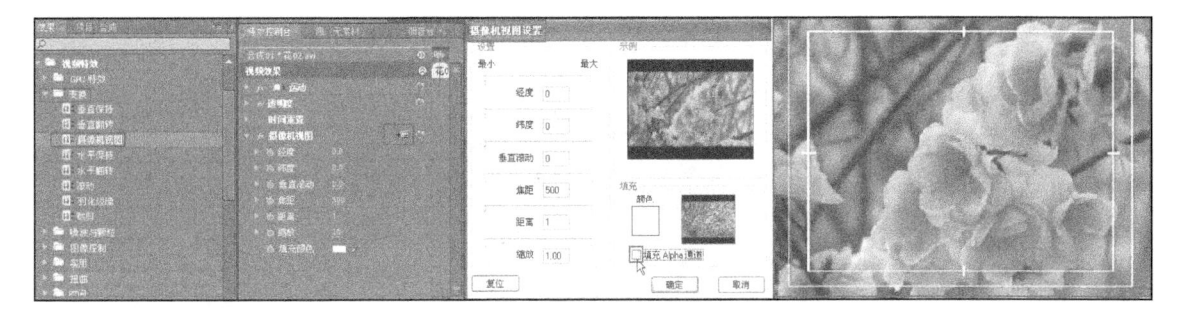

图 7-37

(4) 删除"摄像机视图",将"效果"→"视频特效"→"扭曲"→"镜头扭曲"应用于"视频 2"轨上的"花 02"素材。

(5) 打开其设置对话框,取消选取"填充 Alpha 通道"(Fill Alpha Channel),如图 7-38 所示。

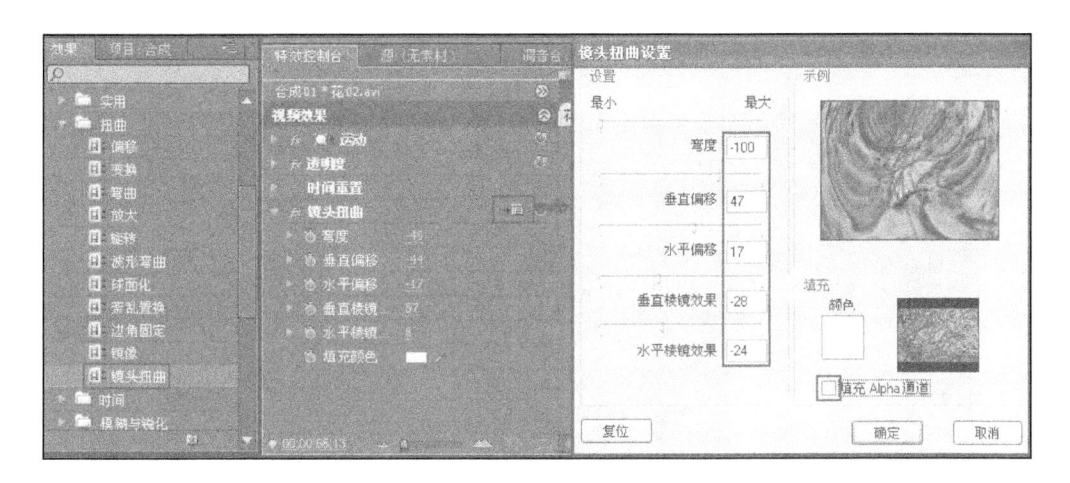

图 7-38

(6) 调整其参数,使它显示在"视频 1"轨上的剪辑上方。

(7) 删除"镜头扭曲"效果,将"效果"→"视频特效"→"调节"→"照明效果"(Strobe Light)拖放到"特效控制台"面板,如图 7-39 所示。

图 7-39

(8) 选择"环境照明色",将它设为"黄色",如图 7-40 所示。

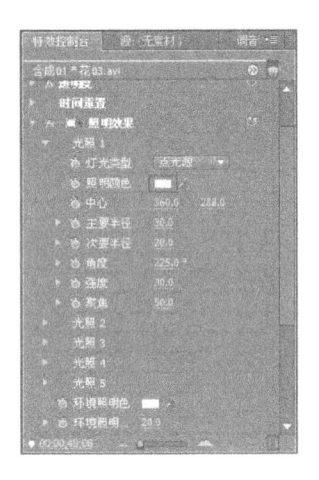

图 7-40

(9) 选取"凹凸层"中的"视频 1",播放这个序列,如图 7-41 所示。

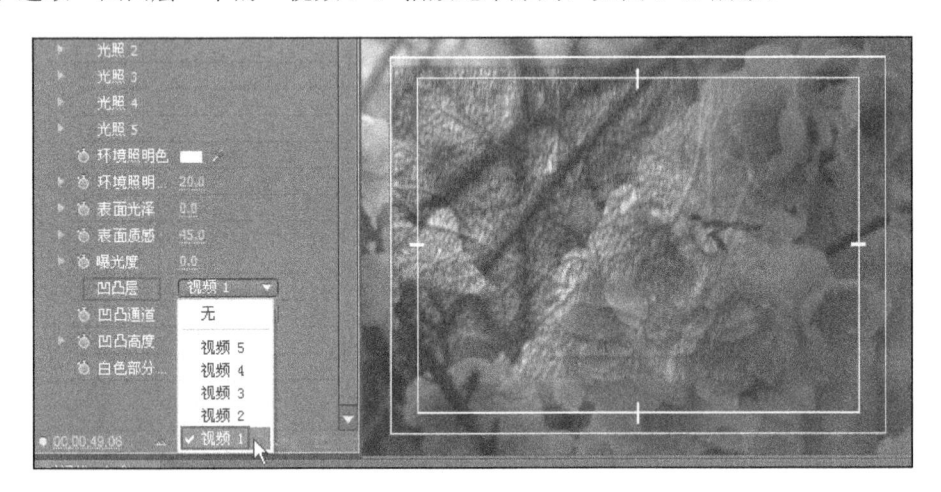

图 7-41

3．应用色度、色彩抠像特效

抠像特效使用不同的方法使部分剪辑变为透明。打开"效果"→"视频特效"→"键控",其中有 14 种特效,如图 7-42 所示。

除了 Alpha 调整是基于剪辑的透明度视频特效之外,其余特效可分为 3 类:

(1) 色彩/色度:蓝屏键(Blue Screen)、色度键(Chroma)、颜色键(Color)、非红色键(Non-Red)和 RGB 差异键(RGB Difference)。

(2) 亮度:亮度键。

(3) 蒙板:差异遮罩、图像遮罩键、移除遮罩和轨道遮罩键。

色彩和色度抠像的使用方法基本相同:选择一种颜色,使其变为透明的,再应用其他几个参数(主要是调整色彩选择的范围)。

亮度抠像查找剪辑中的亮、暗区域,使它们变为透明(或不透明)。

蒙板的作用相当于用图形或用户定义的一些其他区域在剪辑中剪切一个孔。

本节重点介绍色度键(Chroma)、蓝屏键(Blue Screen)抠像特效。

图 7-42

4. 色键抠像

(1) 将素材"白云"作为背景拖放到"视频1"轨,素材"建筑"拖放到"视频2"轨道,如图 7-43 所示。

图 7-43

我们要抠出蓝天,使它成为透明的,显示序列中位于它下层的"白云"背景。

(2) 对"视频2"轨上的"建筑"素材应用"颜色键"。

在"特效控制台"面板中的参数中,主要颜色的默认是"蓝色",如图 7-44 所示。

图 7-44

(3) 将颜色"吸管"（Color Eyedropper）工具拖放到"节目"窗口（Program Monitor）内的"建筑"素材上，点击天空区域，选取它的浅蓝色，如图 7-45 所示。

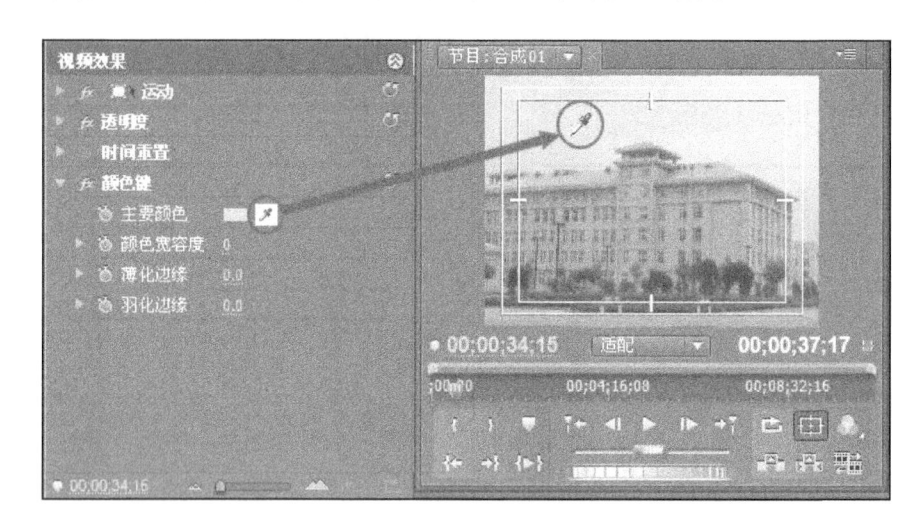

图 7-45

(4) 将"颜色宽容度"滑块向右移动，直到其后的数值变为"36"为止，这时浅蓝色全部消失，天空部分开始透显出白云背景。

(5) 将"薄化边缘"的值设为"2"。

(6) 将"羽化边缘"的值设为"16.7"。

抠出的画面应该如图 7-46 中右图所示。

图 7-46

5. 蓝屏键抠像

在电视节目制作中常常采用蓝屏键（Blue Screen）。在对播音员或主持人拍摄时，选择在蓝色背景前拍摄，并且尽量保持背景蓝色均匀、干净，保证抠像的最佳效果。

(1) 激活"合成"序列，将"背景"素材拖到"视频 1"轨，"蓝屏模特"拖到"视频 2"轨。

(2) 使用"比例缩放"工具拖动"蓝屏模特"的尾部，使其与下方剪辑渐变的长度相同。

(3) 播放这个序列，我们看到视频轨道 2 上的素材是在蓝色背景的演播室拍摄。

(4) 在"视频 2"轨的剪辑上应用"视频特效"→"键控"→"蓝屏键"。会立即看到蓝色部分变为透明显示出"轨道 1"的素材。

(5) 在"特效控制台"面板中，展开"蓝屏键"特效，查看其参数，如图 7-47 所示。

图 7-47

(6) 调整"屏蔽度"滑块，直到蓝色背景消失为止，选择"平滑"为"高"，设置相关参数如图 7-47 所示。

(7) 播放该视频，效果应如图 7-47 中右图所示。

(8) 为了突出主体，我们可以对背景进行模糊处理。在背景剪辑中使用"快速模糊"(Fast Blur)特效即可实现主体的突显，如图 7-48 所示。

图 7-48

7.3.5 马赛克遮罩、浮雕效果

我们常常在电视节目中看到，为了不让当事人直接出现在镜头里，当事人的面部被虚化或者做马赛克处理，使观众难以辨认。要实现上述效果，我们通过轨道蒙版键（Track Matte Key）、马赛克（Mosaic）或快速模糊（Fast Blur）等特效组合起来，遮盖镜头中当事人的面部。

1. 马赛克遮罩

(1) 打开"第七章"文件夹下的"合成项目"。

我们将用轨道蒙版键（Track Matte Key）在模特人员的面部放置一个椭圆，把该剪辑的其他部分变为透明。然后向剪辑应用马赛克（Mosaic），将椭圆变成一系列活动的矩形。

(2) 使用"字幕"（Titler）窗口创建"椭圆"（可以用项目面板中已创建的椭圆文件）。

要制作一个能够用于嵌套剪辑的椭圆，执行以下操作：

① 把"CTI"移到该剪辑。

② 按 F9 键打开"字幕"（Titler）窗口。

③ 命名标题："字幕 01"。

④ 选择"椭圆"（Ellipse）工具（快捷键是 U）。

⑤ 按下 Alt 键，在模特的面部中央点击。

⑥ 拖动鼠标，创建一个比她面部略大的"椭圆"。

假如选择了默认样式，如图 7-49 中的突出显示部分所示，椭圆将是纯白色，在这个例子中，选择任何纯色都可以。

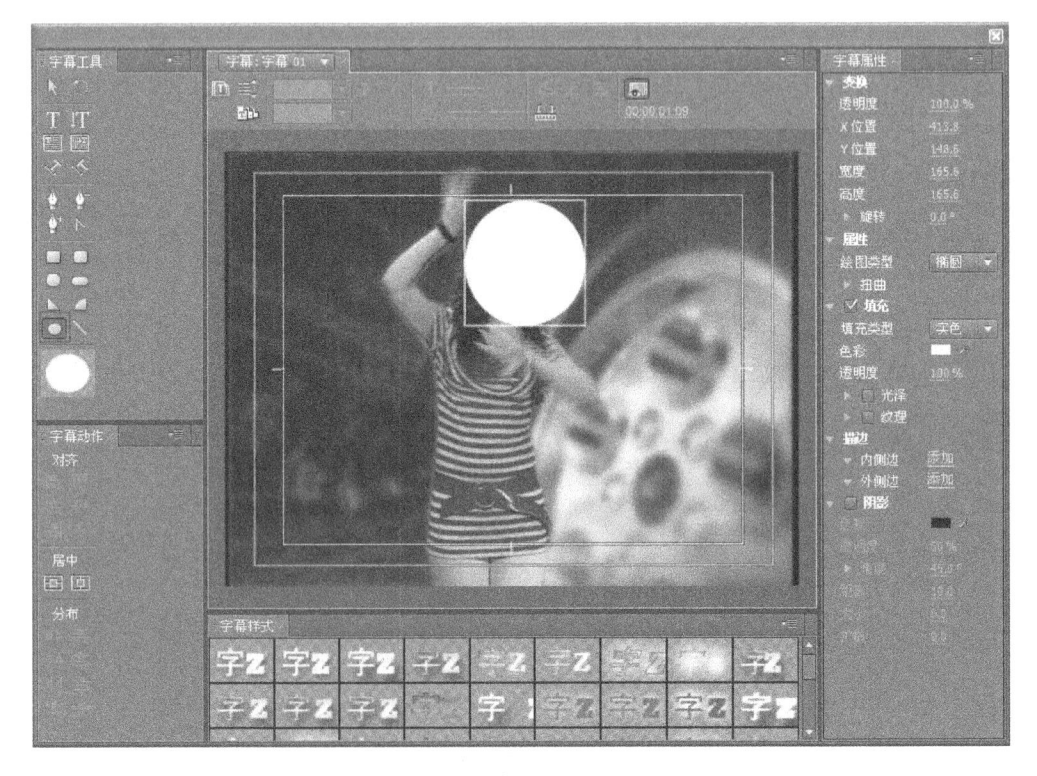

图 7-49

⑦ 关闭"字幕"（Titler）窗口。

(3) 新建序列，命名为"马赛克"，将椭圆图形拖到"视频 3"轨道。

(4) 从"项目"面板中，将"序列 01"拖到"视频 1"轨道上，再次将"序列 01"拖到"视频 2"轨道上。

(5) 在"椭圆"上应用"运动"特效，使它跟随其下方剪辑内的模特人员的运动。

(6) 对"视频 2"轨上的剪辑"序列 01"应用"视频特效"→"键控"→"轨道遮罩键"（Track Matte Key）特效，选择"遮罩"（Matte）为"视频 3"和"合成方式"（Composite）为"Alpha 遮罩"，如图7-50所示。这时看不到任何变化，因为椭圆中的面部和场景中变为透明的部分与序列内它们下方的部分相同。

图7-50

(7) 把"视频特效"→"风格化"→"马赛克"（Mosaic）特效拖到"视频2"轨上的剪辑中。
(8) 将"水平块"和"垂直块"的值设置为"40"左右，如图7-51所示。

图7-51

(9) 播放剪辑，我们看到模特面部被马赛克遮挡。
如果运动位置设置足够精确，椭圆马赛克就会跟随女模特的面部移动。
提示：除了马赛克（Mosaic）效果，还可以使用模糊特效。这时在椭圆跟踪蒙版剪辑上添加模糊特效，也可以使整个特效的效果更好。在使用马赛克或模糊时可以使剪辑变暗。

2．浮雕特效

(1) 打开"第七章"目录下"视频特效.prproj"。
(2) 双击"项目"窗口中的"浮雕"序列。
(3) 将素材"laoshu.mp4"拖至"视频1"轨，按"/"键将视图放大。
(4) 展开"视频特效"目录，将"风格化"下的"浮雕"特效拖至"视频1"轨的素材"laoshu.mp4"上。由于与原始图像混合值默认为"0"，所以可观察到画面的浮雕效果，如图7-52所示。
(5) 将"当前时间线指示器"移至素材入点处，在"特效控制台"展开"浮雕"设置，点击"与原始图像混合"左侧的"切换动画开关"，值设为"100"，如图7-53所示。

135

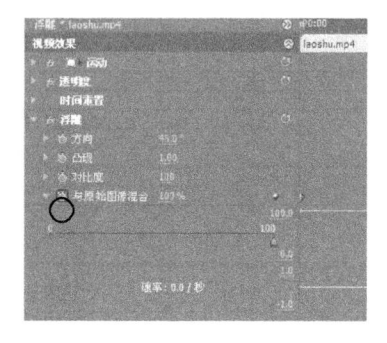

图 7-52　　　　　　　　　　　　　　　图 7-53

(6) 再将"当前时间线指示器"向右移至接近出点处，将值设置为"0"。

(7) 播放"浮雕"序列，观察浮雕动画。

7.3.6　嵌套序列

嵌套序列是指序列中的序列。我们在上节中已经有所接触。嵌套序列的工作方式非常符合电视节目制作的分工、合作流程，方便节目制作的管理。在节目制作过程中可以在一个序列中创建项目片段，然后把这个序列以及其所有剪辑、图形、图层、多个视/音频轨道和特效拖到另一个序列中。这样可以很好地实现大家分工制作节目的不同部分，最后只需把各自的序列像操作视音频轨一样，便捷地组合在一起。

Premiere Pro CS4 嵌套序列的出现，很大程度上改变了节目制作的流程和方式，大大简化了编辑工作。在节目制作中我们常常要进行画面校色，通过嵌套序列可以方便地对序列进行色彩校正，而无需对每个剪辑进行调整，大大提高了效率。同样我们如果要对多段素材添加统一特效，通过嵌套序列可以一次完成，并且保证各剪辑间参数的一致性。下面我们认识一下嵌套序列。

(1) 打开"第七章"文件夹下的"嵌套序列"项目。

(2) 选择"文件"→"新建"→"序列"。输入名字"嵌套"，之后点击"确定"，如图 7-54 所示。

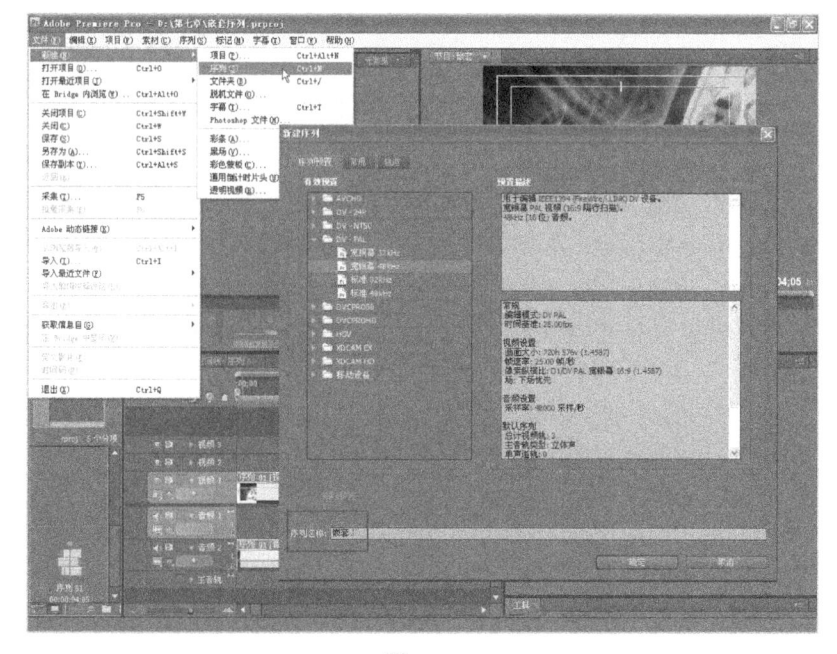

图 7-54

新的序列会打开，CTI 处于其起点，"视频 1"轨被选择。

(3) 将"项目"面板中的"序列 01"拖放到时间线"视频 1"轨道上，如图 7-55 所示。

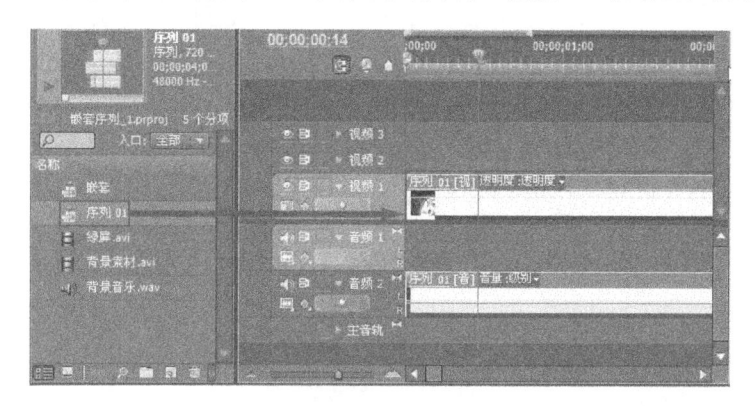

图 7-55

(4) 现在在"视频 1"轨道上的素材就是"嵌套序列"，这类似于早期 Premiere 版本的虚拟片断。

(5) 当前我们给"视频 1"轨道上的"序列 01"添加任何特效，都将应用到"序列 01"中的每个剪辑，如调整透明度、画面裁剪、浮雕等特效。

(6) 在"项目"窗口双击"序列 01"，会切换到"序列 01"的时间线；双击"嵌套"，切换嵌套序列的时间线，可以比较两者的不同。

在时间线编辑时两个剪辑间的编辑点上无法应用多种切换特效，但可以使用嵌套序列来做到这一点。

(1) 打开"第七章"文件夹下的"嵌套"序列项目。
(2) 将"V7"直接拖到该序列上的"视频 1"轨道上。
(3) 剪切这段剪辑，留下要用的两个镜头，设置出点和入点，为切换提供尾帧和头帧。
(4) 应用"视频切换"效果→"滑动"→"中心分割"切换效果，设置"橙色边框"，将其边宽设为"20"，如图 7-56 所示。

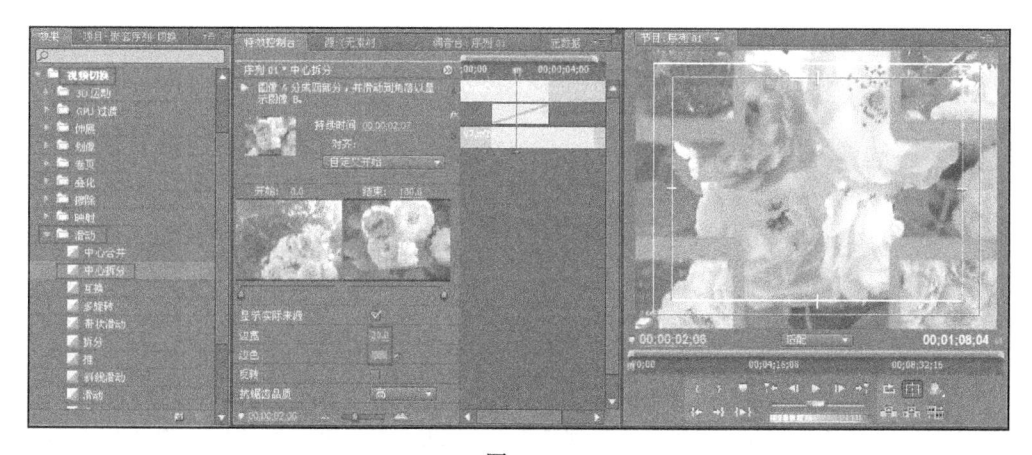

图 7-56

(5) 打开序列"嵌套"，将"序列 01"拖到"视频 1"（Video）轨。
(6) 将"CTI"移到之前用过的切换特效的中间（在切换特效开始一点之后），选择"剃刀"工具（快捷键是 C)，在这里切割剪辑，如图 7-57 所示。

137

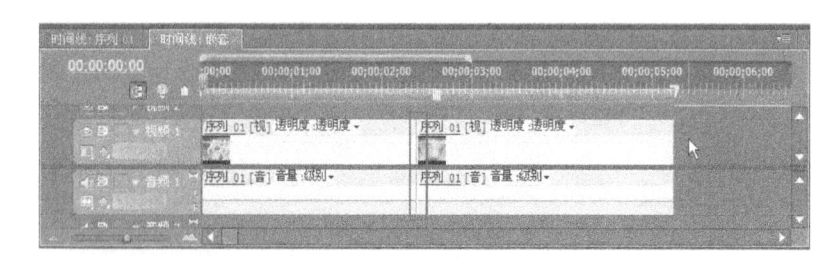

图 7-57

(7) 再次应用"视频切换效果"→"滑动"→"中心分割",这次用的是"蓝色边框",如图 7-58 所示。

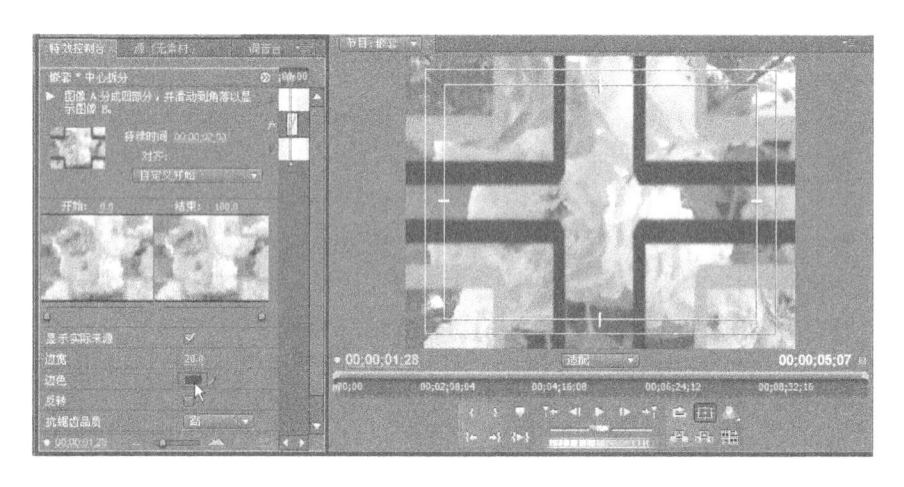

图 7-58

(8) 播放该剪辑。

如果没有使用嵌套序列,就无法实现这些操作。

7.4 运动(Motion)特效

我们在观看电视节目时,总是为电视栏目的片头所吸引。我们观察到多层画面在荧屏上沿着设定的路径运动,画面的窗口大小随时间和运动变化,以及各种运动的字幕效果。总之,运动使画面显得生动、有趣,使画面"活"起来了。Premiere Pro CS4 为每个剪辑提供了默认的运动(Motion)特效,可以通过缩放、旋转、位移等选项参数可以设置,使我们能充分发挥自己的想象力,创作自己想要的效果。

7.4.1 基本运动控制

运动特效使用率比较高,在 Premiere Pro CS4 中作为视频素材的属性存在,是素材的固有特效。单击素材,在特效控制台上即可看到当前素材的运动效果设置面板。除了运动特效外,还有不透明度、时间重置等特效。

(1) 打开"第七章"目录"运动与透明.prproj"。

(2) 双击"项目"窗口中的"运动"序列。

(3) 将素材"huanglong.mp4"拖至"视频 1"轨,按"/"键将视图放大,将"神奇的九寨"

字幕文件拖至"视频2"轨。

(4) 鼠标单击"字幕",在"特效控制台"展开运动效果面板,如图7-59所示。

在运动设置参数中,位置是指的该素材对象中心点在监视窗口中的坐标,默认值正好居中。

(5) 将"缩放比例"的默认值由"100"改至"50",以缩小字幕比例。

(6) 将"当前时间线指示器"移至字幕入点。

提示:在视频轨道名称上单击,即可选中该轨,然后用 Page Up/Down 键可移动当前时间线指示器至素材入出点。

(7) 将位置左侧的"切换动画开关"点选,在监视器窗口将"神奇的九寨"向左下方拖至屏幕外后释放,此时观察"位置"参数为:"-126","432"。也可将位置参数直接调整为"-126","432",结果一样,只是拖动方式更加直观一些。

(8) 将"当前时间线指示器"向右移动"1秒",将"位置"参数直接调整为"400","432",如图7-60所示。

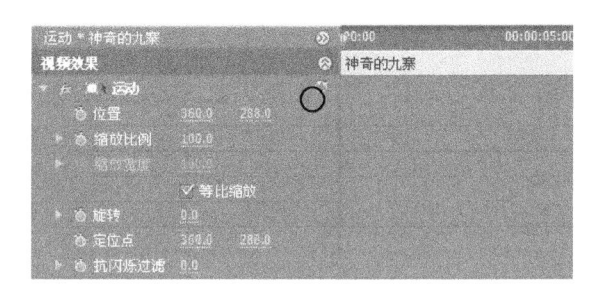

图 7-59　　　　　　　　图 7-60

(9) 将"当前时间线指示器"移至出点,"位置"参数直接调整为"572","432"。添加关键帧动画后的效果面板如图7-61所示。

图 7-61

(10) 播放序列观看动画。

上面例子中可配合模糊等特效,实现字幕更有趣的效果。对于视频素材的运动,设置方式和例子中的字幕一样。

7.4.2 运动与缩放

(1) 打开"第七章"目录"运动与透明.prproj"。

(2) 在"项目"窗口中双击"运动2"序列,播放查看下面将要制作的效果。

(3) 在"项目"窗口中的空白处单击右键"新建分项"→"序列","序列"预置中选"DV-PAL 48kHz",并命名该序列为"运动片头"。

(4) 将"项目"窗口中的素材"bj.mov"拖至"视频1"轨,按"/"键将视图放大。这时素材在监视器上并没有充满整个画面,需要对素材缩放设置。

(5) 在素材上单击,然后在"特效控制台"窗口展开运动,单击"等比缩放前"的小勾以取消选择,将"缩放高度"后面的值改为"120",将"缩放宽度"后面的值改为"160",这时观察画面,已经充满监视器窗口。

(6) 在轨道名称上单击右键，执行"添加轨道"命令，在弹出的窗口中选添加"1"条视频轨，"0"条音轨，然后按"确定"按钮。如图 7-62 所示。

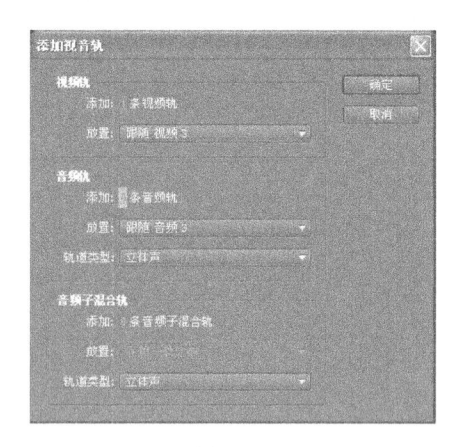

图 7-62

(7) 将"项目"窗口中的"shanshui.mp4"拖至"视频 4"轨，并使其入点处于轨道起始位置。

(8) 在"特效控制台"展开"视频效果"→"运动"面板，点击位置左侧的"切换动画开关"，并将其值改为"0.0"，"0.0"；点击"缩放比例"左侧的"切换动画开关"，并将其值改为"5"，参数设置如图 7-63 所示。

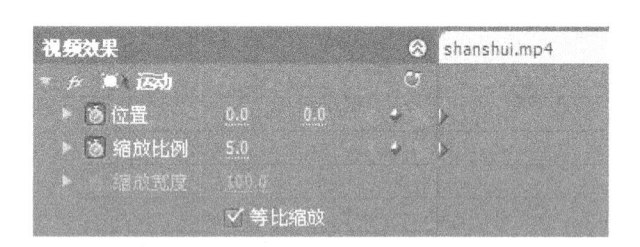

图 7-63

(9) 将"当前时间线指示器"移至第 10 帧位置，将"缩放比例"右边的值改为"10"后回车。

(10) 在监视器窗口右上角找到被缩小的"shanshui.mp4"素材窗口并点选，这时窗口边缘出现 8 个句柄。拖动"shanshui.mp4"素材窗口至窗口右侧（520，180）位置，如图 7-64 所示。也可直接在位置参数中输入"520"，"180"。此过程被记录为动画。

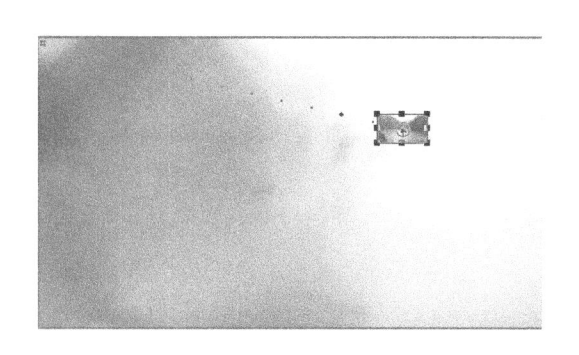

图 7-64

(11) 将当"前时间线指示器"向右移"1 秒",也就是使其处于"1 秒 10 帧"位置,将"缩放比例"右边的值改为"25"后回车;在监视器中将素材窗口向右下方拖动至位置"580","300"处。

(12) 将"当前时间线指示器"向右移"5 帧",也就是使其处于"1 秒 15 帧"位置,按位置右侧"添加关健帧"按钮在此位置添加一关键帧,如图 7-65 所示。

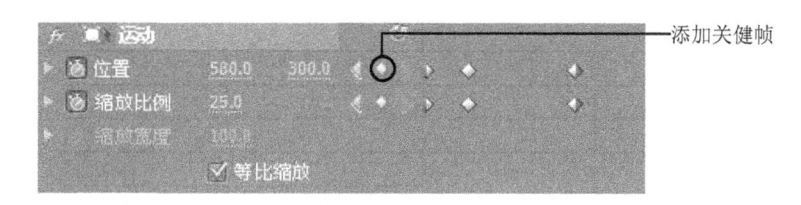

图 7-65

(13) 将"项目"窗口中的素材"bird.mp4"拖至"视频 3"轨,并使其入点与"当前时间线指示器"对齐(1 秒 15 帧)。

(14) 在"特效控制台"展开"视频效果"→"运动"面板,将位置右侧的值改为"580","300";将"缩放比例"右侧的值改为"25"。

(15) 将"当前时间线指示器"向右移"1 秒",也就是使其处于"2 秒 15 帧"的位置。

(16) 单击"轨道 4"中的素材"shanshui.mp4",在监视器窗口中单击,然后向左拖动其至"360","300"处,如图 7-66 所示。此步也可以在运动面板将位置右侧的值改为"360","300",效果相同。

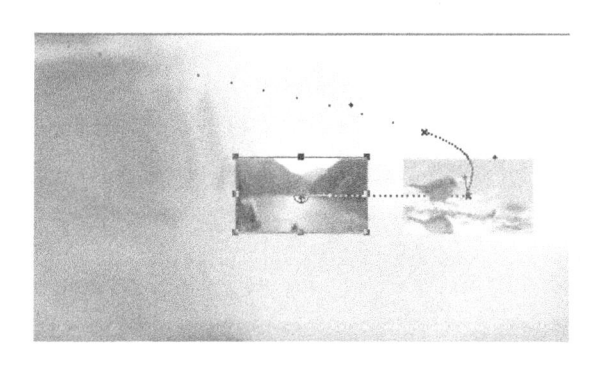

图 7-66

(17) 将"当前时间线指示器"右移"5 帧",也就是使其处于"2 秒 20 帧"的位置。单击位置右侧"添加关健帧"按钮在此位置添加一关键帧。

(18) 将"项目"窗口中的素材"XueShan.mp4"拖至"视频 2"轨,并使其入点与"当前时间线指示器"对齐(2 秒 20 帧)。

(19) 在"特效控制台"展开"视频效果"→"运动面板",将位置右侧的值改为"360","300";将"缩放比例"右侧的值改为"25"。

(20) 将"当前时间线指示器"向右移"1 秒",也就是使其处于"3 秒 20 帧"的位置。

(21) 在监视器中单击"shanshui.mp4"窗口,然后向左拖动其至"140","300"处,也可以在运动面板将位置右侧的值改为"140","300",效果相同。当前监视器窗口中的画面路径如图 7-67 所示。

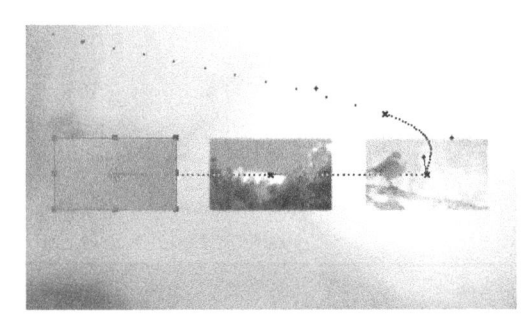

图 7-67

(22) 播放当前序列，我们看到素材"shanshui.mp4"从监视器窗口左上角快速飞入，至右侧时速度减小，向垂直方向运动，整个过程窗口慢慢放大。稍停顿后继续向左滑动，在滑动中"拉"出两画面。播放完成后发现 2、3 轨素材太短，下面就用时间重置来使它们进行慢动作。

(23) 单击"视频 3"轨中的"bird.mp4"素材，在"特效控制台"展开"时间重置"面板下"速度"项，向下拖动右侧的水平横线，速度后的值将动态变化，待其值显示为"83.00%"时停止，这时素材的出点与"视频 4"轨中的素材出点相当。调整参数面板如图 7-68 所示。

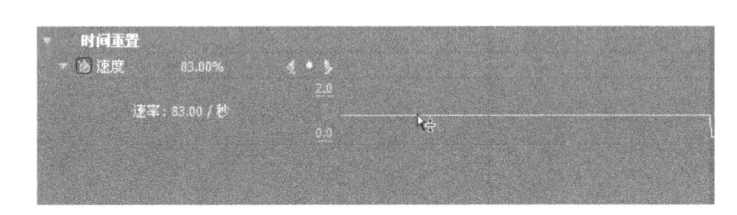

图 7-68

(24) 用上步同样的方法将"视频 2"轨中的素材出点向右延长，调整后的时间线素材关系如图 7-69 所示。

图 7-69

(25) 完成后播放序列，观看效果。

在上面的例子中，我们还可以用学过的知识添加字幕并设置运动，给画面在运动中设置旋转动画，还可以将背景添加模糊效果等，这些工作将使运动更加有表现力和视觉冲击力。

7.4.3 创建画中画

画中画（PiP）技术是运动（Motion）特效的综合应用之一，它能很好地实现画面的多层叠加、画面合成、关键帧设置、参数调整等各种操作技巧的综合应用。

打开"第七章"文件夹下的"运动项目"。

(1) 打开时间线："画中画"序列，播放这段序列，了解我们将要创建的效果。这是一个有 4 个小画面的画中画效果，每个画面都带有投影和斜角边，如图 7-70 所示。

图 7-70

(2) 打开时间线："序列 01"。

播放该序列时，最上方的轨道中只有一段剪辑，它遮盖序列内其下方的所有剪辑。我们先做画中画效果，再进行斜角边和阴影的制作。

(3) 选中时间线："序列 01""视频 5"轨道中的"花 5"素材剪辑，展开"特效控制台"面板中的"运动"控制面板，将其参数设置如图 7-71 所示。"位置"："200"，"140"；"缩放比例"："20"。

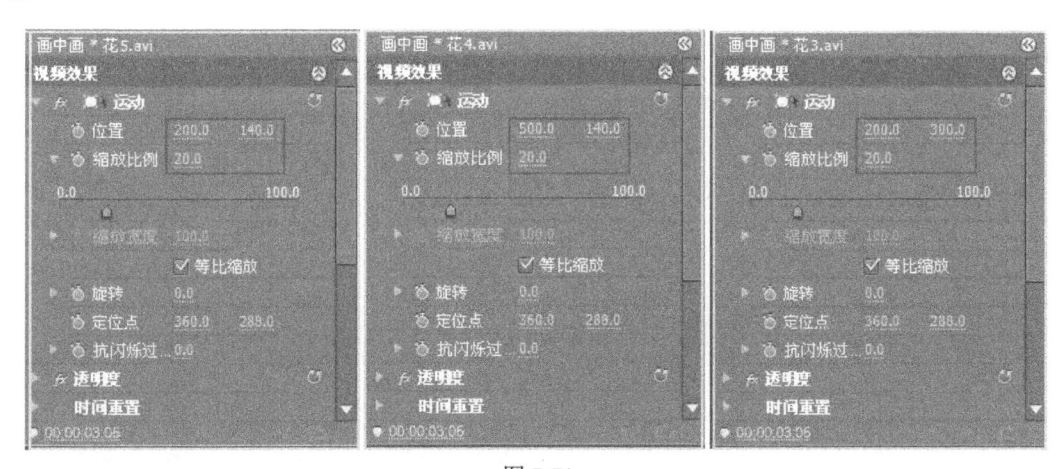

图 7-71

(4) 用同样的方法，将"视频 4"轨道中的"花 4"素材、"视频 3"轨道中的"花 3"素材的运动参数分别设置。"花 4"的"位置"："500"，"140"；"比例"："20"。"花 3"的"位置"：

143

"200","140";"比例":"20",如图 7-71 所示。

"视频 2"轨道中的素材"花 2"的"运动"设置是:"位置":"200","140";"比例":"20"。如图 7-72 左所示,播放序列,效果如图 7-72 右图所示。

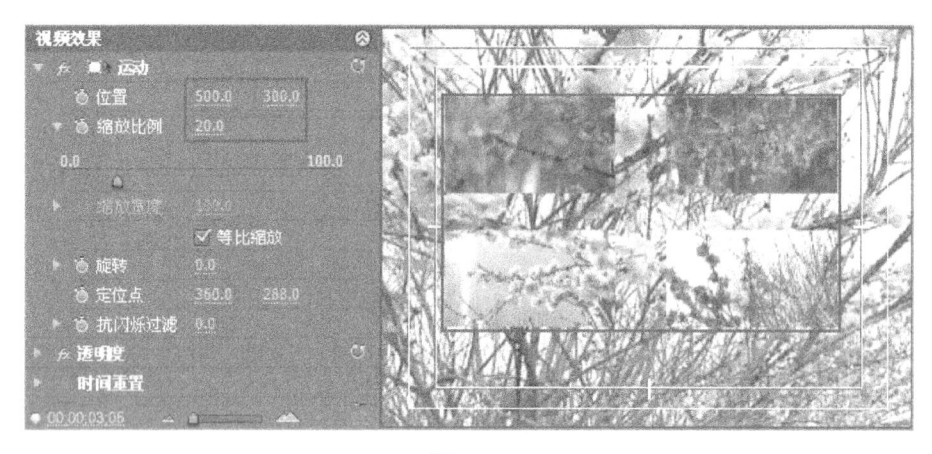

图 7-72

1. 给画中画剪辑加上斜角边效果

为了增加画面运动的效果,我们给画面添加阴影、斜角边等特效,使画中画效果更加真实、生动。

(1) 继续在时间线:"序列 01"上操作。

我们已经做了一段具有 5 层视频轨道的序列。上面 4 层轨道剪辑都用了 20% 的运动(Motion)预设。该序列底部视频 1 轨上的剪辑用作画中画背景。

(2) 将"CTI"拖过"1 秒"处,显示画中画。

(3) 将"效果"→"视频特效"→"透视"→"斜角"边拖到序列内的顶部"花 5"剪辑上,如图 7-73 所示。

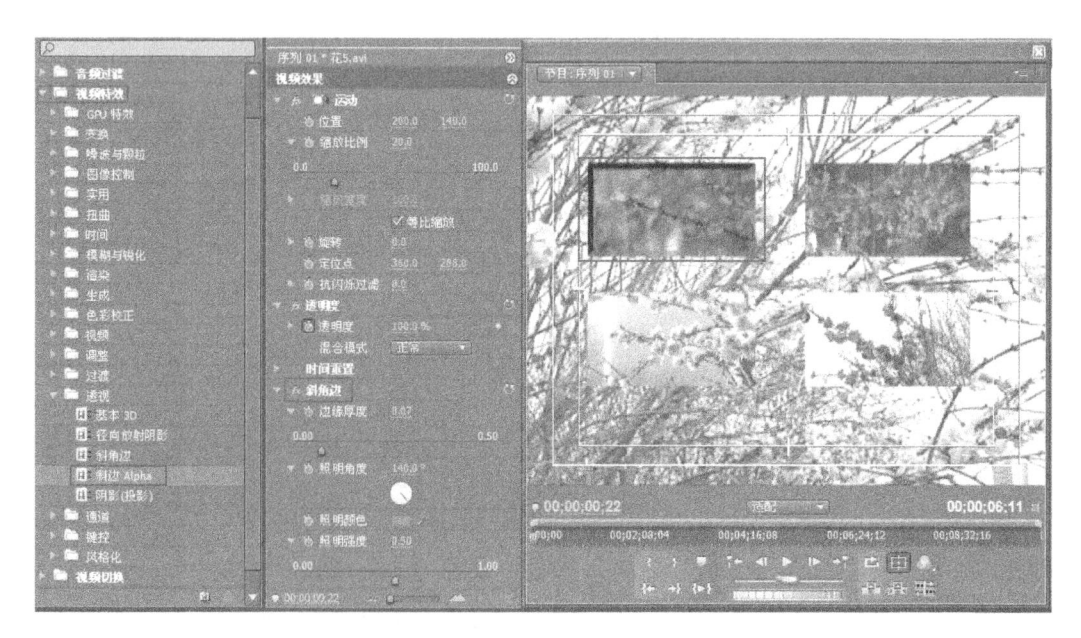

图 7-73

(4)将"节目"监视器视图拉大,以便更好地观看这种特效。

(5)展开"特效控制台"(Effect Controls)面板中的"斜角边",修改其参数如下:

① "边缘厚度":"0.07"。

② "照明角度":"140"。

③ 将"照明颜色""吸色"工具拖到"节目"监视器(Program Monitor)中素材的紫色区域上,修改光照颜色为紫色。

④ "照明强度":"0.5",这样可以突出斜面边缘。调整"斜角边"参数后的效果如图7-73右图所示。

(6)选择"特效控制台"(Effect Controls)面板中的"斜角边",以便能够用刚才应用的参数创建预设。

(7)打开"特效控制台"(Effect Controls)面板菜单,选择"存储预设",输入"斜角边",可以输入一段描述,点击"确定"。这个新的预设会立即显示在效果文件夹中,如图7-74所示。

图 7-74

(8)将"效果"→"视频特效"→"预置"→"斜角边"拖放到"视频2""视频3"、"视频4"轨上的每段剪辑上,"视频1"轨的剪辑是全屏背景视频。

(9)播放这段序列,4个画中画都具有同样的斜面边缘效果。

2.添加阴影效果

(1)将"视频特效"→"透视"→"阴影"拖到顶层素材"花5"上。

(2)将"特效控制台"(Effect Controls)窗口中的"阴影"的参数做如下修改,如图7-75所示。

① 将"方向"改为"-40"。

② 增大"距离",以便能够看到投影。

③ 增加投影的"柔和度",使它显得更逼真。通常,距离参数越大,应该应用的柔和度也越大。

提示:可以让投影从任意光源照射的方向投射下来。本节把斜角边缘的光源方向设置为140左右。为了使投影光源投射下来,请把该光源的方向加或减180°,这样会得到正确的投影投射方向。

(3)将同样的值应用于其他3个画中画,可以一次应用一个,也可以存储后使用预设。最后改变阴影颜色。

(4)播放这段序列,其效果应该如图7-76所示。

图 7-75　　　　　　　　　　　　　　　　　　图 7-76

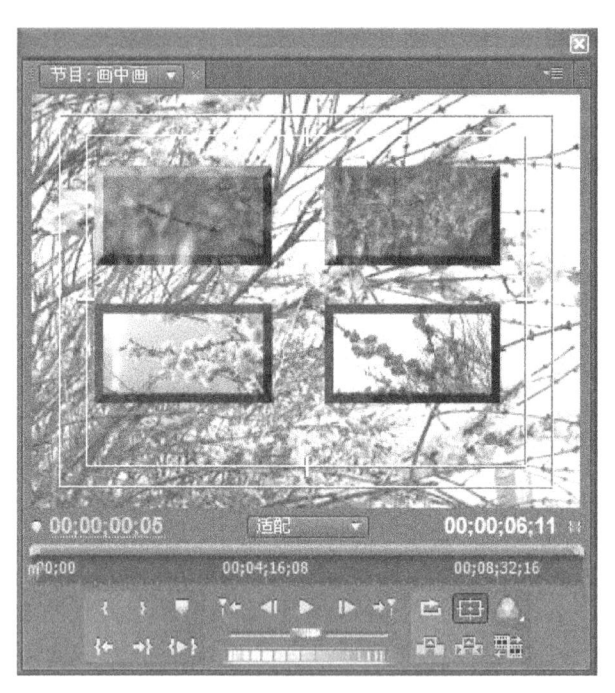

创建好画中画后，我们可以通过添加多个关键帧来分别设置 4 个画面的运动路径、旋转效果、画中画的入出方式和角度、画面的色彩变化、背景模糊等效果，综合应用效果就会形成一个不错的小片花。

7.4.4　运动特效实例：制作指针运动的钟表

1. 在 Photoshop CS4 中创作钟表的元素图像

(1) 运行 Photoshop CS4，选择"文件"→"新建"，打开新建文件对话框，如图 7-77 所示。

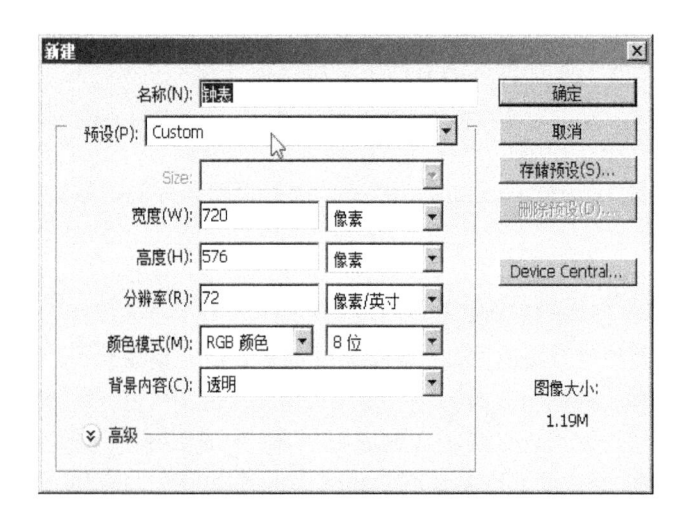

图 7-77

按图中所示的数值，设置新建的图形文件，为文件起名为"钟表"，单击"确定"。这是"PAL-DV"的标准尺寸。

146

(2) 在工具栏中选择"椭圆选择"工具，如图 7-78 所示。

(3) 使用 Ctrl+R，打开"标尺"显示。在标尺上拖动，创建"中心参考线"。以两条中心线的交点为圆心，按住 Shift+Alt，自中心点外扩成如图 7-79 的圆选区域。

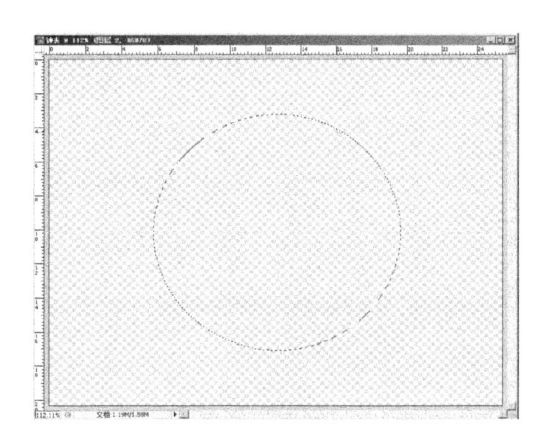

图 7-78

图 7-79

(4) 选择工具栏中的"渐变"工具，观察渐变设置图标，如图 7-80 所示。

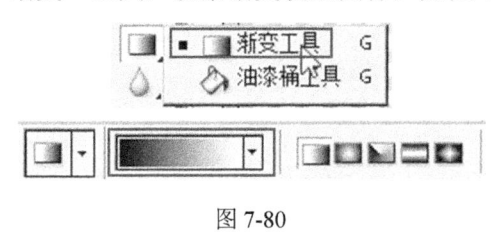

图 7-80

(5) 按住 Shift 键，自 10 点的位置在圆形选区中拖放渐变，效果如图 7-81 所示。

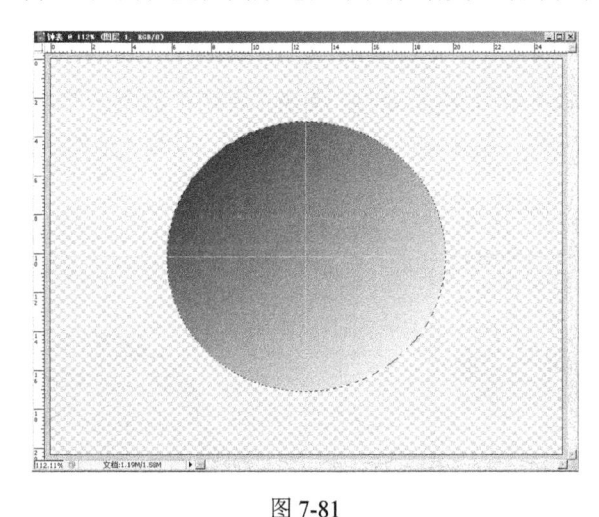

图 7-81

(6) 把"图层 1"拖放到图层面板的"新建图层"按钮，复制出一个"图层 1 的副本"，如图 7-82 所示。

(7) 使用 Ctrl+T，激活"自由变换"，用 Shift+Alt 将图形框拖小一些，再选取"水平翻转"，如图 7-83 所示。

(8) 这时应该得到一个模拟的钟表外盘，如图 7-84 所示。

147

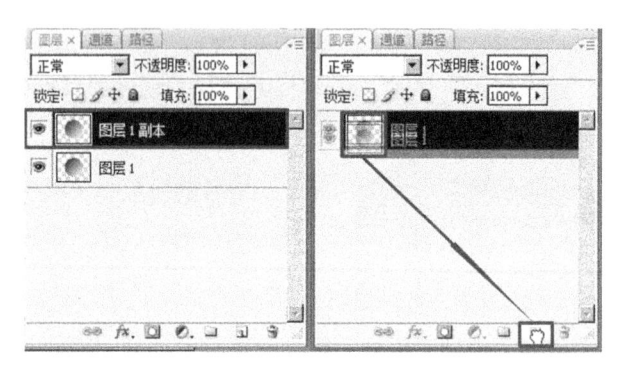

图 7-82

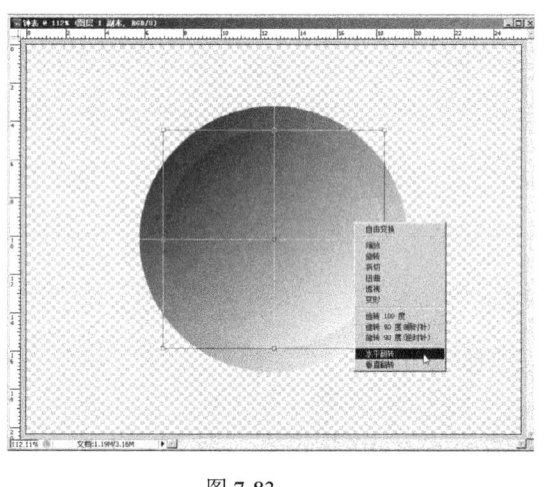

图 7-83 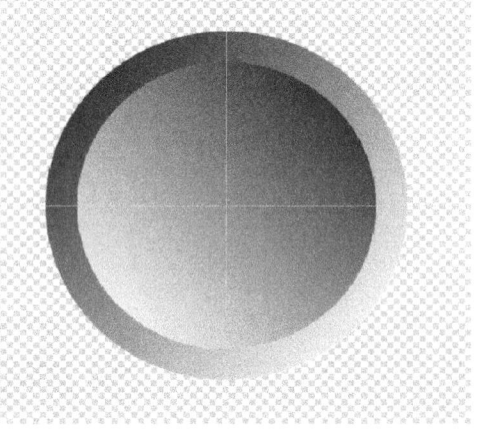　　　　　　　　　　　　　　　　　　图 7-84

(9) 把"图层 1"拖放到图层面板的"新建图层"按钮，再复制出一个"图层 1 的副本"，将它拖到"图层 1 副本"的上方，如图 7-85 所示。

(10) 使用 Ctrl+T，激活自由变换，用 Shift+Alt 将图形框拖小一些，显示出图层 1 的第一个副本，调整大小，双击应用。用同样的方法选择图层 1 的第一个副本，复制，缩放成中心轴，如图 7-86 所示。

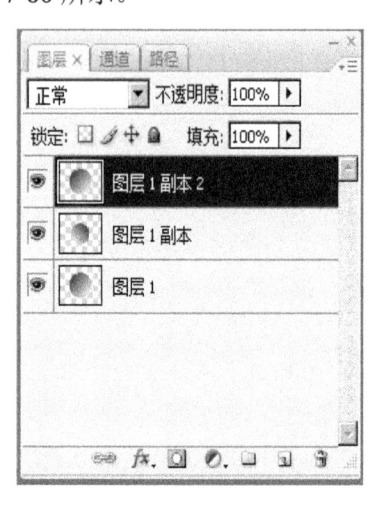

图 7-85 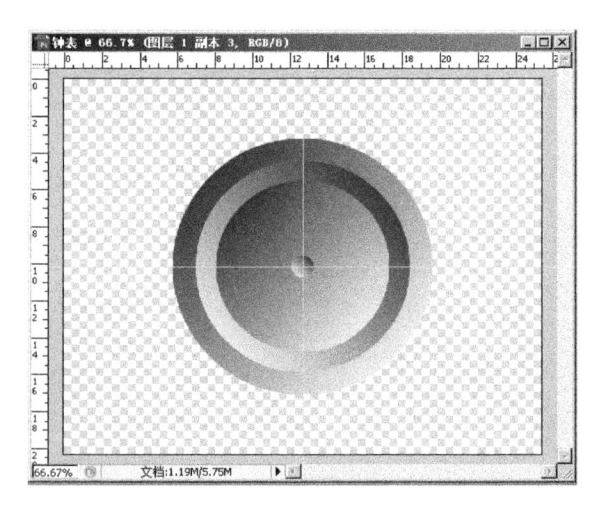　　　　　　　　　　　　　　　　　　图 7-86

148

(11) 选择"图层"→"合并可见"图层，将 4 个图层合并为一个，重命名为"表盘"，如图 7-87 所示。

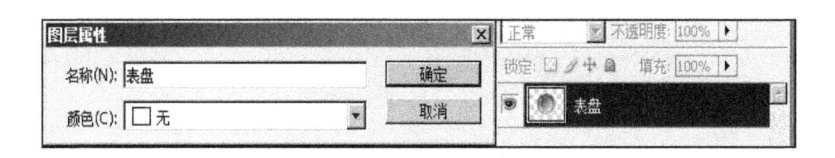

图 7-87

(12) 点选"新建图层"图标，新建一个"指针图层"，如图 7-88 所示。

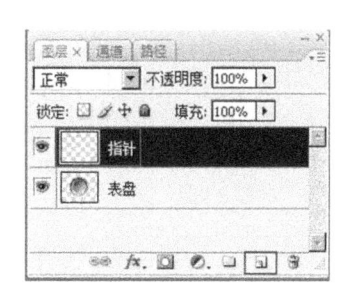

图 7-88

(13) 点选工具栏中的"自定形状"工具，在形状窗口选取"箭头"形状，将颜色选取为"红色"，如图 7-89 所示。

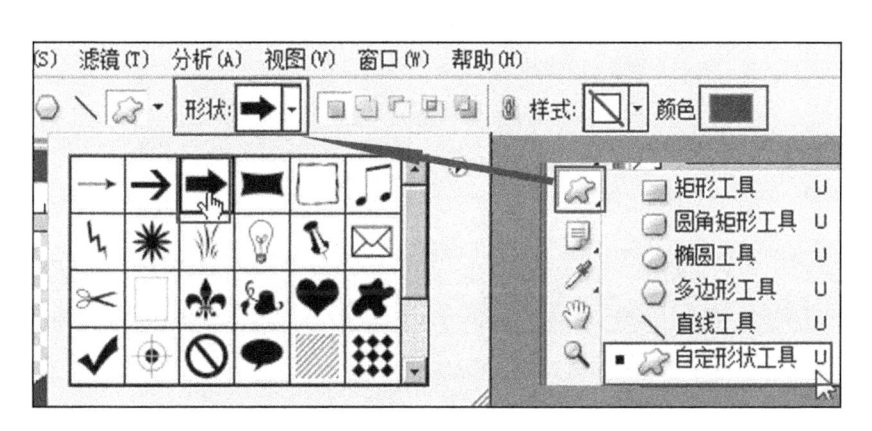

图 7-89

(14) 在新建的"指针图层"上拉出一条"箭头"，将尾部调整为如图 7-90 所示效果。再用制作表盘的方法，制作出"中心轴"，它应是一个单独的图层，位于指针层上方。

(15) 保存文件到指定位置，起名为"钟表"。

(16) 退出 Photoshop CS4。

2．在 Premiere Pro CS4 中制作动画

(1) 运行 Premiere Pro CS4，选择新建，在"新建项目"窗口的"名称"栏输入"钟表动画"，点击"确定"，如图 7-91 所示。

149

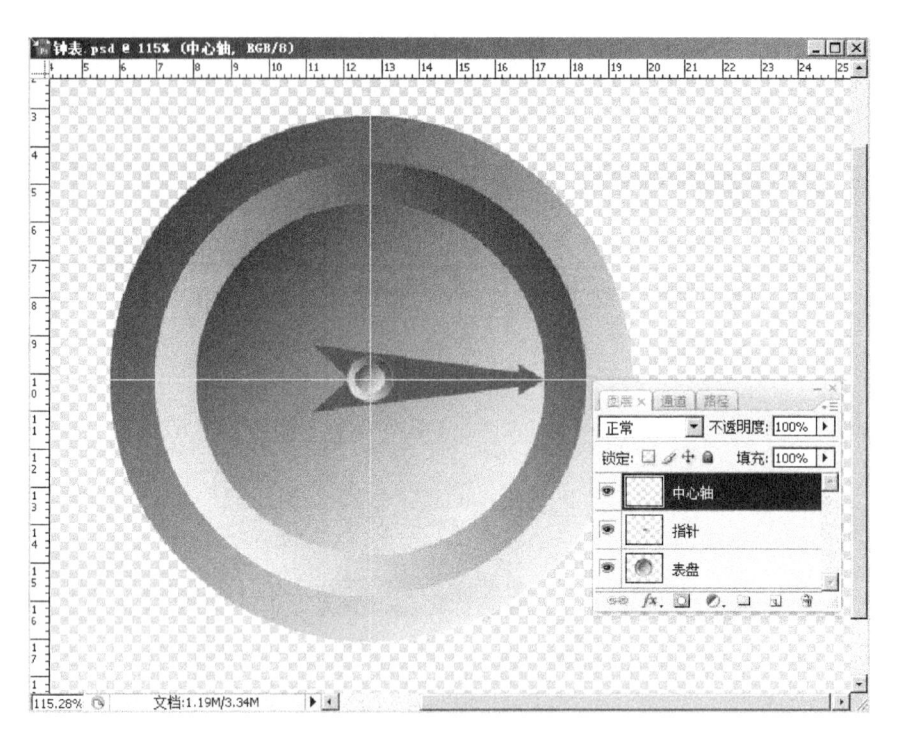

图 7-90

图 7-91

在随后弹出的"新建序列"窗口的"有效预置"栏定义新建项目为"DV-PAL"、"标准 48kHz",点击"确定",如图 7-92 所示。

在项目面板中的空白处单击鼠标右键,导入"钟表"文件,选择导入为"序列",单击"确定",如图 7-93 所示。

图 7-92

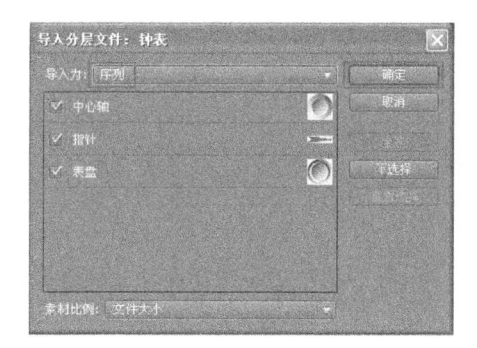

图 7-93

这将在项目面板中导入"钟表"文件的 3 个图层，如图 7-94 所示。

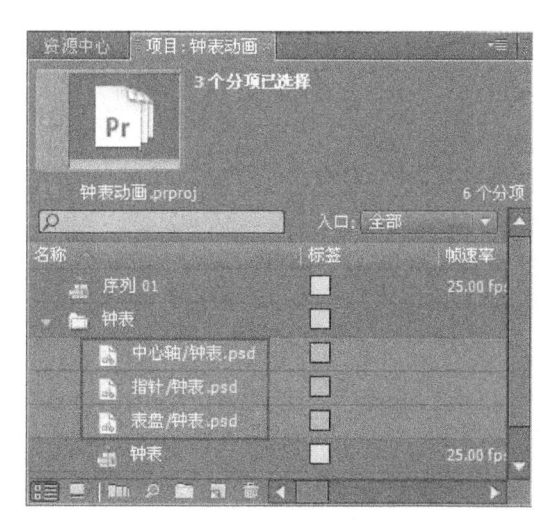

图 7-94

151

(2) 双击"项目"面板中的"钟表"序列。在时间线上自动打开这个序列,将各轨道素材拖为"10 秒"的长度,如图 7-95 所示。

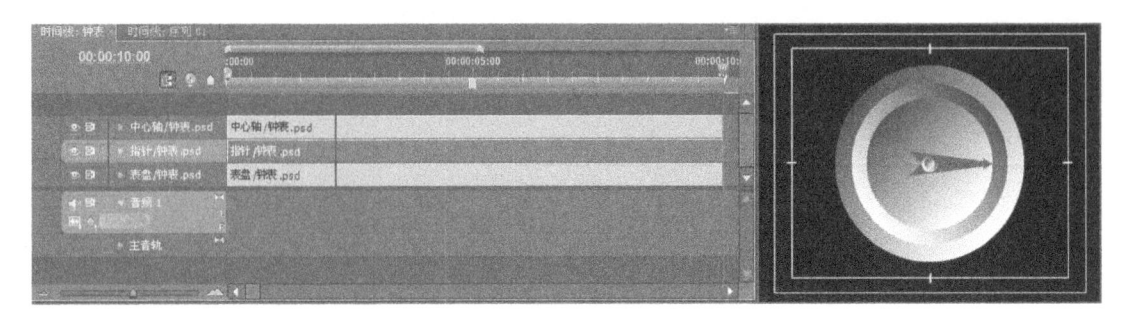

图 7-95

(3) 选取"指针"→"钟表.psd"轨道,打开"特效控制台"面板,将时间线拖放到第 1 帧(也可点击 Home 键),点击"旋转"前的"切换动画按钮",在时间线第 1 帧创建一个"关键帧",如图 7-96 所示。

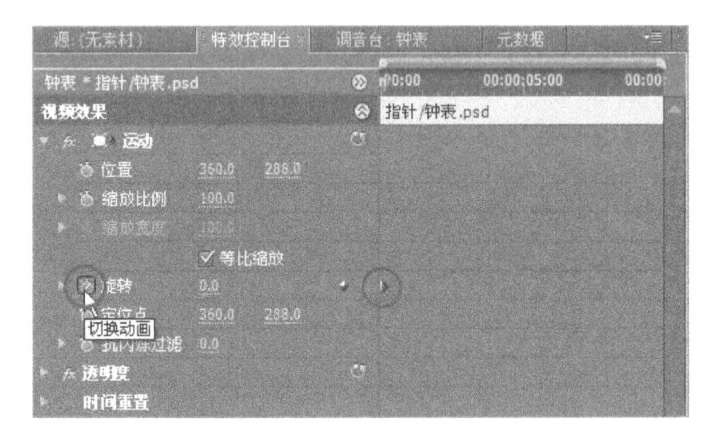

图 7-96

(4) 将"CTI"移到结尾帧(点击 End 键),将旋转后面的数字改为"3600",即让指针在"10 秒"内转 10 圈,如图 7-97 所示。

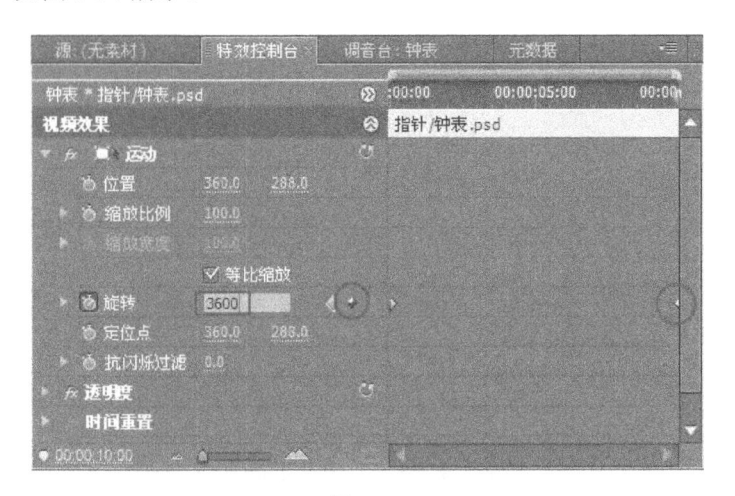

图 7-97

(5) 播放这个剪辑，现在可以看到，指针已经开始动起来了。
(6) 保存项目文件。

【小结】

本章我们领略了 Premiere Pro CS4 丰富的视频特效，它们为影视节目制作带来了很大的创作空间。Premiere Pro CS4 提供了 140 多种视频特效，很多效果在影视节目中都能看到。只有反复、综合应用，熟练掌握各种特效的属性，才能在创作中发挥视频特效的特殊作用，使作品生动、充满张力。

【习题】

1. 什么是键控？
2. 什么是嵌套序列？
3. 如何创建画中画，并且使画中画随着时间运动？
4. 如何调整一个序列中的所有剪辑的色调？
5. 我们在阴天拍摄到一组带有天空的镜头，想使天空云彩变得丰富，具有层次感，如何操作？
6. 天气预报主节目是如何摄制的？
7. 如何通过关键帧来控制画面的运动路径和角度？
8. 如何将一段画面处理为老照片效果？
9. 在电影《辛德勒的名单》中，有一组镜头中小女孩衣服保持红色，画面其他内容为黑白，在 Premiere Pro CS4 中如何实现这种效果？

第 8 章　创 建 字 幕

【学习目标】

1. 掌握创建各类字幕的方法。
2. 掌握绘制各种常用图形的方法。
3. 掌握字幕效果的设置方法。
4. 学会修改字幕模板。

【知识导航】

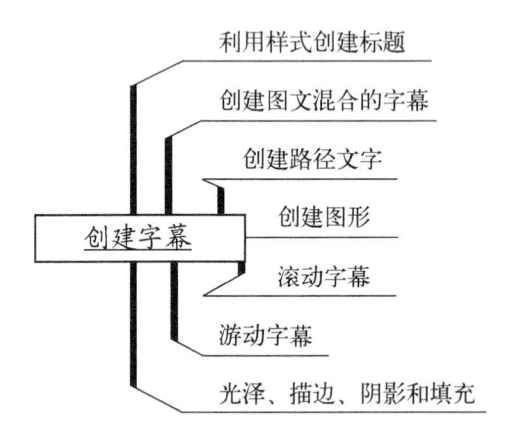

```
                    ┌── 利用样式创建标题
                    ├── 创建图文混合的字幕
                    ├── 创建路径文字
    创建字幕 ───────┼── 创建图形
                    ├── 滚动字幕
                    ├── 游动字幕
                    └── 光泽、描边、阴影和填充
```

　　字幕是指在电视屏幕上显示的所有文字的总称。它不仅是电视画面重要的组成部分，还在电视画面的构图上起着不可替代的造型作用。电视画面中，除了摄影师在具体拍摄时所形成的前期画面构图之外，很多时候，字幕都可以对其进行必要的补充、装饰、加工，以形成电视画面新的造型。更多的时候字幕与电视的图像、声音、特技等一起组成了一种共时间共空间的多方位多信息渠道的传播手段，它提高了单元时间内信息传播的速度和质量；还能从视听两个方面强化重要信息，加强信息的准确性、明晰性，减少听觉的误差。

　　恰当的字幕能增强作品的表现力。目前几乎每一种类型的节目都会不可避免地运用到字幕。在新闻节目中，它体现在对重要信息的展示，如重要文件内容的摘录、数字的出现、标题的出现等；在纪录片和专题节目中，它要对在画面中出现的人或者其他事物如时间、地点、景物名称等进行相应的介绍和说明；在体育节目中，字幕更是给广大观众提供了及时的赛场信息，如比分以及出场和被替换队员的名单等。电视是一门视听结合的艺术。字幕便能很好地体现这种艺术的特征。

　　Premiere Pro CS4 的字幕组件是一个全面的、功能丰富的文字与形状创建工具。用它可以创建任意尺寸、颜色或风格的文字，并且可以带有边框、斜面边缘、阴影、纹理以及光泽。用字幕组件设计的字幕和对象可以作为静态标题、滚动字幕或者单独的剪辑添加到视频中。

从表现形式上来说：影视字幕主要有"静态字幕"、"游动字幕"和"滚屏字幕"。

8.1 利用样式创建标题

我们首先从样式库的一些字幕开始，通过改变它们的参数来快速创建字幕，使我们初步了解字幕组件的强大功能。现在我们从零开始制作基本的字幕。

(1) 启动 Premiere Pro CS4，新建一名为"银幕采风"项目，并创建"字幕"序列。
(2) 将本章素材目录下的"背景.mov"导入到项目中，并装载到"字幕"序列"视频 1"轨。
(3) 执行"文件"→"新建"→"字幕"命令。
(4) 在弹出的"新建字幕"对话框"名称"栏中，键入字幕名"银幕采风"，如图 8-1 所示，点击"确定"。

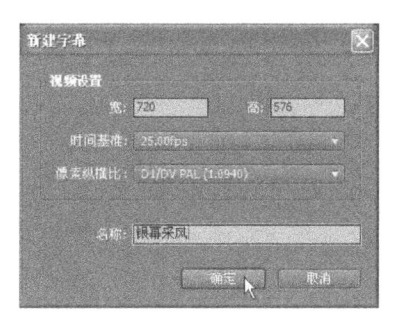

图 8-1

(5) 打开"字幕组件"窗口，如图 8-2 所示。

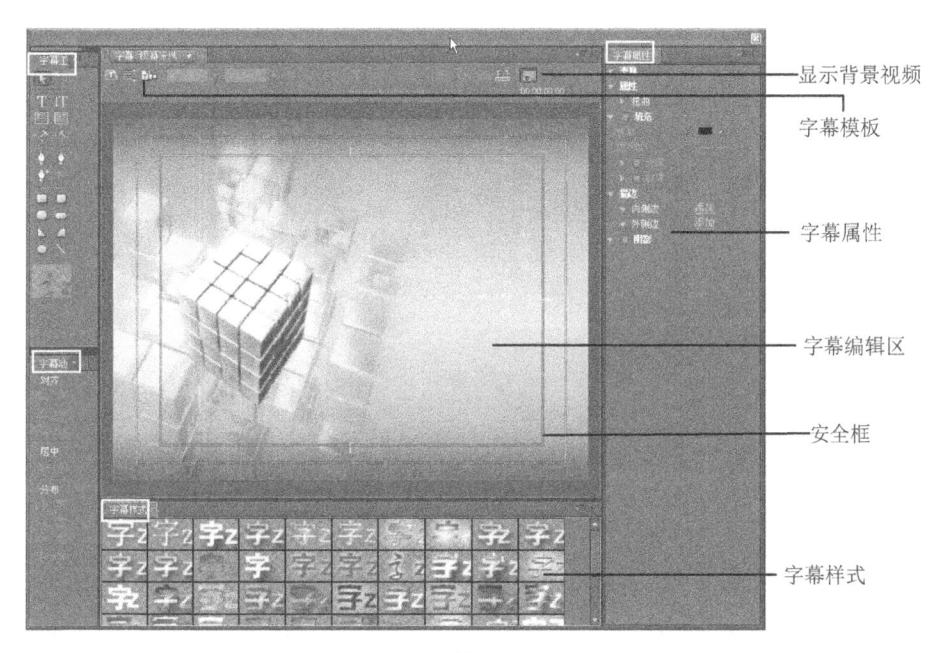

图 8-2

下面简要介绍字幕组件（Titler）面板：
① 字幕设计：建立和查看字幕和图形的窗口。
② 字幕属性：字幕和图形选项。如字体属性和效果。

155

③ 字幕样式：预设字幕样式。可以从几个样式库中进行选择。
④ 字幕动作：用于对齐、居中或分散字幕或成组的对象。
⑤ 字幕工具：定义字幕边界、设置字幕路径和选择几何形状。

(6) 点击"显示视频背景"按钮。

(7) 在"字幕工具"面板找到"文字"工具后在其上单击，然后在"安全框"内拖出一矩形，出现光标符号后，输入"银幕采风"四个字，在银幕两字后换行，如图 8-3 所示。用"箭头"工具将位置调整到"安全框"内。

图 8-3

(8) 使"银幕采风"处于选中状态，然后在"字幕样式"表里选中一样式后双击，将样式应用于选中的对象，图 8-4 是应用 字 样式后的效果。

图 8-4

提示：样式是带有预设属性的字体，如粗体、斜体、大小以及倾斜，还有效果，如填充颜色、样式、描边、光泽和阴影。

(9) 如果对已应用的样式不满意，可以展开"字幕属性"面板中的"属性"，如图 8-5 所示。

(10) 按要求调整字体、字体大小、纵横比、行距、倾斜度，字幕颜色、透明度，添加描边，添加阴影等。

(11) 关闭"字幕组件"，创建的字幕会自动添加进"项目"窗口。

(12) 将"银幕采风"拖至序列"视频2"轨合适位置，"播放"序列，观看效果。

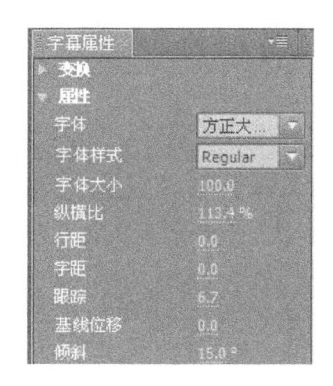

图 8-5

(13) 给"银幕采风"字幕入点处添加"抖动溶解"过渡效果。

8.2 创建图文混合的字幕

Premiere Pro CS4 自带了许多图文混合的模板,通过这些模板我们可以创作出变化丰富的标题字效果,补充影片内容,修饰影片效果。

(1) 启动 Premiere Pro CS4,新建一个名为"水上运动.prproj"的项目文件。
(2) 将本章素材目录下"冲浪.mp4"导入进"视频 1"轨。
(3) 执行"文件"→"新建"→"字幕命令"。
(4) 在弹出的"新建字幕"对话框"名称"栏中,键入字幕名"水上运动"。
(5) 点击"模板"按钮,在弹出的"模板"列表中选中"水上运动屏下三分之一",如图 8-6 所示。

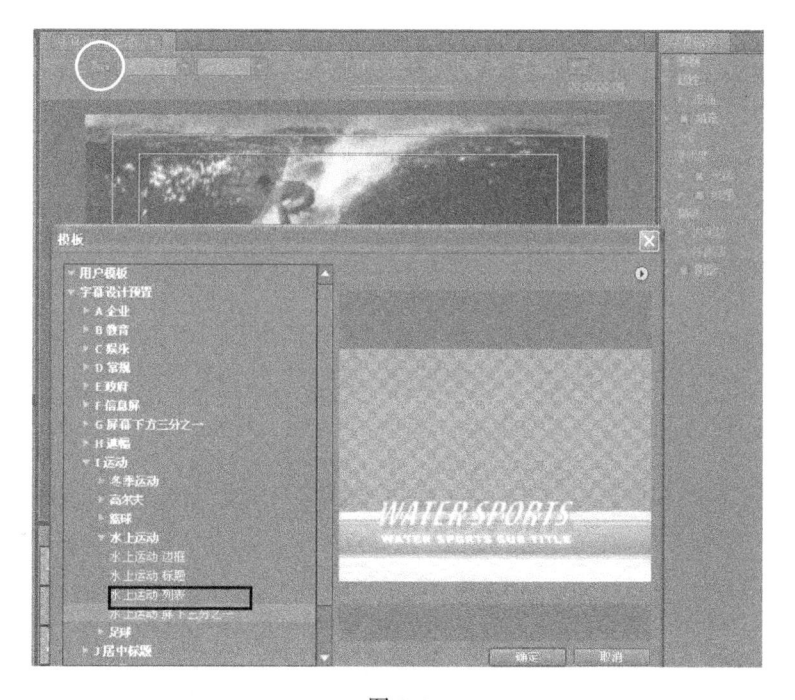

图 8-6

(6) 按"确定"后将创建基于模板的图文字幕，通过简单的文字替换或修改，即可完成，如图 8-7 所示。

图 8-7

(7) 关闭"字幕组件"窗口，将"项目"窗口中字幕"水上运动"拖到"视频 2"轨。
(8) 播放序列，观看效果。

提示：系统只提供了数量有限的图文字幕模板，我们可根据节目需要，在现有模板上二次加工，这将大大提高工作效率。我们也可以利用 Photoshop 进行图文字幕创作，然后将其存储成 Photoshop 的专用格式 PSD，Promiere Pro 可直接导入 PSD 分层文件。

8.3 创建路径文字

路径输入工具具有一定的技巧性，它能建立简单或复杂、笔直或弯曲的路径，供字幕跟随。

如果你用过 Adobe Photoshop 中的钢笔（Pen）工具，就知道如何使用路径输入工具。采用以下操作定义路径：在字幕组件面板中点击一系列的位置，然后拖动每个点上的手柄定义曲线。

(1) 启动软件新建一个项目后，执行"文件"→"新建"→"字幕命令"，命名为"路径字"。
(2) 选取"路径输入"工具，如图 8-8 所示。

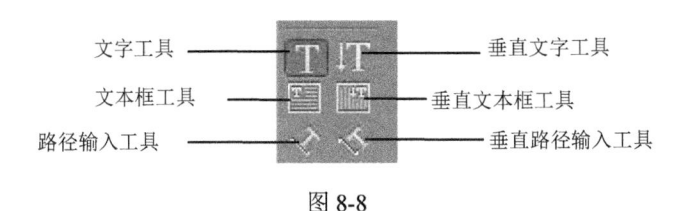

文字工具 ——— 垂直文字工具
文本框工具 ——— 垂直文本框工具
路径输入工具 ——— 垂直路径输入工具

图 8-8

(3) 在字幕创建窗口内的任意位置上点击并拖动光标后释放，然后在另一位置点击再拖动，"字幕组件"自动在两个定位点之间创建出曲线路径。这样反复操作，直到路径输入完成，如图 8-9 所示。

该操作创建出带手柄的定位点，用这些手柄定义曲线特性。

提示：可以添加任意多带手柄的定位点。选择删除定位点工具，再点击定位点就可以删除它。

(4) 点击"钢笔"工具，可点选移动定位点，还可以在定位点上拖动手柄进行曲线调整，直到满意为止，如图 8-9 所示。

图 8-9

(5) 在新创建的边界框内的任意位置点击,这将在曲线的起始处放置一个闪烁的文字光标。根据需要输入一些文字,如图 8-10 所示。

提示:要熟练掌握路径输入工具,请反复练习路径字幕的制作。

(6) 再给视频轨添加内容后如图 8-11 所示。

图 8-10 　　　　　　　　图 8-11

8.4 创 建 图 形

上面学习了利用模板创建图文混合的字幕,其模板中的图形也可以用图形创建工具绘制。

(1) 基本"图形绘制"工具如图 8-12 所示。

(2) 从"图形绘制"面板中选取一种,拖动和绘制轮廓,然后松开鼠标,如图 8-13 所示。

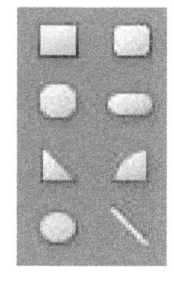

图 8-12 　　　　　　　　图 8-13

159

(3) 选取"矩形"工具(快捷键是 R)，在"字幕组件"窗口中拖动光标，创建"矩形"。
(4) 在另一个位置按住 Shift 键拖动光标，约束该形状的宽高比，创建"正方形"。

提示：按下 Shift 键创建的形状具有一些特点：圆形、正方形、直角三角形和圆弧。要保持所创建形状的长宽比，在调整该形状前要按住 Shift 键。

(5) 点击"选择"工具，在"字幕组件"窗口中拖动光标，框选这两个对象，按 Delete 键删除。
(6) 选择"圆角矩形"工具，按住 Alt 键拖动，从中心绘制出"圆角矩形"，如图 8-14 所示。

提示：该形状的中心保持在第一次点击鼠标时的那个位置，拖动光标时，形状和大小会围绕着这点改变。

(7) 选取"切角矩形"工具，按住 Shift 和 Alt 键拖动，约束长宽比，并从中心开始绘制。
(8) 选取"圆弧形"工具(快捷键是 A)，拖出"圆弧"。
(9) 点击"三角形"（Wedge）工具(快捷键是 W)，对角、向上或向下拖动。拖动时可以水平或垂直方向拖曳该形状，如图 8-14 所示。

提示：如果要在拖曳形状后翻转它，请使用选择工具，沿着想要它翻转的方向拖角点即可。

(10) 框选这 4 个对象，按 Delete 键删除。
(11) 选取"直线"（Line）工具 (L)，创建一条"直线"。
(12) 选择"钢笔"工具，点击创建"定位点"。
(13) 再次在"字幕组件"窗口中点击，结束这段直线 (Shift+ 点击可以将直线的角度限制为 45°)。这样就创建了另一个"定位点"。
(14) 继续点击"钢笔"工具，创建更多的直线线段。添加的最后一个定位点看起来像一个大正方形，这表示它被选中。
(15) 以下面其中一种方法结束该路径的绘制：

① 封闭路径，将钢笔工具移动到第一个定位点上，当它位于第一个定位点正上方时，在钢笔指示器下方出现一个圆形，如图 8-15 所示，点击完成连接。

图 8-14 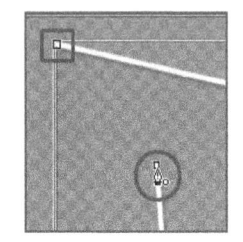　　　　　　　　图 8-15

② 如果要保持路径开放，在所有对象外的任意地方按下 Ctrl+ 点击，或选择工具面板的不同工具。

8.5　滚动字幕

用字幕组件可以为片头和片尾创建滚动字幕。
(1) 新建一项目文件，命名为"滚动字幕"。
(2) 选择"字幕"→"新建字幕"→"默认滚动字幕"，将其命名为"滚动字幕"，点击"确定"。

(3) 选择"文本框输入"工具，拖一矩形区域，输入所需要文字。

(4) 改变"字色"、"字体"、"行距"，给字加白色描边、黑色阴影，界面如图 8-16 所示。

图 8-16

(5) 点击"滚动"/"游动"（选项）按钮，如图 8-17 所示。

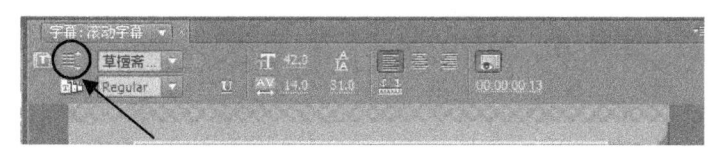

图 8-17

提示：选择滚动字幕后，字幕设计组件（Titler）自动沿着右侧添加滚动条，这样就可以看到超出屏幕底部的文本。如果选择游动 (Crawl) 选项，滚动条会出现在屏幕底部，这使我们能够看到超出屏幕边缘的文本。

(6) 按下"滚动"/"游动"（选项）按钮，弹出窗口，如图 8-18 所示。它有以下几种选项：

① 开始于屏幕外：选择字幕是完全从屏幕外开始滚入，还是让最上方的文字从屏幕上方或屏幕的一侧开始。

图 8-18

161

② 结束于屏幕外：指出字幕是否完全滚动出屏幕。
③ 预卷：指出第一个字出现在屏幕上之前的帧数。
④ 缓入：指出第一个字出现前的帧数。
⑤ 缓出：滚动或游动字幕末尾处放慢字幕的帧数。
⑥ 后卷：滚动或游动字幕结束后播放的帧数。
⑦ 向左游动/向右游动：游动方向（滚动字幕始终向屏幕上方移动）。

(7) 选取"开始于屏幕外"，在缓入中都输入"25"帧。

(8) 关闭"字幕组件"。

(9) 将新创建的"滚动字幕"拖放到该视频剪辑时间线的"视频2"轨上。

(10) 按下"空格"键，查看滚动字幕效果，如图 8-19 所示。

(11) 通过播放，发现字幕滚动太快，通过改变字幕长度来调整字幕播放速度，直到效果满意为止。

提示：滚动或游动字幕的默认长度是 5 秒。通过改变该字幕剪辑的长度，达到改变字幕的速度。

下面我们给字幕加上一层半透明背景，使字幕看起来更精致。

(12) 双击"滚动字幕"，在打开的编辑窗口中选择"矩形绘图"工具，从字幕对象上部开始创建一矩形，一直向下延续到滚动字幕尾。

(13) 将其"颜色"设置为"白色"，"透明度"设为"50%"，完成后关闭窗口，如图 8-20 所示。

图 8-19 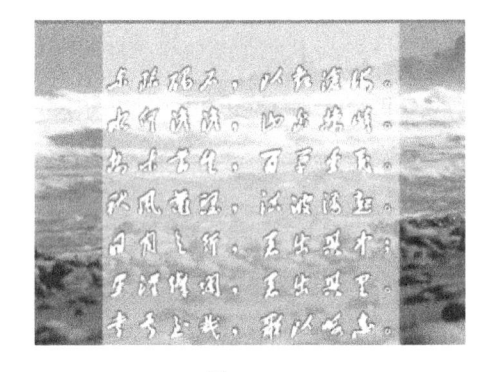　　　　　　　　　　　图 8-20

8.6　游 动 字 幕

游动字幕在当前新闻节目中经常出现。如最新的新闻事件信息在屏幕下部从左至右滚动播出。

(1) 接着滚动字幕的例子，做游动字幕。

(2) 选择"字幕"→"新建字幕"→"默认游动字幕"，将其命名为"游动字幕"，点击"确定"。

(3) 选择"文本框输入"工具，在屏幕下部拖一"矩形区域"，输入所需要文字。

(4) 本例中只想让一行文字滚动，因此将文字排列成一行。将右边缘句柄向右拖动，直到文字排成一行为止，如图 8-21 所示。

图 8-21

(5) 然后调整"字色"、"字体",给字加"黑色描边",界面如图 8-22 所示。

图 8-22

(6) 点击"滚动/游动"(选项)按钮,选中"左游动"、"开始于屏幕外"、"结束于屏幕外",在"缓入"中输入"5"后"确定"。

(7) 将"字幕"拖动到背景素材上一轨道,然后播放序列,查看并调整速度,如图 8-23 所示。

图 8-23

8.7 光泽、描边、阴影和填充

Premiere Pro CS4 提供了众多内置模板,我们可以通过反向解析其中的字幕模板,学习怎样使用字幕组件的特效。与样式不同,模板是背景图片、几何形状和文字的组合。它们以多种方式组合,在任何节目中都可以灵活组合应用,大大提高节目制作的效率。

(1) 新建一项目后选择"字幕"→"新建字幕"→"基于模板"。
(2) 尽量多打开些模板文件夹,逐一点击各种模板查看效果。
(3) 打开"屏幕下方三分之一"(Lower Thirds)文件夹,选取"屏幕下方三分之一 1026"(Lower Third 1026),点击"确定",如图 8-24 所示。

提示:选择的该模板具有一系列特效:4 色渐变、透明度、光泽、描边和阴影。

(4) 点击"选择"工具(快捷键 V),将光标移动到模板上。

此时会出现边界框,显示出这个字幕的 3 个组件:Title One 文字、一个褐色和黄色矩形以及黑色矩形。

(5) 依次将每个边界框向屏幕上方拖动来拆分模板,以便看到该模板的 3 个组件。拖动后的"Title"如图 8-25 所示。

(6) 拖动"褐色"和"黄色矩形"的顶边,展开它,在"字幕属性"面板中显示其"属性",如图 8-26 所示。

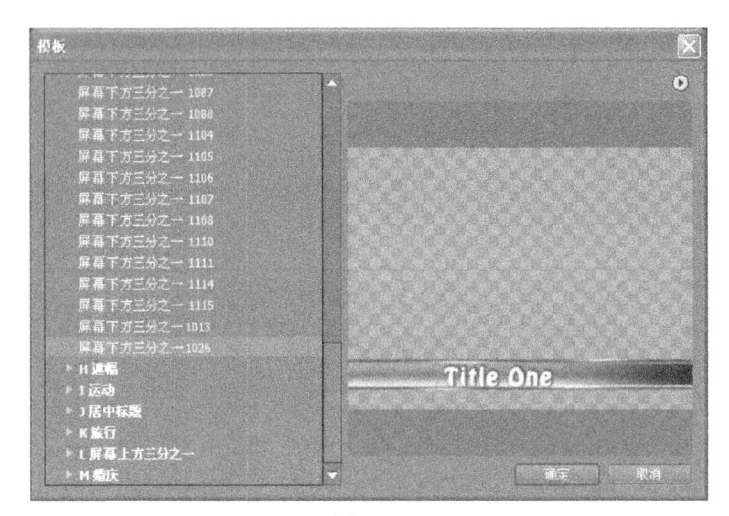

图 8-24

图 8-25

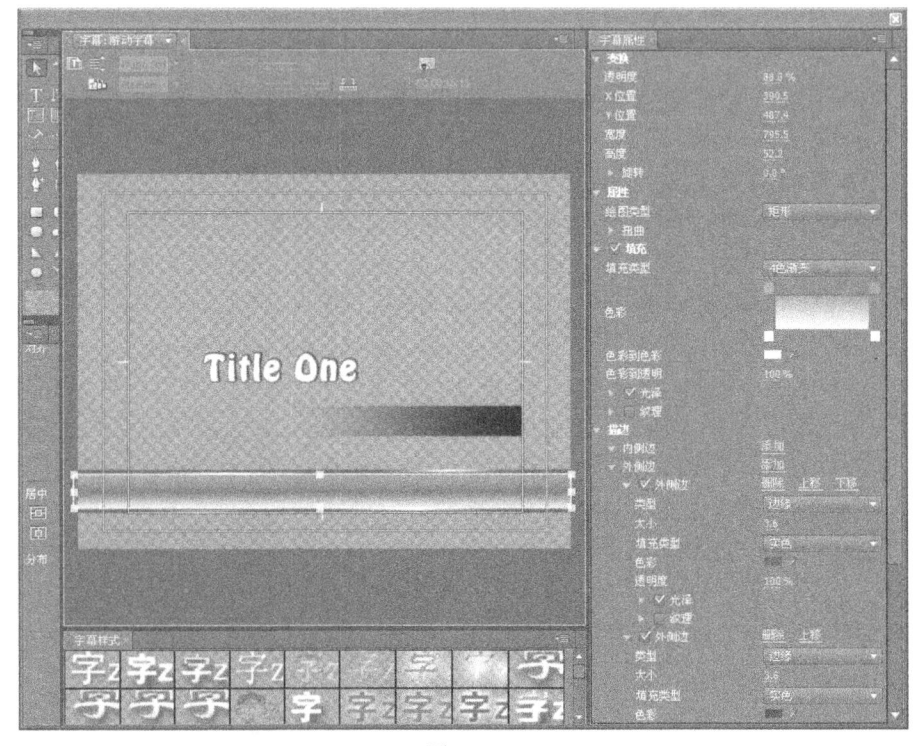

图 8-26

(7) 向下展开"填充"、"光泽"、"描边"和"外部描边",如图 8-26 所示。
(8) 打开"填充类型"下拉列表,依次点击每个选项,比较各自的效果。
(9) 双击"4 色渐变"的 4 个色标框中的一个或两个,打开"拾色器"(Color Picker)。选取新的颜色,如图 8-27 所示。

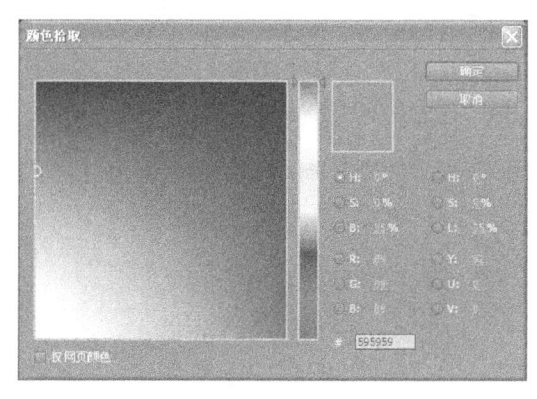

图 8-27

(10) 点击每个色标框,改变"不透明度"设置,修改"色标不透明度"。
(11) 在"光泽"(Sheen)色框上单击,改变其"颜色"(Color)、"不透明度"(Opacity)、"大小"(Size)、"角度"(Angle)和"偏移"(Offset)。
提示:光泽是一种具有柔和边缘的颜色,一般水平地贯穿形状或字幕。
(12) 展开"描边"项,其下有"内侧边"和"外侧边"。
(13) 将两个"外部描边"的尺寸修改为"25",如图 8-28 所示,清晰地显示出应用的光泽效果。

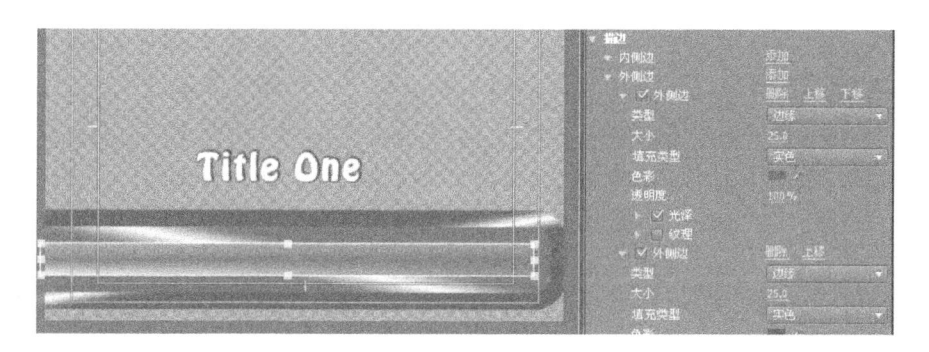

图 8-28

(14) 点击"内部描边"旁边的添加,打开"内部描边属性"。
(15) 选取"内部描边"复选框,打开其参数,然后改变其大小,填充类型、颜色和不透明度。
提示:向对象添加光泽或阴影很简单。只要在字幕设计窗口中选择对象,选取正确的属性框,调整参数即可。
(16) 点击"Title One"文字对象选中它。
(17) 打开"阴影属性"。
Title One 没有明显的阴影,因为该阴影大小只有"2",看起来更像外部描边。
(18) 改变所有参数,观察阴影效果的变化。请看图 8-29 中给出的例子。增大"扩散值",会使阴影效果显得柔和。

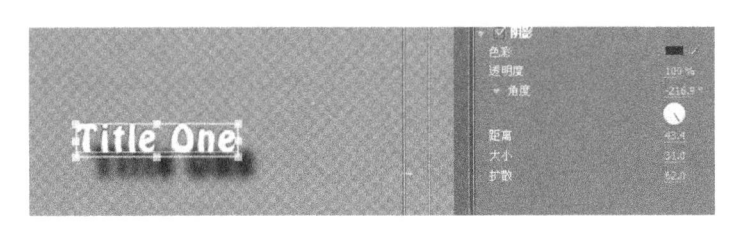

图 8-29

(19) 选择"黑色矩形",观察其"4 色渐变"。

模板的设计者把左边色彩到透明的值设为 0%(完全透明),右边色彩到透明的值设为 100%(不透明)。这样,黑色矩形的不透明度逐渐改变,使字幕显示效果更生动,如图 8-30 所示。

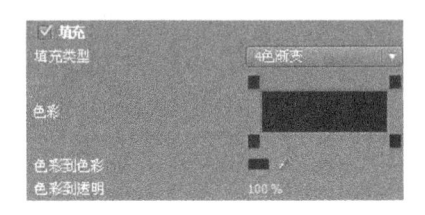

图 8-30

建议打开新的字幕,选择样式,绘制一个对象,应用几种截然不同的样式。然后打开填充、描边、阴影属性,对每个对象做修改。创建新的外部描边和内部描边,加入阴影,选取纹理复选框,添加任何图形图像或 Photoshop 文件,增添文字或对象的实际效果。

现在,你可以给前几章所进行的剪辑项目加上合适的字幕,比如给宝宝的电子相册加上注解和祝福的话,再给风光欣赏加上简单的介绍文字,把它做成左飞(向左游动)字幕。通过反复的使用字幕设计组件,将更能体会到它的奥妙所在和巨大的创造力。

【小结】

字幕是影视节目创作不可缺少的一部分,它与画面、声音、特效等其他元素共同构成了完整的影视作品。本章详细介绍了在 Premiere Pro CS4 环境下标题字、滚动字、游标字以及字幕特效的创建,使学习者在编辑节目时能够充分运用字幕元素。

【习题】

1. 字幕的表现形式有哪些?
2. 如何创建滚屏?
3. 如何修改字幕模板?
4. 如何绘制出圆形和正方形?
5. 如何给字幕和图形添加特效?

第 9 章　编辑音频

【学习目标】

1. 了解影视节目中的各类音频元素。
2. 掌握录制旁白的方法和注意事项。
3. 掌握调节音频音量的方法。
4. 理解混音的原理并掌握混音的方法。
5. 掌握 Premiere Pro CS4 中调音台的使用。
6. 学会应用 Premiere Pro CS4 中各类音效。

【知识导航】

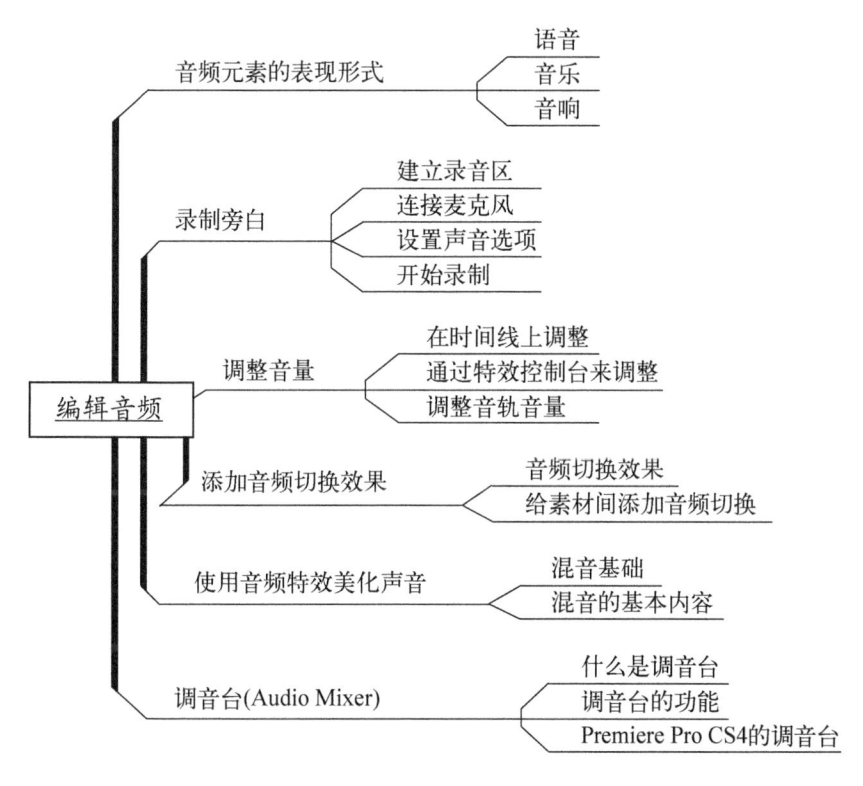

```
                              ┌─ 语音
           音频元素的表现形式 ─┼─ 音乐
           │                  └─ 音响
           │
           │              ┌─ 建立录音区
           │              ├─ 连接麦克风
           录制旁白 ──────┤
           │              ├─ 设置声音选项
           │              └─ 开始录制
           │
           │              ┌─ 在时间线上调整
  编辑音频 ─ 调整音量 ────┼─ 通过特效控制台来调整
           │              └─ 调整音轨音量
           │
           │                      ┌─ 音频切换效果
           添加音频切换效果 ──────┤
           │                      └─ 给素材间添加音频切换
           │
           │                        ┌─ 混音基础
           使用音频特效美化声音 ────┤
           │                        └─ 混音的基本内容
           │
           │                      ┌─ 什么是调音台
           调音台(Audio Mixer) ───┼─ 调音台的功能
                                  └─ Premiere Pro CS4 的调音台
```

　　音频元素与视频元素构成了影视艺术，音频是影视创作很重要的组成部分。Premiere Pro CS4 在音频方面的功能强大，它有一个内置的调音台，可以与专业录音中的硬件设备相媲美。利用调音台可对单声道、立体声和 5.1 环绕声进行编辑，支持声音录制功能。支持多种声卡和许多音频特效插件，支持特定取样率的编辑以及多轨编辑，兼容多种音频格式。Premiere Pro CS4 中的音频符合两个音频专业标准：ASIO 和 VST。利用这些功能可以让音频处理达到更高的层次。

9.1 音频元素的表现形式

声音作为一种与画面并列且密切相关的元素成为影视作品中不可缺少的重要组成部分。在无声电影时代，影片故事情节较简单直观，观众完全可通过画面"猜出"影片中的人物在说什么，背景中大概会有什么声音。自从声音加入到影片后，使影片在铺陈故事情节、塑造人物形象、揭示人物的内心世界等方面取得了更大的发展和进步。

好莱坞中国元素大片 KongFu Panda（功夫熊猫），其逼真的音效设计和感人的音乐创作为影片增色不少，使得感染力本来较弱的二、三维动画片充满了人性化和真实感。该片导演史蒂芬森说："平庸的音效设计将会使影片中的各个动物角色的表现好似填充物在互相打斗，因此片中的音效不但要逼真，而且需要强化武打动效。"最后，导演决定由曾为《变形金刚》、《魔戒》和《金刚》等大片设计音效的伊森凡德莱恩和艾瑞克艾铎来执掌本片声音设计。正是由于《功夫熊猫》融合了逼真而多样的声音元素，为整部电影增色不少。

影视作品中的音频表现形式多种多样，归纳起来，影视作品中的声音主要包括语音、音乐和音响。语音包括对白、独白、旁白、群白等；音乐可以是有源音乐，也可以是无源音乐；音响包括动作、自然、机械、军事、动物、交通、特殊音响等。

9.1.1 语音

语音是影视作品中由人类或非人类角色发出的有声语言，起着叙事、交待情节、刻画人物性格、揭示人物内心世界、论证推理和增强现实感等许多作用，根据影视作品中语音的艺术属性，可将语音进一步分成对白、旁白、独白、群白4类。

1. 对白

对白又称对话，是影视作品中两个以上的角色之间的语言交流。对白是与角色的肢体动作相对应的，所以又称为言语动作。

对白是影视作品中最直接表达思想的语音元素，不仅能直接把语义清楚地表达出来，还能体现出角色的性格、身份、生活环境，以及角色的相互关系、态度、情感等。

2. 旁白

在影视作品中，一般以第三人称的议论和评说来叙述和说明事件的发展脉络。如说明事件发生的地点、时间和时代背景，介绍人物及人物关系等。这种第三人称的议论和评说就是旁白。

影视作品的旁白分为两种：一种是在影视作品中主要以第三人称出现，对影视作品中的某个事件、某个（些）角色进行解释和评论；另一种是在纪录片、新闻片、科教片和广告片中出现的议论、评说或提示声，又称为解说。解说在配合画面、传递信息、塑造形象、渲染气氛、抒发情感、介绍知识、组接画面等方面起着重要作用。

3. 独白

独白就是各种角色在影视作品中的独自说话，主要用来表现角色的情绪活动。影视作品中的独白主要有两种形式：一种是角色自我交流性的独白，如日常生活中的自言自语；另一种是与其他角色做陈述性交流的独白，如答辩、做报告等单向交流。

4. 群白

群白又称群声、群杂或背景人声。是由处在画面次要或背景位置，不是在主体位置的若干群众角色进行交流时发出的各种语音。

群白在影视作品中的主要作用，是表现故事情节和环境气氛。

9.1.2 音乐

音乐是通过有组织的乐音所形成的艺术形象，表现人们的思想感情，反映社会现实生活的艺术形式。音乐用它自己独特的语言，即音的高低、强弱、长短等变化，来表现人类的一切情感。虽然音乐所表现的思想不能像文字那样具体、准确，不像绘画那样清晰可见，然而它在感情上的概括能力是任何其他艺术所不及的。

在影视作品中，音乐对于突出主题、渲染画面情绪、加强作品的艺术感染力、调节气氛、消除疲劳、加深记忆、提高传播效果等方面，都具有积极的作用。

现在各种乐器演奏的乐曲、歌曲以及各种风格、各种类型的音乐都可能被用于影视作品的音乐艺术创作中去。

根据影视作品内容中有没有音乐声源，音乐可以分为有源音乐和无源音乐两类。

1. 有源音乐

有源音乐亦可称为客观音乐、真实音乐、现实音乐或具体音乐，是指音乐的原始声源出现在画面所表现的事件内容之中，使得观众在听到音乐声的同时也能看到声源的存在。如影片角色的唱歌或乐器演奏；电视机、收音机或录音机等家用电器正在播送的音乐等。

也有一些影视作品，观众在画面场景中并不能看到音乐的声源，但是通过演员的表演动作或是经过录音师的精心设计和音色处理，使得观众感觉到画面场景有具体的音乐声源存在，这也属于有源音乐的范畴。比如一个饭店的大堂场景里所播放的背景音乐，往往会被观众理解为有源音乐；一个盛装舞会的动感舞曲也可以让观众感觉到有源音乐的存在。这是因为这些音乐的音色可以使观众联想起自己的生活体验。有源音乐的使用可以增强影视作品的生活真实感。

2. 无源音乐

无源音乐亦可称为主观音乐、虚拟音乐、情绪音乐或抽象音乐，是指从画面上见不到或感受不到有原始声源的音乐。它的存在和画面内容情绪有关。

无源音乐不像语言般的语意清晰和直截了当，然而却可以起到含蓄、煽动情绪和感人的功效。它往往是来自影视作品的作者——导演和作曲家对事件内容的内心感受，根据角色性格的塑造和渲染情绪气氛的需要而精心设计创作出来的。

无源音乐的风格、样式、主题、旋律、节奏和时值的变化大都与画面所表现的内容情绪有关，它起着解释、充实、烘托和评论画面内容的重要艺术作用。

9.1.3 音响

一般来讲，音响是指除语音、音乐之外的其他声音的统称。宇宙万物处在不停的运动之中，它们表现出各种各样的自然形态，既焕发出各种不同的异彩，又鸣放出各种不同的声音。所以从音响的含义可知，大自然和生活是艺术之源和音响之源，它的范围非常广泛，几乎涵盖了自然界中现在的所有声音和非自然界的声音。

音响在影视作品中的作用是增加画面叙事内容的生活气息、烘托剧情气氛、扩大观众视野、赋予画面环境以具体的深度和广度。在影视作品创作中，音响不只是重复画面上已出现的物体的发声情况，而且是作为剧作元素进入到影视音频创作的结构中，成为影视音频创作的重要手段。

在实际应用中，根据音响的发声属性，通常可将音响分为动作、自然、机械、军事、动物、交通、特殊等若干类；根据音响的作用，可分为主要音响和次要音响（又称背景音响）；根据音响的录制状态，可分为同期音响和资料音响；根据音响的功能，可分为细节音响和环境音响等等。这些分类并不是绝对的,目的仅仅是为了在工作中容易将各种音响声音区别开。

1. 动作音响

动作音响是指影视作品中各种角色(人)进行各种活动时发出的声音,又被称为动作效果(简称动效)。如脚步声、开关门窗、搬运家具、吃饭的碗筷声等等。

动作音响是角色的动作声,所以它必须和角色的动作形态相吻合,即和角色的动作保持声画同步关系。

2. 自然音响

自然音响是指自然界中存在的、非人类力量的作用而产生的声音,主要用于表现影视作品中事件、故事发生地的环境气氛。如山崩海啸、火山爆发、风雨交加、电闪雷鸣、虫鸣鸟叫、小桥流水、大河奔流以及空气声等等。

3. 机械音响

机械音响是指机器工作时所发出的各种声音。如工厂机器轰鸣声、汽车马达声、门铃声、洗衣机转动声以及钟表滴答声等等。有时候这类声音根据在影视作品中的用途可以构成各种环境音响。

4. 军事音响

军事音响又可称为战争音响,它是指和战争有关的各种军事装备、武器发出的声音。如枪炮声、炸弹爆炸声、子弹呼啸声、战斗机轰炸和俯冲声以及军舰或战车轰鸣声等等。

5. 动物音响

动物音响是指自然界中各种动物发出的声音。包括飞禽、走兽、鱼类、昆虫等发出的各种鸣啼、吼叫、扑翅和活动的声音。

6. 交通音响

交通音响是指由各种交通工具发出的声音。如飞机、火车、船只、车辆等发出的声音。

7. 特殊音响

特殊音响是指影视作品中各种特殊的、古怪离奇的声音,即超自然声音。如飞船在真空中运动时的声音,远古时期的恐龙叫声等等。通常这些特殊的音响需要通过电子设备和音频软件对各种原生态的声音进行变音加工处理后才能得到。

9.2 录制旁白

在影视节目创作中,要用到大量的素材。这些素材可以通过购买、网站下载、录制等方式获取。对于音乐,可以购买版权音乐或自己创作;音响素材可通过购买音响素材库获得或在网站上下载使用,也可以录制真实音响;对于无源音响可以通过电脑软件创作;语音的获取只能进行现场录制或者进录音棚录制。

凡是购买或下载到的数字音频素材,都可以拷贝进硬盘,作为音频素材直接导入进 Premiere Pro CS4 中使用,方便且高效。但如果要使用旁白,就不得不进行录制了。

9.2.1 建立录音区

1. 选择录音场所

要给作品录制解说,就需要一个安静而且能够隔绝外界声音的地方。最好去录音棚,但如果觉得代价太大,可以选择普通房间,最简单的布置方法就是在墙角悬挂厚毛毯或隔音棉,隔出一块区域作为临时的录音区。如果能把一个小房间的四面都挂上毯子就更理想了。

如果把毛毯挂在房子的一角，要把麦克风指向这角，录音人员坐在麦克风和毛毯之间，背朝毛毯的方向说话。这样麦克风就像摄像机一样，对着录音人员和悬挂着的吸音毯。

2. 尽可能地降低干扰

在录音前，尽可能将外界的干扰降低。如室外的各种嘈杂声音、手机的干扰、室内电风扇的干扰等，都可能给录音工作带来麻烦，因此在录音前，很有必要关好窗户拉下窗帘，将手机和能产生噪声的电器关闭。如有必要，在夜晚进行录音是一个不错的选择。

Premiere Pro 与其他音频编辑软件一样，都能提供降噪这一基本功能，就是将不可避免的噪声降低。但理论上讲，降噪会在一定程度上影响音质，所以在一般情况下尽可能避免降噪，如果噪声严重影响到了音乐或音频的质量，降噪则是必需的工作。在进行降噪操作时，要求调音师戴上耳机，分别单独播放每一个音轨来捕捉其中的每一个细节，来进行降噪和其他方面的处理。

9.2.2 连接麦克风

把麦克风连接到 PC 机的声卡，就可以使用 Premiere Pro CS4 把一段解说直接录制到项目中。

1. 认识声卡接口

(1) Mic。

Mic 是英文 Microphone 的前三个英文字母，也就是我们平时所说的"话筒"。Mic 在声卡上是指 Mic in，指话筒输入。通过该接口，话筒与声卡相连接，人声（声波）被话筒转为电信号送入声卡，进行数字化处理。

(2) Line in。

Line in 即线路输入，它是相对于 Mic 输入而言的。如果将音频设备，如"DVD"、"VCD"、"CD"等作为音源，由它们传输声音信号到声卡，则需要用音频线将音源设备的 line out 接口与声卡的 line in 接口相连。

2. 正确连接麦克风

把麦克风正确地连接到声卡接口（通常标有"Mic"或有一个麦克风标志，一般为粉色接口），如图 9-1 所示。

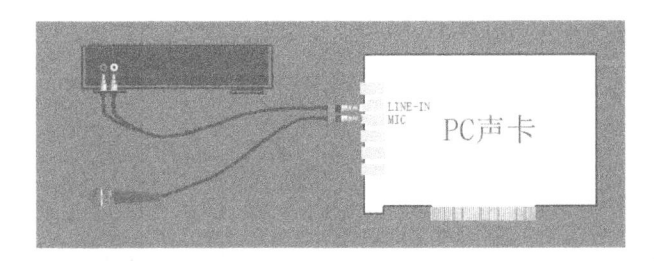

图 9-1

正确连接好麦克风后，还需要准备一个好耳机，用它来监听实际录制的声音情况。

9.2.3 设置声音选项

(1) 在任务栏右下角找到小喇叭图标，右键单击，选择"调整音频属性"，如图 9-2 所示。

(2) 在打开的窗口中选择"音频"选项，可以选择"录音"的"默认设备"和"声音播放"的"默认设备"，如图 9-3 所示。

图 9-2

图 9-3

(3) 在打开的窗口中选择"音量"选项,在"设备音量"栏单击"高级"按钮,在打开的"主音量"窗口中执行菜单"选项"→"属性",如图 9-4 所示。"主音量"窗口因声卡的不同而有不同的显示内容,默认的是声卡所带的所有的输出接口。

(4) 在打开的"属性"窗口中,找到"混音器"选项,选择"输入设备",即可出现"录音"选项,在音量控制列表里,找到"麦克风音量"控制项,并勾选,如图 9-5 所示。

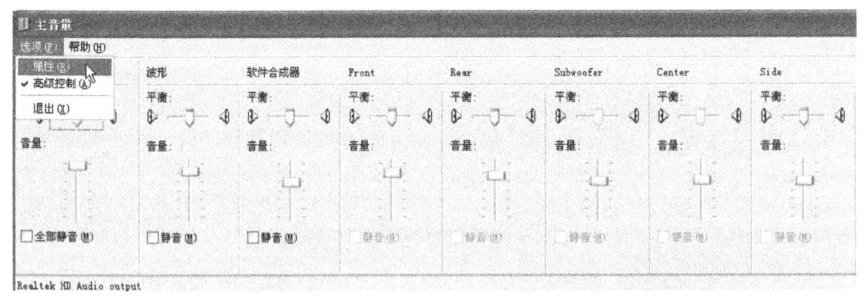

图 9-4   图 9-5

(5) 在默认情况下,混音器中的默认设备是某一输出设备,在调节音量选项框中选中的是播放,显示下列音量控制中列出的是输出设备和接口。使用它可以调节计算机声卡所播放声音的音量、平衡、低音、高音设置(通常高级声卡才有高音与低音控制)。也可以使用它调节系统声音、麦克风、CD 音频、线路输入、合成器和波形输出的音量大小级别。现在要进行录音调节,所以将混音器中的默认设备改为输入设备,则调节音量选项框中的是录制,相应地显示下列音量控制中列出的是输入设备和接口。以上内容在窗口中的显示方式因声卡不同也略有差异,但基本设置方法一样。

(6) 按"确定"按钮后,完成了麦克风这一音源的选择和添加,在打开的"录音控制"中找到"麦克风音量"栏,勾选其左下角"选择"项,并用鼠标左键上下拖动音量滑柄来调整麦克风输入端的音量大小。平衡滑块是用来调整各输入音源声像的,如图 9-6 所示。

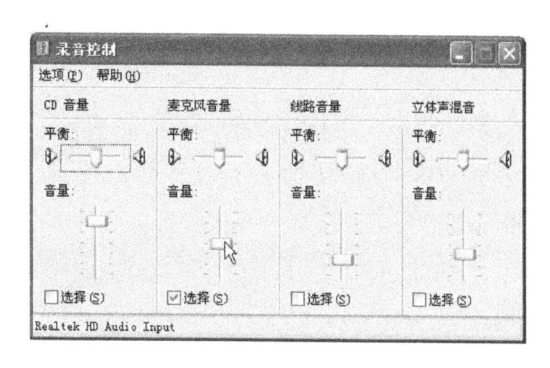

图 9-6

录音控制有 4 项内容，也就是说录音有 4 个途径可选。一是 CD 音源，选择它就可以使用电脑上的 CD/DVD 光驱录音，只要将光驱上的音频输出接口与电脑声卡内部的 CD IN 输入端相连接，就可以利用电脑直接录制光驱中所播放光盘的声音。二是麦克风音源，即话筒，也有些声卡显示为 MIC，选择它就可以录制来自麦克风的声音，可以是人声、自然界的声音，只要麦克风接收到的声音，都可以录制。三是线路音源，选择线路音源就是以线路作为录音的输入音源，线路输入可以最大限度地保证声音的质量，如 CD/VCD/DVD 机等大多数音频播放设备均带有线路输出接口 Line Out，用音频线将其与电脑声卡的 Line In 相连，就可以用线路为音源进行录音了。四是立体声混音，英文名是 Stereo Mix，又称立体声混音器录音音量控制，一旦选择它，软件将录制系统发出的所有声音，即主音量（播放控制台）里所有没有被静音的设备。这种录音方式通常叫系统内录，即将声卡处理中的所有声音作为音源来进行录制。

提示：使用麦克风作为音源录音，最好使用耳机来监听。如果使用音箱监听，音箱发出的音又会被麦克风拾取，这样会干扰录音工作，影响录音质量，甚至形成"自激"而产生"啸叫"声。

9.2.4 开始录制

下面以录制余光中先生的乡愁为例来说明 Premiere Pro CS4 中调音台的录制音频的方法。
(1) 启动 Premiere Pro CS4，新建一项目并命名为旁白。
(2) 选择"编辑"→"参数"，检查确认音频默认设备就是当前麦克风所连接的声卡硬件。
(3) 点击"调音台"面板，调出"序列 1"的调音台界面，如图 9-7 所示。

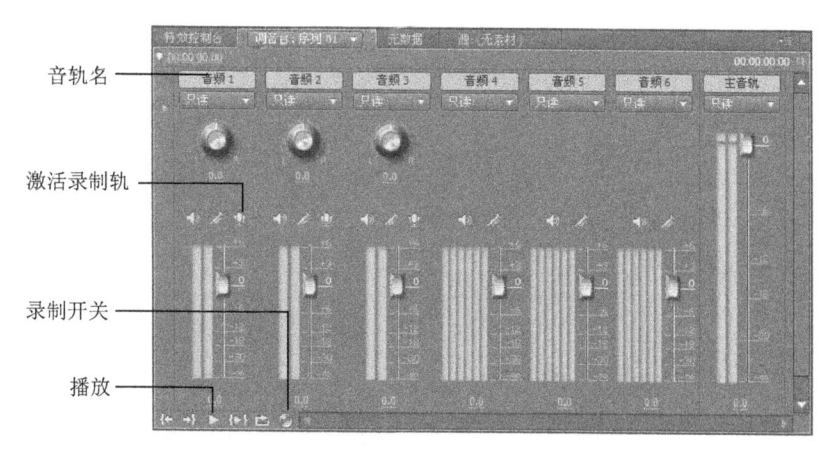

图 9-7

(4) 本例准备将音频录制进"音频1"轨，因此按下调音台中"音频1"轨中的"激活录制轨"按钮。

(5) 按下录制开关，进入录制状态，再按播放键，开始录音。

(6) 对着麦克风朗读全文，朗读过程中如有口误，可稍作停顿，将该句重新朗读一遍。调音台录制状态如图 9-8 所示。

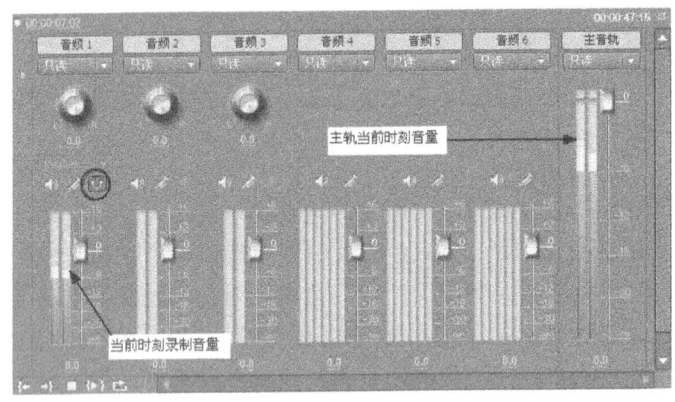

图 9-8

(7) 录制完成后按"停止"开关，这时我们注意到项目窗口出现了一个"音频 1.wav"文件，并且系统自动将此音频文件添加至时间线的"音轨 1"上。

(8) 按 Home 键，再按"空格"键对刚才录制的音频进行播放试听。

(9) 打开"旁白.prproj"项目文件，试听素材目录中的录音及音轨设置情况。

提示：一般将录制轨设置为单声道，这样可以成倍减少文件的容量。

在 Premiere Pro 中，音频编辑和视频编辑方法基本相同，这里不再赘述。

9.3 调整音量

有时需要降低或提升整个剪辑或部分剪辑的音量。比如，在一段视频剪辑中，解说开始时可能要将现场声降低一半，或者在剪辑的开始处逐渐增大音量，或者在解说一段完成时逐渐增大采访的音量。因此，音量调整在音频处理中是一项很频繁的工作。

9.3.1 在时间线上调整

(1) 打开素材目录下"调整音量.prproj"项目文件。

(2) 展开"音频 1"轨道左侧三角形按钮，扩展轨道视图，如图 9-9 所示。

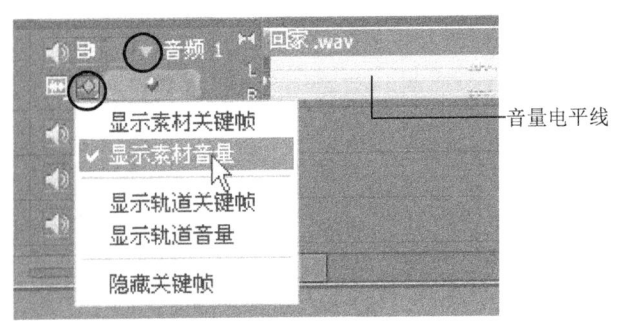

图 9-9

174

(3) 点击"显示素材音量"按钮，音轨波形块左、右声道之间出现一条水平的黄色细线，这就是本素材的音量电平线，如图 9-9 所示。

音量电平线的高低代表着音量电平的大小，因此可以通过调整音量电平线的高低来调整素材音量的大小。这样就能够在时间线上编辑剪辑的音量。

(4) 为了方便观察，将鼠标移到时间线音频属性面板"音频 1"和"音频 2"之间，待鼠标指针形状出现上下箭头时，向下拖动，可纵向放大"音频 1"视图，如图 9-10 所示。

(5) 将鼠标悬停在音量电平曲线上，直到它变成垂直调整工具光标为止，之后上、下拖动这条黄色细线，即可改变素材音量大小，如图 9-11 所示。

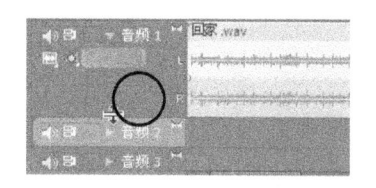

图 9-10 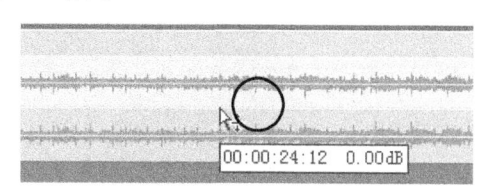　　　　　　　　　　　　　　图 9-11

鼠标停留在电平线上会显示当前鼠标的位置及音量大小值。

提示：dB(分贝)读数会反馈音量的变化(无论原来剪辑的实际音量是多少，默认的起始值是 0dB)。要实现精确地移动可以用效果控制（Effect Controls）面板中的音量（Volume）特效来实现。

(6) 按下 Ctrl 键，沿着音量电平线间隔均匀地点击 4 个位置，在音量线上添加 4 个关键帧，如图 9-12 所示。

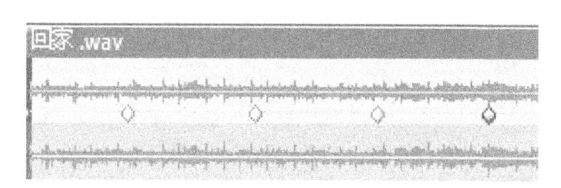

图 9-12

(7) 把第 1 个关键帧和最后一个关键帧分别拖到最左边和最右边，把这些关键帧放置到剪辑的首帧和尾帧上，可配合视图缩放条进行，如图 9-13 所示。

(8) 把第 2 个关键帧和第 3 个关键帧分别向左、右拖动到大约距起点"10 秒"和距终点"20 秒"的位置。

(9) 把开始和结尾处的两个关键帧向剪辑视图的底部拖动，创建出渐强和渐弱的效果，如图 9-13 所示。

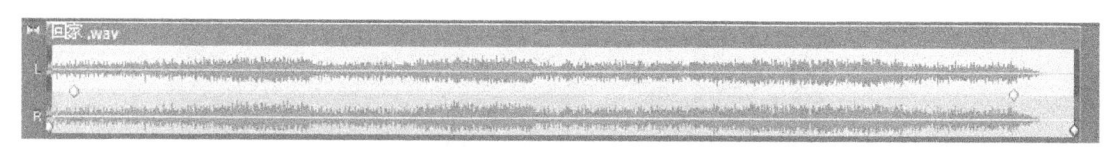

图 9-13

(10) 播放音块的开始和结束部分，听其效果。

(11) 在第 2 个和第 3 个关键帧上单击右键，分别选择"淡入"和"淡出"，如图 9-14 所示。

以上调整音量的方法直观快捷，但精度不高。要想精确控制素材音量电平，就需要在特效控制台上调整。

175

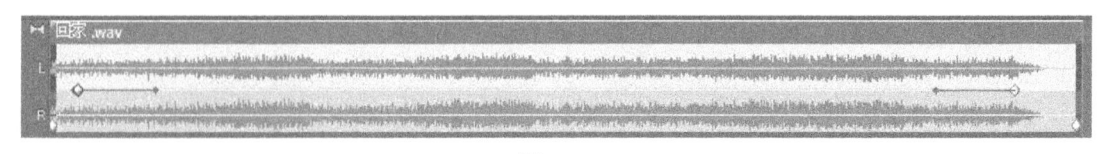

图 9-14

9.3.2 通过特效控制台来调整

(1) 继续在上面的"调整音量.prproj"项目文件上操作。

(2) 点选音频波形块,打开"特效控制台",如图 9-15 所示。

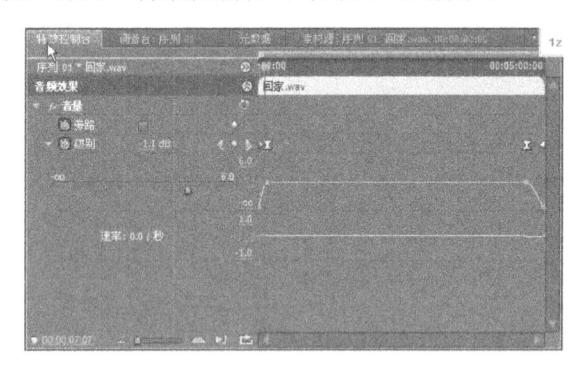

图 9-15

在特效控制台上,初始效果有音量,在这里可以具体精确地调整某一关键帧的电平值,或是输入,或是拖动中间的游标。在这里,旁路对于音量特效来说,在剪辑内的任何位置打开它,就可以恢复剪辑的原来音量,因此用旁路可以随时打开或关闭剪辑中的所有音频特效。

(3) 选择一关键帧,在"电平级别"值上单击,输入相应的调整值,再观察音量电平线的变化。

9.3.3 调整音轨音量

Premiere Pro 提供了方便的音量控制方式,用上面提到的两种方法可以很直观地控制音量。但是如果同一音轨上有多个音频块,要对它们一一进行相同的音量提升或衰减时,用上面的方法就显得有些繁琐,可以利用 Premiere Pro 调音台的功能,来对音轨的音量进行控制,达到控制本音轨所有素材音量的目的。

(1) 调出调音台面板。

(2) 在"音轨 1""音量电平值"上单击,输入"1.5"后回车,再播放,听其调整后的效果,如图 9-16 所示。

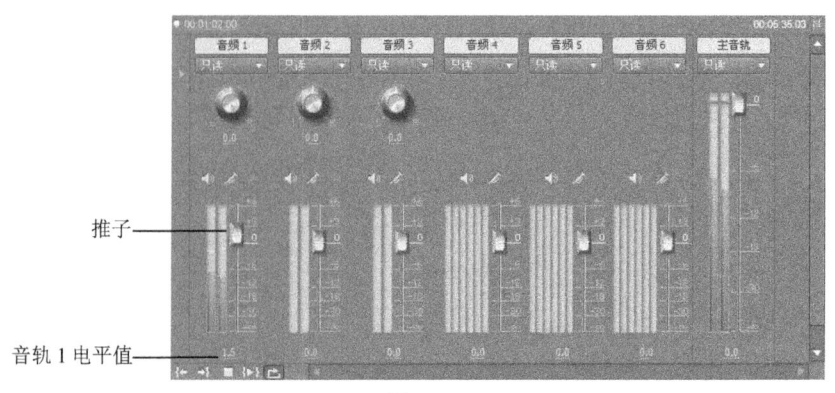

图 9-16

提示：调音台音轨 1 上的音量推子向上推，表示提升本音轨音量电平，反之则衰减本音轨音量电平。也可直接左、右拖动下部的轨道音量电平值进行调整，为精确期间，还可以点击音轨电平值，输入相应的值，正值表示提升、负值表示衰减。如果要对所有音轨音量进行相同量的提升或衰减，可以通过调整调音台上右部的主音轨音量来实现。

9.4 添加音频切换效果

9.4.1 音频切换效果

音频切换不像视频切换有很多的效果。音频切换的主要目的是让两音频的衔接过渡自然，通常被看作是声音的淡化处理。它是录音师们经常使用的一种声音处理过程，主要的目的是要使声音的音量达到平滑的过渡，不至于令人产生音量突然变弱或突然变强的感觉。比如，我们经常听到电视或广播中的音乐从没有逐渐变大的效果，或声音逐渐变小，直到声音消失的效果，都是经过了声音音量渐变处理的，这种处理方法就叫做声音的淡化。最常见的声音淡化的处理包括两种：淡入和淡出。淡入表示音量从 0 达到 100%音量的过程；淡出则表示音量从 100%逐渐变化到 0 的处理过程。

1. 恒定功率

在整个切换过程中，保持功率不变，这是默认的切换方式。

2. 恒定增益

在整个切换过程中，总音量不变。

3. 指数型淡入淡出

由于人耳对声音的听觉特性是接近于对数关系的，当音量从零开始逐渐变大时，人耳对音量变化的听觉最敏感，但当音量增加到一定程度后，人耳对音量的变化显得迟钝。指数型淡入或淡出都使得音量变化从听觉上更平稳、舒适。

9.4.2 给素材间添加音频切换

(1) 打开素材目录下"切换.prproj"项目文件。

(2) 将素材"9-1.aif"拖至"音频 1"轨，由于本素材是单声道音乐，时间线上没有单声道音轨，因此将会在时间线上新建一与素材对应声道的音轨，如图 9-17 所示。

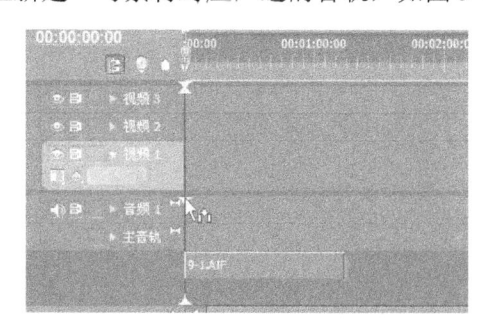

图 9-17

(3) 把素材"9-2.aif"拖至"9-1.aif"后。

(4) 改变素材入出点，按住 Ctrl 键用箭头工具将"9-1.aif"出点左移，"9-2.aif"的入点右移，如图 9-18 所示。

图 9-18

(5) 将效果面板下"音频过渡"目录内的"恒定功率"效果拖至两素材间，如图 9-19 所示。

图 9-19

(6) 单击所加"过渡效果"，在"特效控制台"上可进行效果"持续时间"和"效果位置"的修改，如图 9-20 所示。

图 9-20

(7) 播放过渡部分，听其效果，并反复调整，直到满意为止。
(8) 删除"恒定功率"效果，用同样的方法添加"恒定增益"和"指数型淡入淡出"效果，并进行调整，完成后比较其效果。

9.5 使用音频特效美化声音

大多数项目中会使用原始的、不加修饰的音频，但有时候可能要给它们应用音频特效。如果使用旧磁带中的音乐，则还要使用去噪（DeNoiser）音频特效自动检测和删除磁带中的嘶嘶声。如果在演播室里录制音乐家或歌手的声音，则可以添加回响（Reverb）特效，使声音听起来像是在礼堂或教堂里一样。还可以使用延时（Delay）特效添加回声，用 DeEsser 特效删除嘶嘶声，或者用低音（Bass）特效使播音员的声音更加低沉而有力。要把声音中的这些不足进行修饰、修补，就要进行一系列的调音操作，统称混音。

9.5.1 混音基础

1. 混音的概念

简单地说，混音就是把多个音频内容和谐地合并到一起，各音频成份合在一起后行成一首整体音乐。也就是说把各种乐器单独演奏的效果搬到"舞台上"的指定位置重新演奏，人为控制各种乐器发出的音进行叠加和反射，以模拟出演奏现场的音乐效果，听众就像在欣赏现场音乐会。

通常混音有前期和后期之分。前期是指调整音乐的整体效果,比如将人声和乐器进行 EQ（均衡）调整，对各音轨进行音量和声像的调整，听起来就好像把各个乐器的位置摆好了一样，这样就有了个总体的效果。后期是很重要的一个环节，也就是母带合成，它的任务主要是把混合输出的音乐文件（立体声），在发行前再做一次整体的压缩和检查，以解决各音乐成份混合在一起后的相互影响。这里的压缩不是把音量压小了，而是把整个音频压起来后听上去很平和。最后把合成音乐的 EQ（均衡）再一次调节好。

2. 混音的意义

通过录音，导入音频素材文件等方法，将各种各样的音频波形放置在不同音轨的不同位置上进行播放的时候，特别是当很多声音同时出现的时候，我们会发现它们变得一团糟。尤其是使用均衡对音轨进行不恰当的提升操作，这种过度处理的音轨集中到一起的时候，就会在相同的频率范围内包含太多的内容以至于乱哄哄的一片，听起来非常刺耳、浑浊、不确定。比如，音轨中的某个音频波形音量过高，盖过了其他声音；底鼓的低音不够，使得整首音乐听起来好像飘在空中；音乐中的主音吉他声部和钢琴声部的声音完全"缠"在了一起，听不清楚等等。解决以上这些问题就需要进行多轨混音，来改变所有不协调的声音。

3. 混音的原理

每一种乐器音频频谱只有一定的宽度，而每一种乐器又都要在整个频谱范围内占据其"自己的一块领地"（频段），因此当各个乐器的声音组合到一起的时候，它们将填满整个频谱。例如，一般情况下，混音时要先从鼓组下手，其中一个重要的原因是鼓组中的乐器(从低声部的大鼓到高声部的钗)可以很好地覆盖整个音频频谱。一旦鼓组安排得当，你就可以开始琢磨如何将其他乐器融合进去了。一旦所有的这些元素都"粘合"在一起了，混音工作便完成了。

9.5.2 混音的基本内容

混音的目的就是要让声音听起来舒服，把音频中的不足加以修饰，达到弥补声音不足，美化声音的作用。通常混音内容有低音、高音、延迟、混响、移调、压限。在 Premiere Pro 中，没有哪个特效是破坏性的，也就是说它不会改变原来的音频剪辑。可以向单个剪辑根据需要添加多个特效、并调整参数，最后总体把握，就完成了混音。

(1) 在 Premiere Pro CS4 中打开"美化声音.prproj"项目。
(2) 将单"声道 1.wav"素材拖到时间线"序列 01"的"音频 1"轨，然后播放时间线。
(3) 打开"音频特效"下单声道目录，其中有 19 个单声道音频特效，如图 9-21 所示。

图 9-21

提示：所有单声道特效都有单个图标。如果打开立体声（Stereo）文件夹，特效则有双扬声器图标，而 5.1 环绕声的图标则标有 5.1，和时间线上音轨前的扬声器图标意思相同。

(4) 将"低音"（Bass）拖到单声道剪辑，打开"效果控制"面板，展开它的两个小三角形，展开其参数，如图 9-22 所示。

(5) 播放这段剪辑，左右移动滑块，这将增加或减少低音成份。

(6) 从"效果控制"面板中删除低音，添加"延迟"（Delay），它有 3 个参数，如图 9-23 所示。

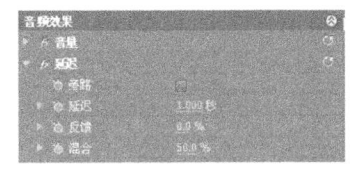

图 9-22　　　　　　　　　　图 9-23

① 延迟：回声播放前的时间（0～2 秒）。
② 反馈：反馈到音频的回声百分比，用于创建回声的回声。
③ 混合：回声的相对强度。

(7) 播放剪辑，左右移动滑块，试听特效效果。

(8) 删除"延迟"，将"移调器"（PitchShifter）拖到效果控制面板中。"移调器"（PitchShifter）是一种音频处理器，它可以改变音频信号的音高。

它有 3 个很有用的选项：旋钮、预设和 Reset 按钮。一般通过预设按钮右下角的小三角形或添加的矩形 Reset 按钮，如图 9-24 所示，可以分辨出音频特效是否具有预设。

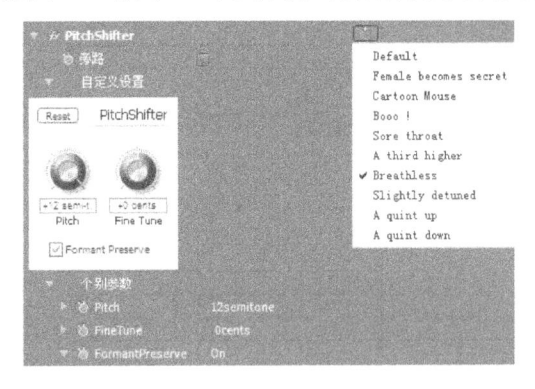

图 9-24

(9) 尝试改变其中一些预设值，注意"效果控制"面板中旋钮下方的参数值。

使用个性参数滑块在一些短语的头、尾处添加关键帧。请使用不同的"Pitch"设置，设置可以为"–12 到+12"半音程，并切换"频谱成分"（Formant Preserve）的开、关状态。

(10) 从序列中删除单声道 1.wav 素材，用单声道 2.wav 素材取代它。

(11) 把单声道目录下"高音"效果拖到"单声道 2.wav"上，增加其放大值，并听其效果。

提示：高音(Treble)不是简单的低音(Bass) 反向操作。高音(Treble)的功能是增加或减少高频部分(4000Hz 以上)，而低音(Bass)改变的是低频部分(200Hz 以下)。人耳可以听到的频率范围大约在 20Hz 到 20000Hz 之间。

(12) 删除"高音"，把"Reverb"拖到效果控制面板，打开其自定义设置。

(13) 播放时间线，拖动显示的 3 个白色手柄，改变"Reverb"特性，如图 9-25 所示。

这是一个有趣的特效，它能为在"静寂"的房间里录制的音频添加某种效果，使它听起来像是在具有很少反射面的录音室录制的一样，如图 9-25 所示。图形控件中的 3 个手柄对应于下方的旋钮控件。

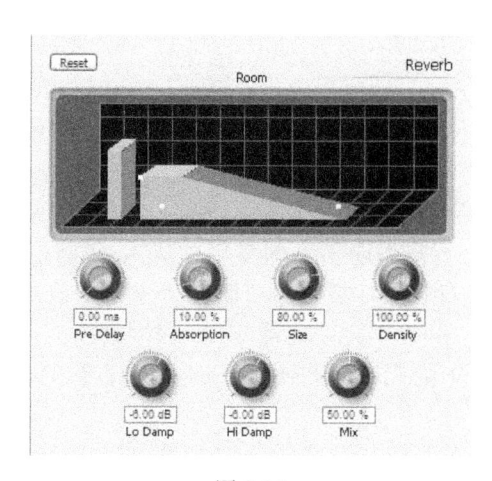

图 9-25

① Pre Delay：声音传播到反射面再传回来的时间。
② Absorption：声音被吸收的程度。
③ Mix：混响比例。
其他控制项：
④ Size：空间的相对大小。
⑤ Density：混响"尾部"的密度。Size 的值越大，Density 的范围就越大（从 0 到 100%）。
⑥ Lo Damp：衰减低频部分，以阻止隆隆声或其他噪声产生混响。
⑦ Hi Damp：衰减高频部分，较低的 Hi Damp 值可以使混响变得更柔和。

(14) 把"Multiband Compressor"拖放到"效果控制"（Effect Controls）面板，如图 9-26 所示。

"Multiband Compressor"是一个用来控制每一个波段（有 3 个波段）的压缩器。参数细节详见 Premiere Pro Help，这里我们只做简要的应用讲解，如图 9-26 中鼠标指向部分所示的按钮可以访问提供的预设。

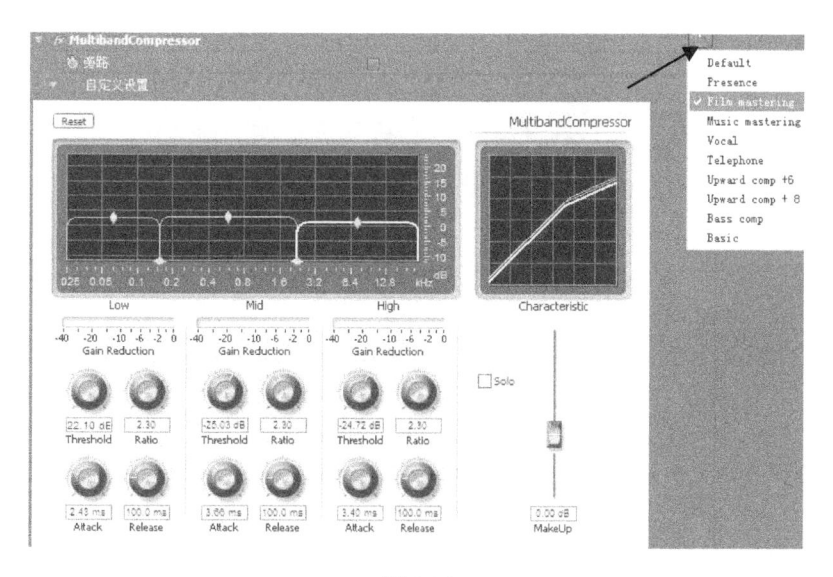

图 9-26

9.6 调音台(Audio Mixer)

9.6.1 什么是调音台

调音台又称调音控制台，它将多路输入信号进行放大、混合、分配、音质修饰和音响效果加工，是现代电台广播、舞台扩音、音响节目制作等系统中进行播送和录制节目的重要设备。

在 Premiere Pro CS4 中，设置了调音台控件，以完成调音台的功能。

9.6.2 调音台的功能

1. 控制音轨音量

Premiere Pro CS4 在处理多层音频轨道和多层视频轨道时有很大的不同。音频轨道上的剪辑则是一起播放的。如果在 10 层音频轨道上载入大量的音频剪辑，对它们不做任何处理，那么它们将一起播放，像一首充满噪声的交响曲。

可以使用时间线上每个剪辑的音量曲线或效果控制面板上的音量（Volume）特效来调整音量电平，但对于多个音频轨道而言，用调音台（Audio Mixer）调整音量电平和其他特性要容易得多，它作用于音轨，而不是素材。

2. 设置音轨属性

用一个看起来很像制作间里调音台的面板就可以通过移动轨道滑块来改变音量，转动旋钮来设置左右摇移，向整个轨道添加特效，创建分组混音。分组混音可以把多个音频轨道集中到单个轨道，这样就可以对一组轨道应用同样的特效、音量和摇移，而不必逐个改变每个轨道。

3. 录音

录音功能在 9.2 节已经介绍过，这里不再赘述。

9.6.3 Premiere Pro CS4 中的调音台

1. 调音台界面(图 9-27)

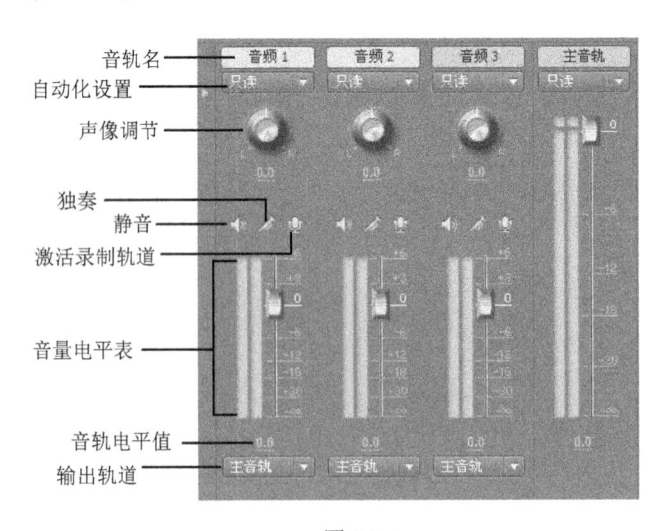

图 9-27

2. 创建混合

(1) 打开"混音.prproj"项目文件。

(2) 播放"序列01",听其效果。

由于解说的背景音乐的音量始终相当,因此没有主次之分,显得有些混乱。通过分析,得出以下混音思路。一开始音乐以正常音量出现,在解说快出现时,音乐音量开始衰减,当解说出现时,音乐衰减到一个比较低的水平,充当背景音乐,等解说完成后音乐音量又渐起,如图9-28所示。

(3) 将调音台"音乐"轨自动化设置调整到"写入",如图9-29所示。

图 9-28 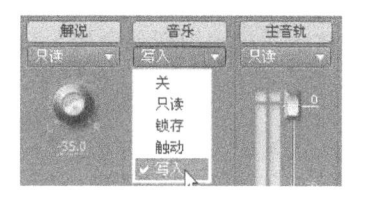　　　　　　　　　　图 9-29

(4) 将"音乐"轨"显示轨道关键帧"打开。

(5) 从开始处播放序列,从解说出现前开始将音乐轨的音量推子向下逐渐拉,在解说完成前开始将音量推子提升。完成后音乐轨道关键帧如图9-30所示。

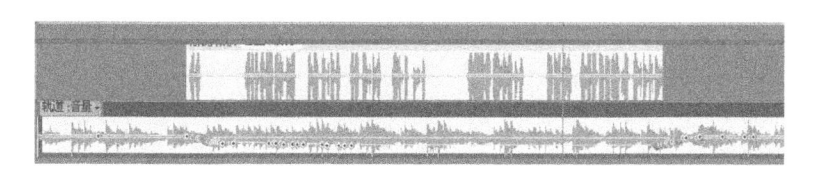

图 9-30

(6) 将音乐轨自动化设置调整到"只读",播放序列,听其效果,如果不满意,可重复步骤(5)。

提示:如果你想让朗读者一开始在舞台的左侧,边向右走动边朗读,结束时"站"在舞台的中间,就需要调整声像。

(7) 将调音台解说轨自动化设置调整到"写入"。

(8) 将声像值设为"-60"。

(9) 从头开始播放序列,待朗读者说话之后,将鼠标移至声像调整旋钮上,自左向右旋,直到旋到中间,值为"0"时停止。

(10) 将解说轨自动化设置调整到"只读",听其效果,如果不满意,可重复步骤(9)。

下面是自动化设置的描述。

① 关(Off):在重放期间,此设置对存储的自动化设置不予理睬。因此,如果使用自动化设置(如只读)调整级别,并在将自动化模式设置为关(Off)的情况下重放频道,则无法听到原始调整。

② 只读(Read):在重放期间,此设置会播放每个轨道的自动化设置。如果在重放期间调整设置(比如音量),就会在轨道VU电平表中听到和看到所做的更改,并且整个轨道仍然处于原来的级别。

③ 锁定(Latch):与写入一样,此设置会保存调整,并在时间线中创建关键帧。但是,只

183

有开始调整之后，自动化才开始。不过，如果在重放已记录自动化设置的轨道时更改设置（比如音量），那么这些设置在完成当前调整之后不会回到它们以前的级别。

④ 触动（Touch）：与锁定一样，触动设置在时间线中创建关键帧，并且在更改控件值时才会进行调整。不过，如果在重放已记录自动化设置的轨道时更改设置（比如音量），那么这些设置将会回到它们以前的级别。

⑤ 写入（Write）：此设置立刻把所做的调整保存到轨道，并在反映音频调整的时间线面板中创建关键帧。与锁定设置和触动设置不同，写入设置在开始重放时就开始写入，即使这些更改不是在调音台中进行的。因此，如果将轨道设置为写入，然后更改音量设置，并随后开始重放该轨道，那么轨道的开始处会创建一个关键帧，即使没有做进一步的调整也会创建关键帧。如果在选择调音台菜单中的写入之后，可以选择切换到触动，这会将所有轨道从写入模式变为触动模式。

【小结】

音频是影视节目的重要组成部分，在影视作品创作中对音频的应用与处理尤为重要。本章详细介绍了音频元素的表现形式以及在 Premiere Pro CS4 中如何录制声音、调整音效、混音等，对 Premiere Pro CS4 中调音台、音效控制、音轨等功能通过具体实例进行了全面掌握，使学习者自如运用音效处理技巧。

【习题】

1. 音频的表现形式有哪些？
2. 什么是混音？
3. 调整音量有哪几种方式？
4. 混音时需要注意哪些事项？
5. 如何给音频添加淡入淡出效果？
6. 录制旁白时需要注意哪些事项？

第 10 章 综 合 实 例

【学习目标】

1. 了解 Adobe Photoshop CS、After Effects CS 基本功能。
2. 理解栏目片头创作的基本思路和制作流程。
3. 学会导入各类工具制作的素材。
4. 学会综合应用素材、特效,合成节目。

【知识导航】

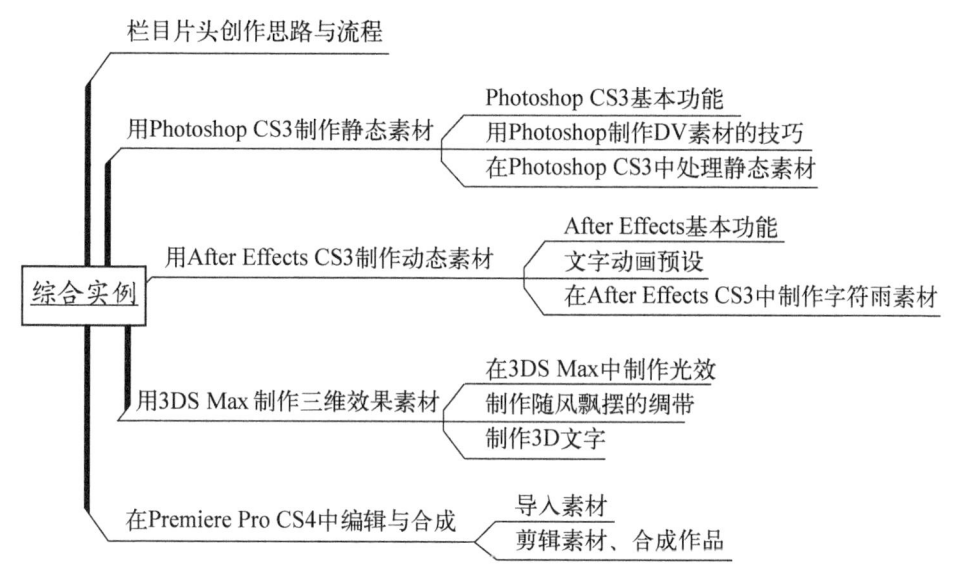

```
                            栏目片头创作思路与流程
                                                   Photoshop CS3基本功能
                            用Photoshop CS3制作静态素材  用Photoshop制作DV素材的技巧
                                                   在Photoshop CS3中处理静态素材

                                                   After Effects基本功能
综合实例   用After Effects CS3制作动态素材   文字动画预设
                                                   在After Effects CS3中制作字符雨素材

                                                   在3DS Max中制作光效
                            用3DS Max制作三维效果素材   制作随风飘摆的绸带
                                                   制作3D文字

                                                   导入素材
                            在Premiere Pro CS4中编辑与合成  剪辑素材、合成作品
```

在第七章里我们已经体验了如何用 Premiere Pro CS4 对 Photoshop 的图层图形文件做动画处理。Adobe Photoshop CS 和 After Effects CS 在视频制作工作流中扮演着重要的角色。After Effects CS 在字幕和图形动画方面的功能则远比 Premiere Pro CS4 强大得多。而 3DS Max 的三维效果也会给作品的创作带来无限遐想。

10.1 栏目片头创作思路与流程

一般来讲,如果我们接到一个制作任务,首先要在大脑中快速形成一个或几个框架,要与客户不断地商讨和接触,了解对方的需求和想法,梳理自己的创作思路,使最初的框架逐渐明了清晰,在时间长度、画面的色调、制作的方式、节奏的快慢、音乐的格调等方面确定出基本的创作思路,然后写出详细的文案。

通常情况下,栏目片头或者电视广告片的制作流程主要如下。

1．根据策划文案写出基本制作脚本

片子的创作思路确定之后，就要写出详细的策划文案。在写文案时要对画面的表现形式、整体内容定位、背景音乐定位、配音、特技、表现方式等进行详细阐述。然后在文案基础上，写出制作脚本，根据镜头、长度、画面、配音、音乐、备注等，理清整个制作的思路，和客户进一步交流。

2．根据需要的画面策划拍摄

首先定下需要拍摄的内容。哪些是可以用素材的，哪些是务必要拍摄的，确定拍摄时间和周期。然后写出详细的拍摄方案，让对方知道需要拍摄的东西。在方案里，一定要写清楚所要拍摄的时间、拍摄内容，对他们的要求等。

3．拍摄

准备工作安排好后，开始按计划拍摄。拍摄时一定要求客户派专人负责配合拍摄过程，以提高效率。

4．制作背景音乐

拍摄完成后是开始做片子的时候了，一定要理解客户的意图，找准客户所要的表现点。根据配音稿准备做好背景音乐，根据制作思路，找准要做出的节奏，然后开始配音乐。

5．初剪

音乐做完了，下一步就要根据音乐的节奏来初剪片子。初剪时最好根据文案的分段章节把自己所需要的镜头确定下来。

6．精剪

枯燥的初剪完成后，先全篇看看，要是没有多大问题，然后开始下一步——精剪。精剪就是在好的镜头中再筛选出更好的镜头。

7．配合音乐调整镜头

精剪完毕后，下一部就是要根据音乐部分来调整镜头，让镜头和音乐协调起来。

8．调色

剪辑完后，需要调整片子颜色，补充拍摄的不足，尽量还原真实色彩。

9．特效和合成

片子调色完成后，在后期软件里给画面添加特效，然后合成。最后，需要加宽屏的加宽屏。

现在我们为"娱乐前沿"栏目做 15 秒的包装片头。由于本栏属于娱乐性质，可以大胆使用视频特效技术，在创作中用对比强烈的色块与舞动的字幕相结合，同时加上运动的光效、字符雨、张扬的红色飘带，配以节奏较强的音乐，实现画面的动静结合。

在这个实例中，我们将重点学习 Premiere Pro CS4 的 NEL（非线编）功能，同时还会结合 3DS Max 的应用，创建一些需要的特殊素材。下面我们先来了解一下 Premiere Pro CS4 的两个强大帮手 Photoshop CS3 和 After Effects CS3。

10.2 用 Photoshop CS3 制作静态素材

Photoshop CS3 是一款专业图像编辑软件，其功能完善、性能稳定、用户界面易懂，是平面设计师的首选工具。启动 Photoshop CS3 后界面如图 10-1 所示。

在影视节目制作中，Photoshop CS3 与 Premiere Pro CS4 有着非常紧密的联系。如：在 Premiere Pro CS4 中，无论是在时间线（Timeline）还是在项目面板中，选中任意一个图像图形

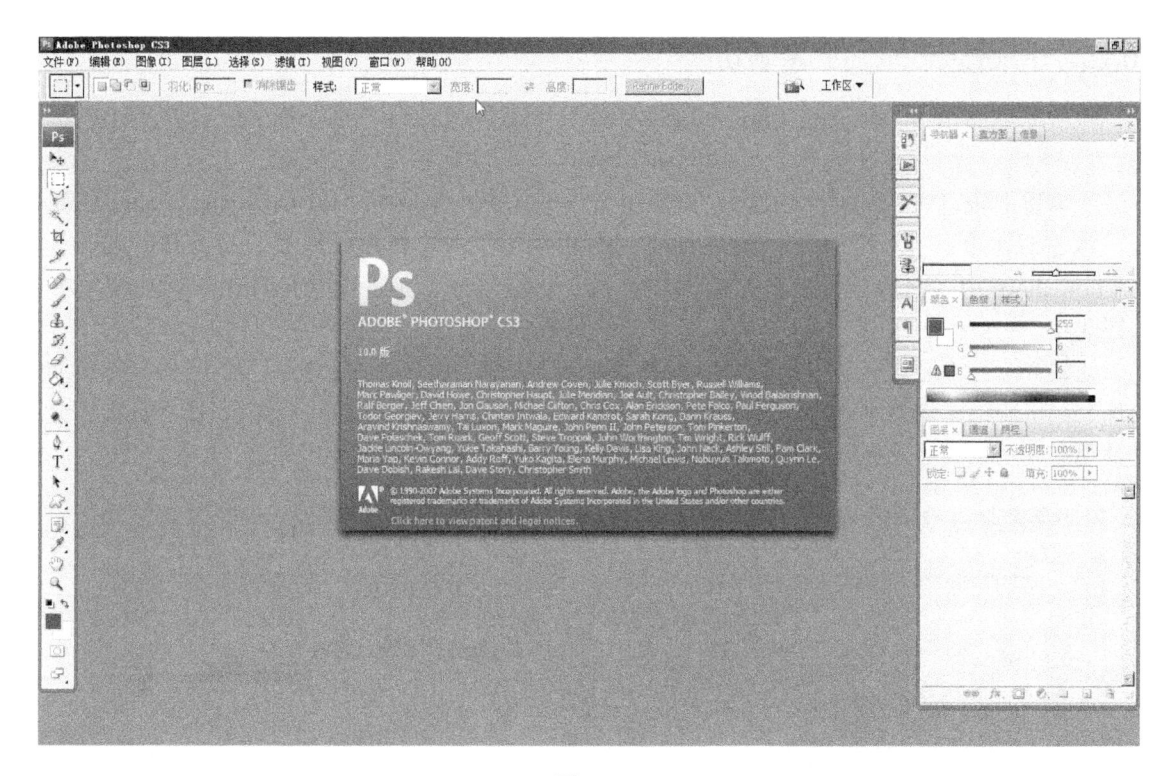

图 10-1

文件单击右键,选择在"Adobe photoshop 中编辑",就会打开 Photoshop CS3,立即编辑图像图形文件,如图 10-2 所示。在 Photoshop CS3 编辑完成存储后,编辑效果即刻显示在 Premiere Pro CS4 中。

图 10-2

187

10.2.1 Photoshop CS3 基本功能

本节简要介绍 Photoshop CS3 的基本功能，然后还会提到一些针对 DV 项目的使用技巧。

从本质上说，Photoshop CS3 是一种图像处理工具。利用它可以对图像进行加深或减淡，调整对比度、亮度和色阶，修补刮痕，删除蒙尘，消除红眼，以及进行着色等操作。在 Photoshop 中，通常不直接在原始图像上执行这些修改，而是把它们放在原始图像上方的图层中。

这种方法与卡通动画制作人员的工作方式相似。先建立背景图像，然后把人物画到透明的胶片上，接着把这些胶片一层一层堆叠起来。你可以透过未绘图区域看到下层，而不透明部分以及那些完全或者部分不透明的元素会覆盖下层图像，如图 10-3 所示。

图 10-3

但 Photoshop CS3 的功能远超出图像处理。通过图层，它可用于图形创作，编辑和应用特效。Photoshop CS3 可以在图层上定位图形元素，向它们单独或统一添加特效，以图层为基础进行调整。

为了了解 Photoshop CS3 的工作方式，我们先介绍一些标准的 Photoshop CS3 图像编辑和创建工具，之后介绍一些特效。

(1) 运行 Photoshop CS3。

(2) 选择"文件"→"打开"，导航到"第十章"文件夹，选择"DVD.PSD"文件，如图 10-4 所示。

(3) 单击"打开"，"DVD.PSD"图像文件显示在操作界面中。拖动图像右下角扩展视图，也可以使用键盘快捷键（Ctrl+-缩小，Ctrl++放大）。

(4) 选择"图像"→"调整"→"照片滤镜"，如图 10-5 所示。

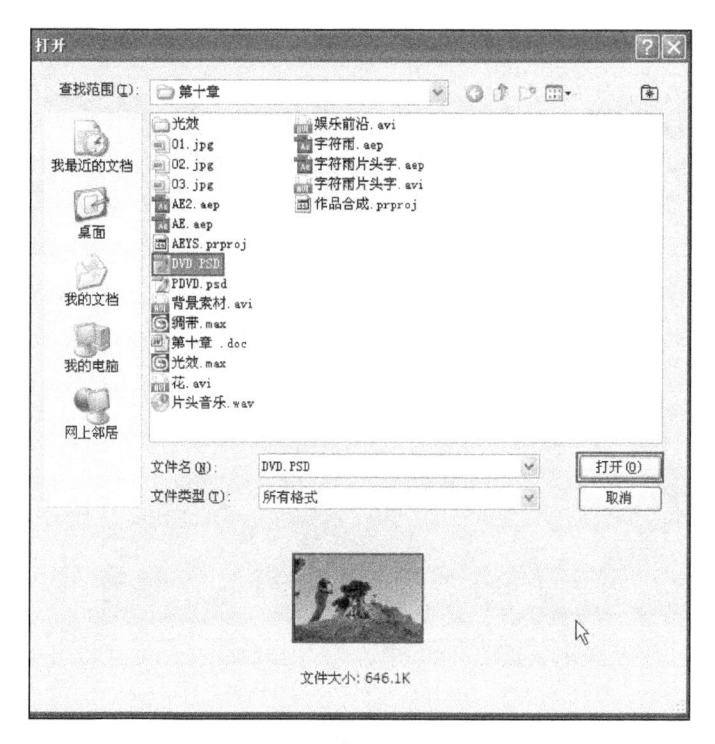

图 10-4

图 10-5

打开工具列表，这些工具用于校正图像的整体效果。

(5) 弹出的"照片滤镜"对话框提供了多种滤镜预设选项，包括为相片添加暖色调或冷色调的预设，如图 10-6 所示。

189

图 10-6

(6) 点击"样式面板"右边的小三角形，显示与该形状相关的默认样式设置，如图 10-7 所示。可以向默认样式列表中追加样式。点击该面板菜单，从下拉列表选择一组样式，提示时点击追加。

图 10-7

(7) 与在 Premiere Pro CS4 字幕组件（Titler）中的操作一样，选中"圆角矩形"工具，在文档窗口内点击并拖动鼠标，创建一个圆角矩形。它有点像 DVD 菜单按钮，如图 10-7 和图 10-8 所示。

图 10-8

(8) 按回车键将它应用到图像中。

图层面板内出现一个新的图层（如果看不到图层面板，请选择 F7）。点击"形状 1"图层左侧的三角形，显示其所有效果，如图 10-8 所示。

(9) 点击"文字"工具（工具箱内的 T 图标），从主菜单栏下显示出的参数中选择"字体"和其他文字参数，添加文字"花絮"，如图 10-9 所示。

图 10-9

(10) 在"图层"面板内的文字图层上点击，选择"混合"选项，将打开图层样式对话框，勾选"外发光"样式参数默认即可。再勾选"斜面和浮雕"，参数设置如图 10-10 所示。

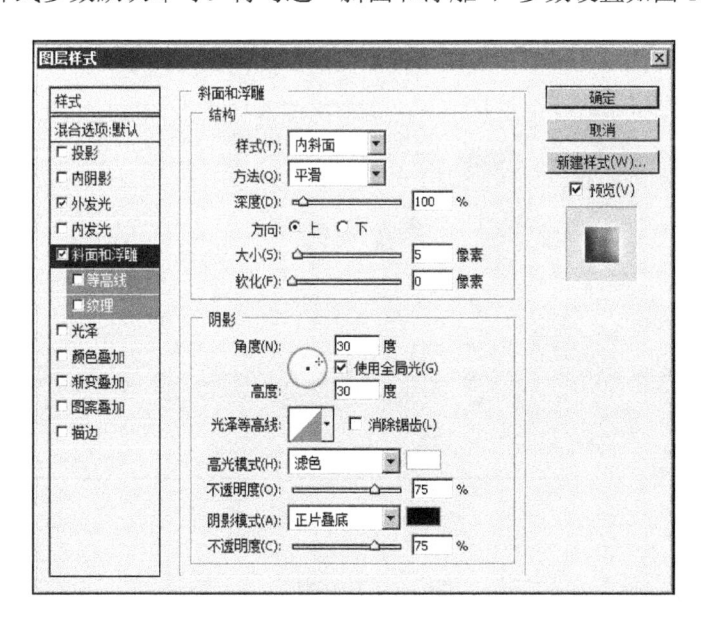

图 10-10

191

(11) 在"图层"面板中选择"背景图层"。

(12) 在"滤镜"下拉菜单(在 Photoshop 中特效被称作滤镜)中选择"画笔描边"→"强化的边缘"特效,如图 10-11 所示。

图 10-11

(13) 如图 10-12 所示,图片上立即显示滤镜产生的效果,可以用它来创建 DVD 菜单或文字背景。

图 10-12

"滤镜库"中集中显示多种滤镜。图 10-12 中突出显示滤镜为"强化的边缘",在不同的滤镜上点击,则可在窗口右侧出现该滤镜的调整参数,左侧出现该滤镜的预览效果。

10.2.2 用 Photoshop 制作 DV 素材的技巧

在使用 Photoshop 创建或编辑用于 DV 项目的图形时要注意以下几点：

(1) 将图形保存在不同的图层中。把图像中的每一个元素都放到一个新的独立图层上，在完成工作后不要拼合图层，这样可以保证在以后需要修改时，能够编辑之前的设计。

(2) 注意字体大小。字体大小在 24 点及其以上最合适。小于此值，在电视屏幕上看起来会像尘斑一样。要避免使用细长的字体，因为它们在隔行扫描视频信号中会变得难于辨认。

(3) 避免使用细线。如果 Photoshop 图形在电视机屏幕上显示时出现抖动，很可能是隔行扫描的原因。当图形或图像中细长的水平线，特别是亮线，落在视频信号的两条隔行扫描线之间时就会出现这种情况。这时可以加粗水平线或是应用 Photoshop 动感模糊滤镜，在应用动感模糊时，通常把角度设置为90°，距离设置为1~3个像素即可解决这个问题。

(4) 避免饱和色或亮色。这会导致在颜色周围出现泪边或粗边。蓝色、黄色和绿色都很好，如果用红色，要降低它的色调。要确保颜色在电视能获得良好的显示效果，可以使用 Photoshop 的 NTSC 颜色滤镜。

(5) 在新项目中使用电视图像预设。在从零开始创建图形时，最好能使用与视频项目一致的分辨率和像素长宽比。这两项都在 Photoshop 的新建文档对话框中选择。选择文件（File）→新建（New），然后从下拉列表中选择与视频项目一致的预设。

10.2.3 在 Photoshop CS3 中处理静态素材

接下来我们要在 Photoshop CS3 中处理用 3DS Max 制作的一组光效素材文件。

(1) 运行 Photoshop CS3。

(2) "文件"→"打开"，打开"第十章"文件夹下的光效文件夹中的"3ds.tga"光效图形，如图 10-13 所示。

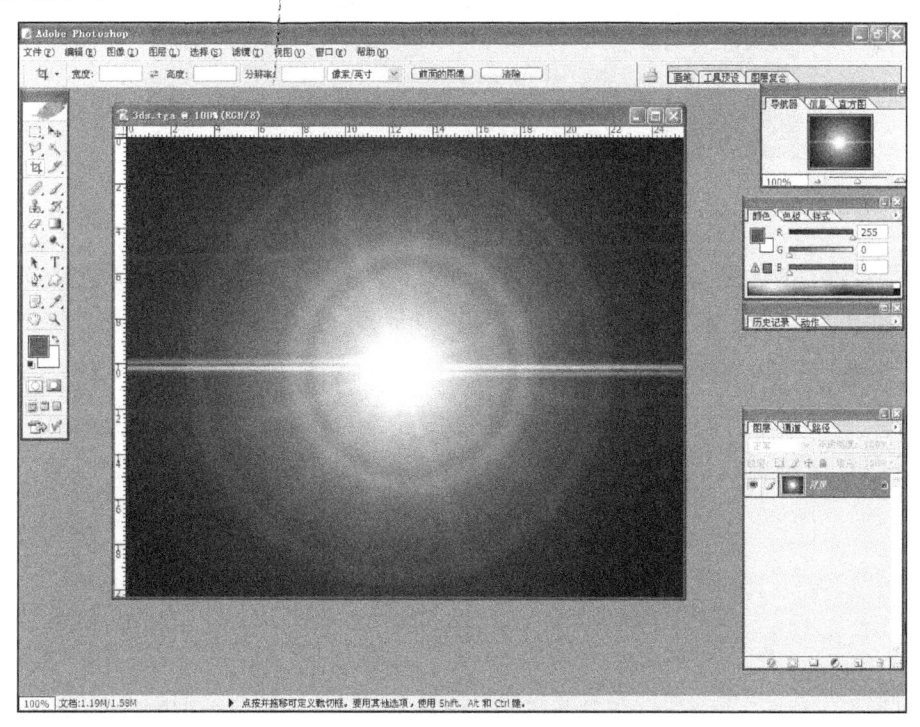

图 10-13

(3) 选择"图像"→"复制",创建一个光效文件的副本,关闭光效文件,如图 10-14 所示。这将保护你制作的光效文件,所有的操作调整只是在它的副本中进行。

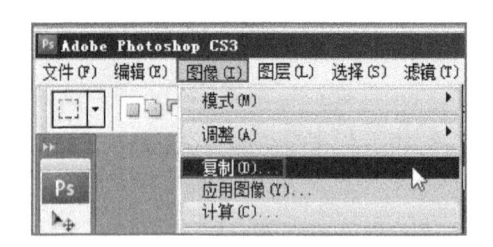

图 10-14

(4) 选择"图像"→"调整"→"亮度"/"对比度",在弹出的"亮度/对比度"对话框中,将亮度的值改为"-150",将对比度设为"+100",单击"确定"。现在的效果如图 10-15 所示。

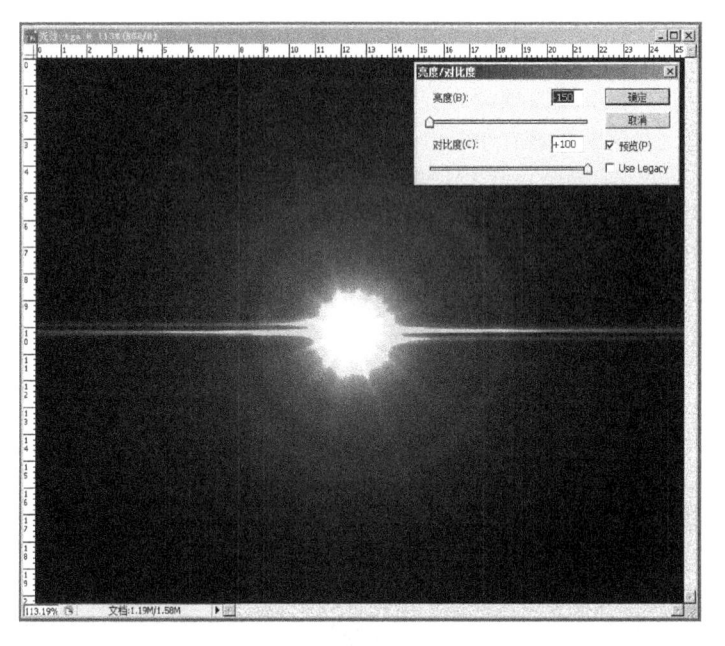

图 10-15

(5) 用快捷键 Ctrl+S,保存文件为"光效副本.tga",在弹出的"Targa 选项"对话框的分辨率选项栏中选择"32 位/像素",这个选项将保留"Alpha 通道"的透明设置信息,点击"确定",如图 10-16 所示。

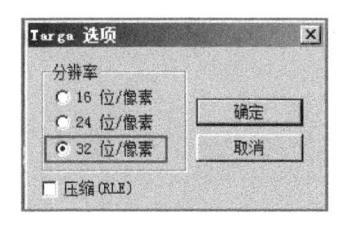

图 10-16

(6) 用同样的方法调整其他的光效静态素材文件,你可以根据自己的艺术感受大胆创新。

(7) 完成后退出 Photoshop CS3。

10.3　用 After Effects CS3 制作动态素材

影视节目后期制作中，如果想在节目的包装中创作出激动人心的动感图形、视觉特效和动画字幕，那么就应该选择 After Effects CS3 制作工具，其启动界面如图 10-17 所示。

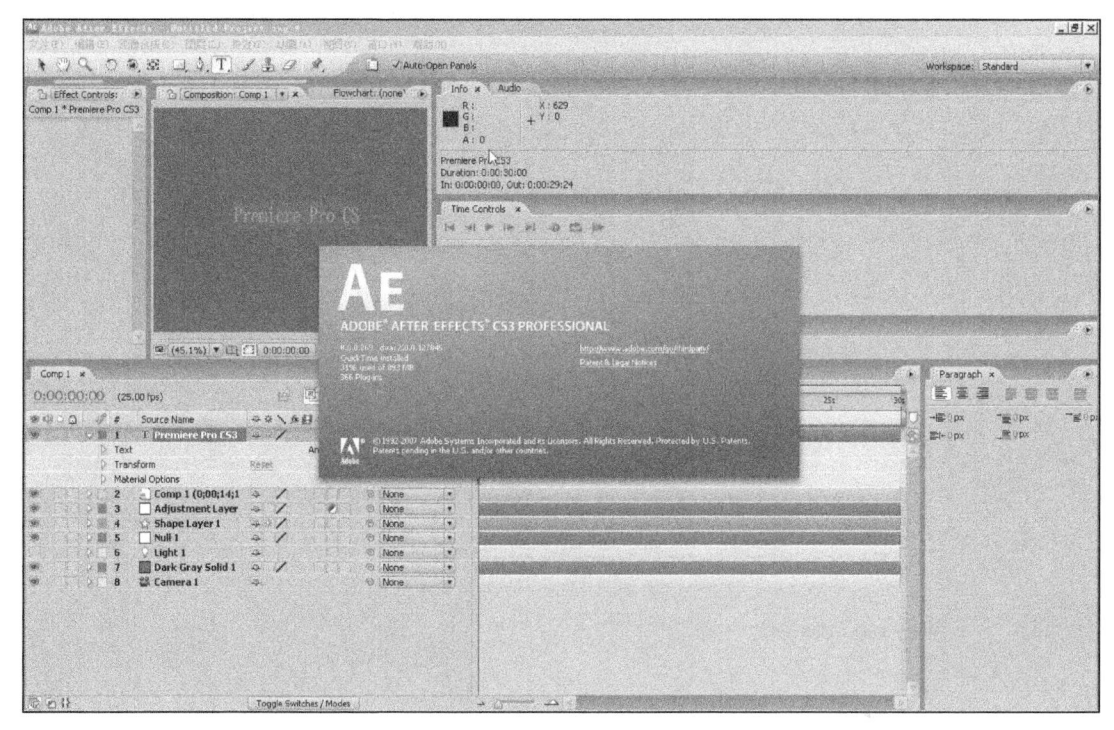

图 10-17

After Effects 用户分为两个截然不同的阵营：动画图形艺术家和动画字幕艺术家。有些制作机构专门研究其中的一种。After Effects 的功能很多，我们不可能全部掌握它，平时只会用到其中的一部分。After Effects 包含运动跟踪与稳定、高级抠像和变形工具，还有 30 多种附加视觉特效以及其他一些高端工具。

接下来我们将介绍它强大的工具包，包括字幕动画和视觉特效。

10.3.1　After Effects 基本功能

After Effects 具有以下众多选项：

(1) 字幕创建和动画工具。创建字幕动画将会变得非常容易。 After Effects 提供大约 300 种具有开创性的字幕动画预设。只要把它们拖到文字上，就可以看到效果。After Effects CS3 新增加了一种逐个字符文字模糊特效。

(2) 最先进的视觉特效。它提供了 150 多种特效增强光照、模糊、锐化、扭曲和粉碎等效果。它们的效果远远超过 Premiere Pro 中的大多数特效。建议选择 After Effects Help 文件，打开 Effects→Reference→Gallery of Effects（特效库），从中任取一例试试 After Effects 的效果。

(3) 矢量绘图工具。使用内置的基于 Photoshop 技术的矢量绘图工具执行润饰和动态蒙版操作。

(4) 全面的蒙版工具。灵活的自动跟踪选项使设计、编辑和使用蒙版变得更方便。

(5) 与 Adobe 产品紧密集成。可以在 Premiere Pro 和 After Effects 之间复制/粘贴素材，合成图像或序列。导入 Adobe Photoshop 和 Adobe I1111strator 文件，并保留其中的图层以及其他属性。

(6) 运动跟踪。这种方法能够准确而快速地自动映射元素的运动，使添加的特效可以跟随运动，如图 10-18 所示。也可以打开"第十章"文件夹下的 AEYS.aep 文件来进行练习。

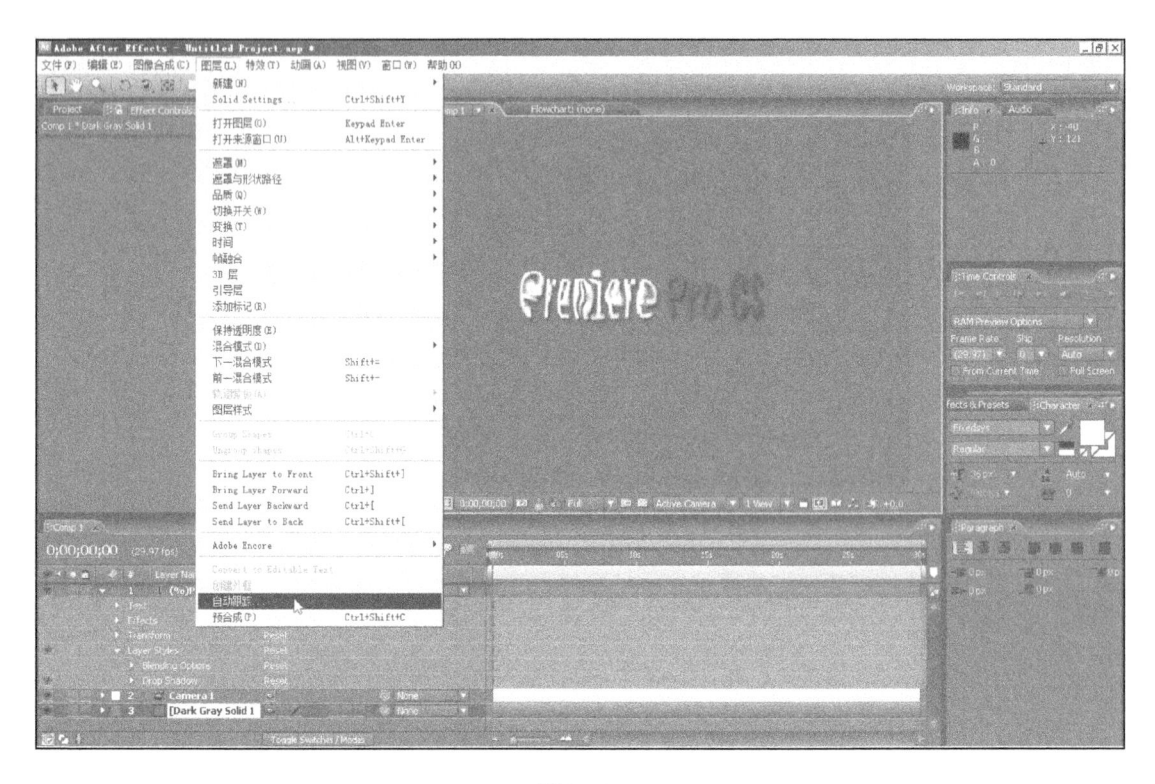

图 10-18

和使用 Premiere Pro CS4 一样，After Effects CS3 也具有项目（Project）面板，但图标和术语都有所不同。例如，Premiere Pro CS4 的序列（Sequences）在 After Effects CS3 中被称为"合成"（Compositions）。

Premiere Pro CS4 项目导入到 After Effects CS3 中时，其内置的编辑、特效、运动关键帧、透明度、嵌套序列、裁切和剪辑速度的变化等信息被全部保留下来。

查看工作区，从菜单栏中打开"窗口"（Window）菜单，了解其所有面板列表。特别要注意特效、动画这几部分。

10.3.2 文字动画预设

After Effects 允许以逐字符或逐字为基础对文字进行动画处理；可以使文字描边产生动画，看起来像是一笔一笔地正在书写一样；也可以用弯弯曲曲的线在文字内部添加动画效果。文字动画和特效方式很多，无法在这里全部介绍它们。

快速了解各种动画的一种方法是使用预设。After Effects 大约有 300 种文字动画预设，下面简要介绍它们。

(1) 打开"动画"→"应用动画预置"，导航到"动画（入）"文件夹，如图 10-19 所示。

图 10-19

这里有 30 组字幕动画预设，如图 10-20 所示。

图 10-20

(2) 试试所有的特效。这肯定要摸索很长一段时间才能学会在项目中使用文字动画。当使用预设时，请观察"时间线"（Timeline），检查所有新添加的关键帧。可以通过改变这些关键帧来定制每个预设。

10.3.3 在 After Effects CS3 中制作字符雨素材

(1) 运行 After Effects CS3。

(2) 使用快捷键"Ctrl+N"，打开"新建合成"设置对话框，在合成组名称中输入"字符雨"；在基本栏的"预置"中选择"PAL D1/DV"，这时宽自动变为"720"，高"576"，选择像素纵横比："D1/DVPAL（1.07）"，帧速率："25 帧/秒"，这是 4∶3 模式的 PAL 制标准设定。再选择分辨率："Full"，持续时间："0:00:10:00"，这会将时间线的工作区域定制为"10"秒，完成后单击"OK"，如图 10-21 所示。

197

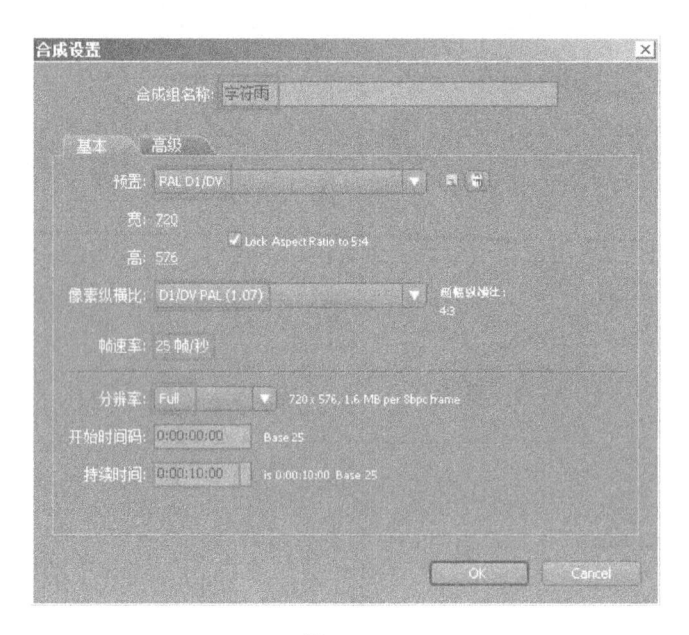

图 10-21

(3) 使用快捷键 Ctrl+Shift+Alt+T，新建文字层，光标出现在合成窗口，输入字符："YULEQIANYAN"（娱乐前沿的拼音组合），如图 10-22 所示。

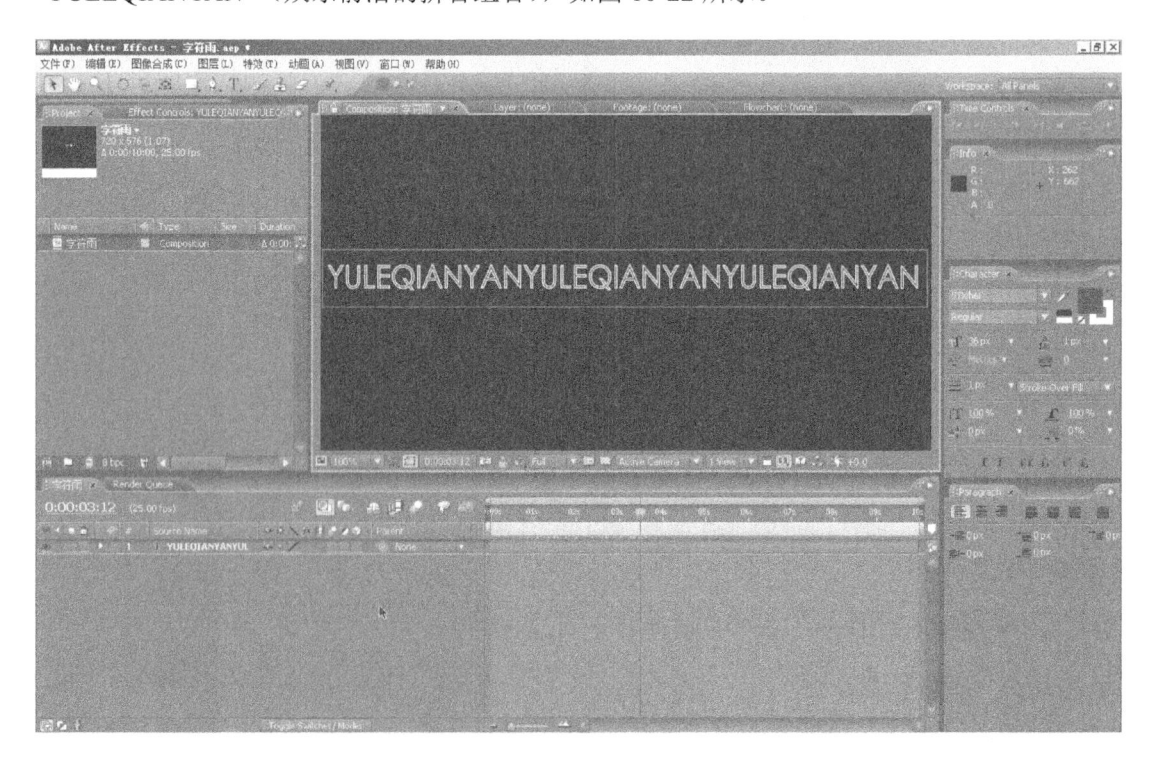

图 10-22

(4) 打开"动画"→应用"动画预置"，导航到"动画（入）"文件夹，如图 10-20 所示，选择"字符雨"，完成后单击"打开"，如图 10-23 所示。

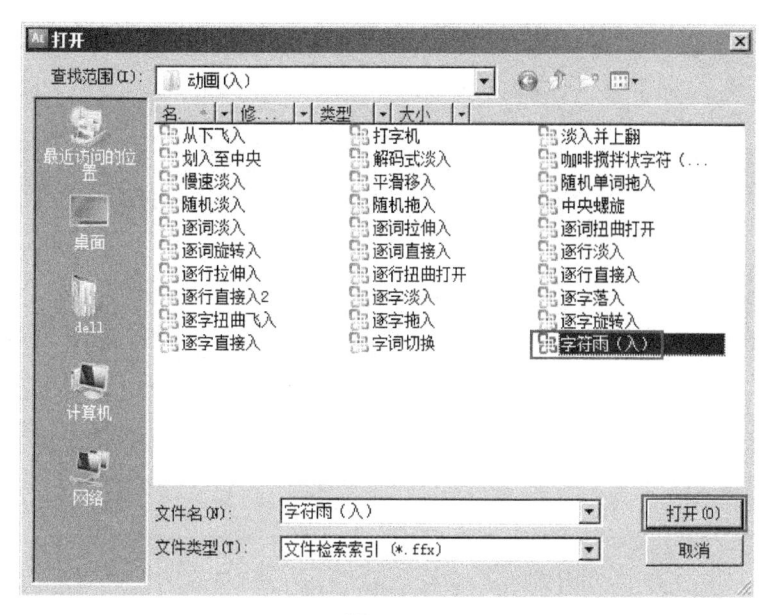

图 10-23

(5) 点击数字键盘上的"0"(零)键,预演动画,如图 10-24 所示。

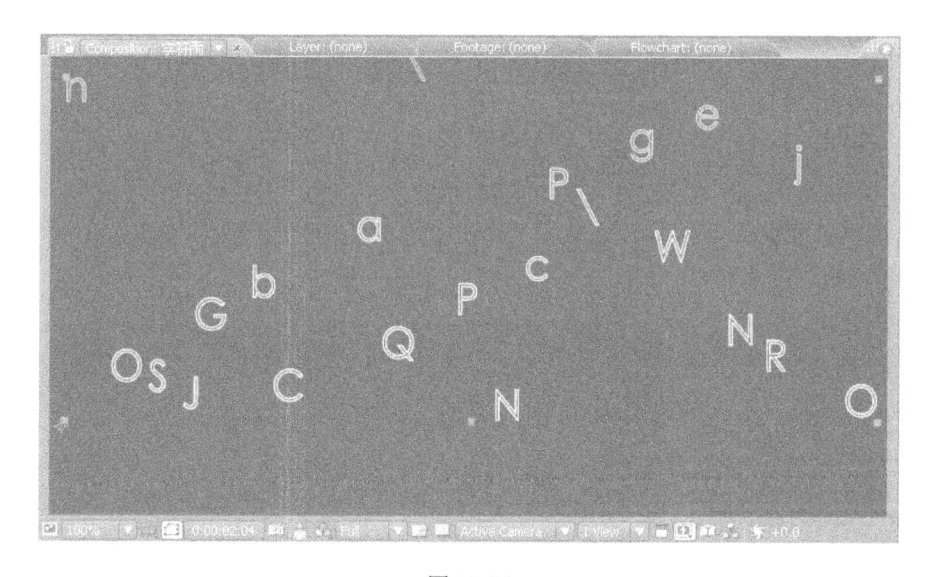

图 10-24

(6) 字符雨从屏幕上方淡入,最后回落成整齐的一排,而且定格在屏幕中央。这种效果虽然让人惊喜,但是与想要的效果还不是完全吻合:我们希望字符雨从屏幕上方淡入,然后落在屏幕下方,而不是像现在看到的一样定格在屏幕中央。

(7) 打开时间线中唯一的字幕层"1"左边的小三角,再将其下的"Transform"展开,确认当前时间线指示器的起始位置,单击"Position"左边的"添加关键帧"按钮,设置"Position"右边的数值为"6.0,608.0",如图 10-25 所示。

提示:After Effects CS3 的关键帧设置与 Adobe Premiere Pro CS4 中的很相似,在进行第一次添加关键帧的操作之后,只要在其他位置改变数值,After Effects CS3 就会自动记录并添加一个关键帧。

199

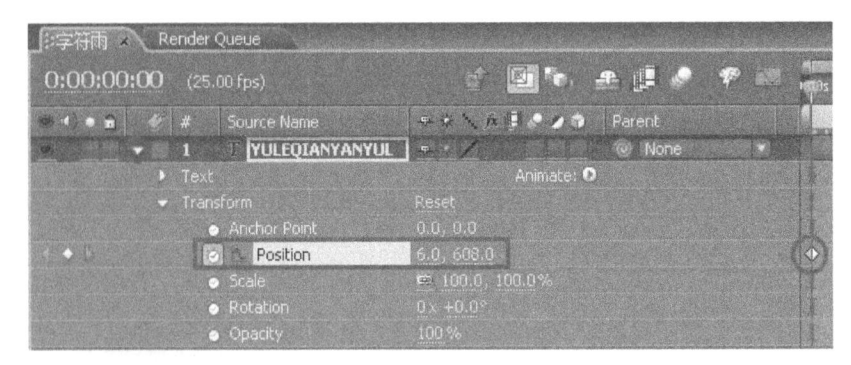

图 10-25

(8) 将当前时间线指示器移动到"10"秒处,将"Position"右边的数值设置为"14.0,608.0",如图 10-26 所示。

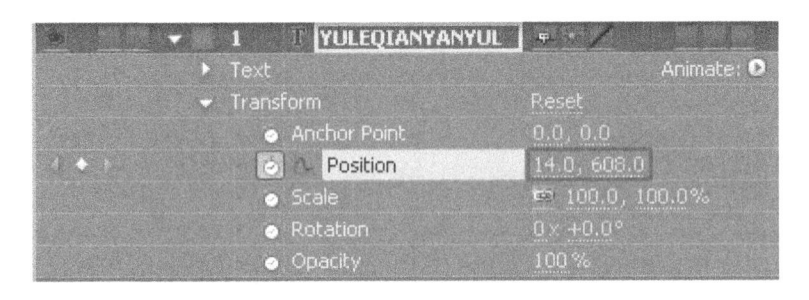

图 10-26

(9) 点击数字键盘上的"0"(零)键,预演动画,达到了我们想要的动画效果。

(10) 选择菜单栏中的"图像合成"→"制作影片",时间线转换为输出窗口,如图 10-27 所示。准备输出字符雨素材。

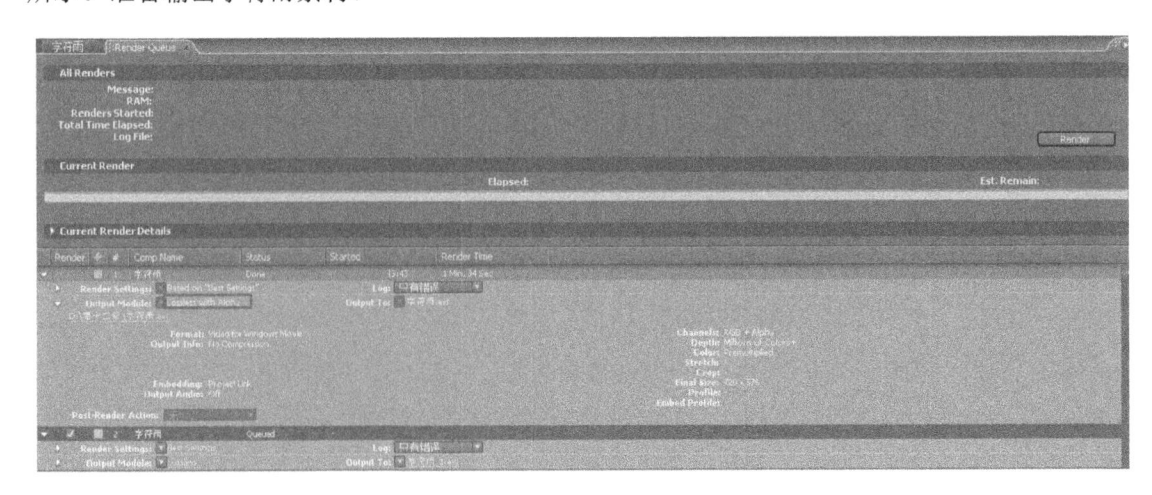

图 10-27

(11) 将"Output Module"设置为"Lossless with Alpha",这是带有透明通道的视频设置,当将这种类型的素材文件导入 Premiere Pro CS4 中的时间线时,按 Alpha 通道自动透明。接着将"Output To:"(输出到)导航到你的文件存储路径(我们选择为"D:\第十章\"),这里我们为输出文件命名为:字符雨,它是一个 AVI 文件,如图 10-28 所示。

200

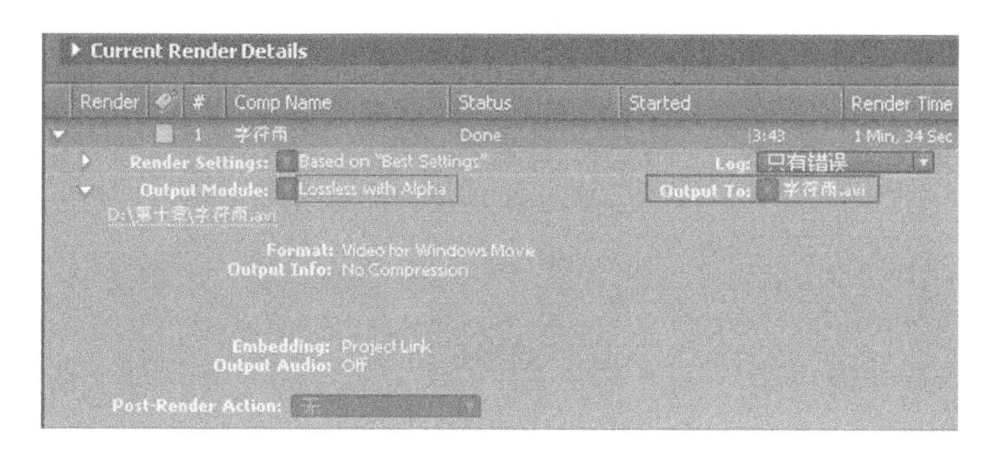

图 10-28

(12) 保存文件。

提示：你可以试着改变字符的颜色，然后再输出成 AVI 文件，可以多改变几种颜色，这样你的背景素材可能会更丰富。我们把字符分别改变成红色和黄色，并将它们分别输出成字符雨-1.avi 和字符雨-2.avi 文件。这两个文件在"第十章"文件夹下可以找到。

10.5　用 3DS Max 制作三维效果素材

10.5.1　在 3DS Max 中制作光效

(1) 运行 3DS Max8 软件如图 10-29。

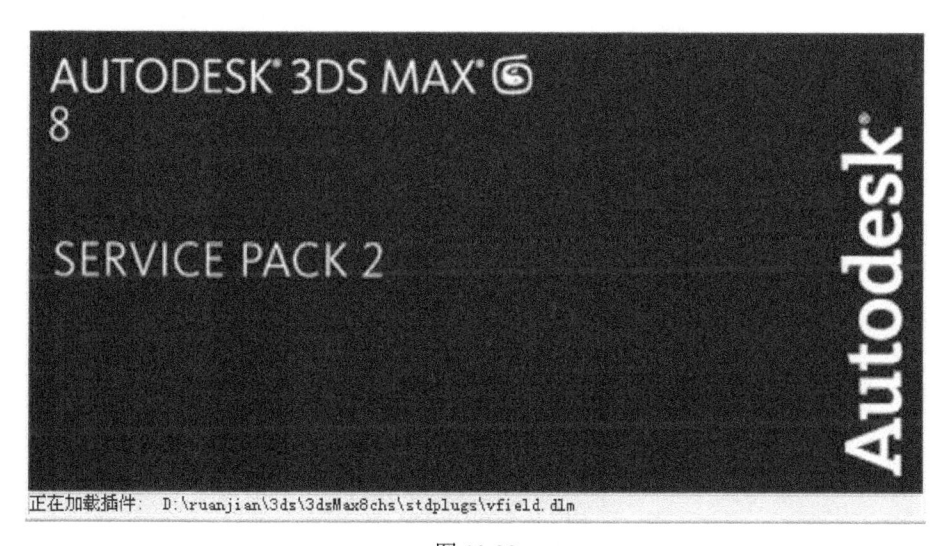

图 10-29

(2) 单击"辅助物体"按钮，进入辅助物体的建立菜单，单击"虚拟对象"（Dummy），如图 10-30 所示。

(3) 在"顶"（Front）视图中拖放鼠标，建立一个虚拟对象物体，如图 10-31 所示。

(4) 单击"摄像机"按钮，进入摄像机的建立菜单，单击"自由"，如图 10-32 所示。

201

图 10-30

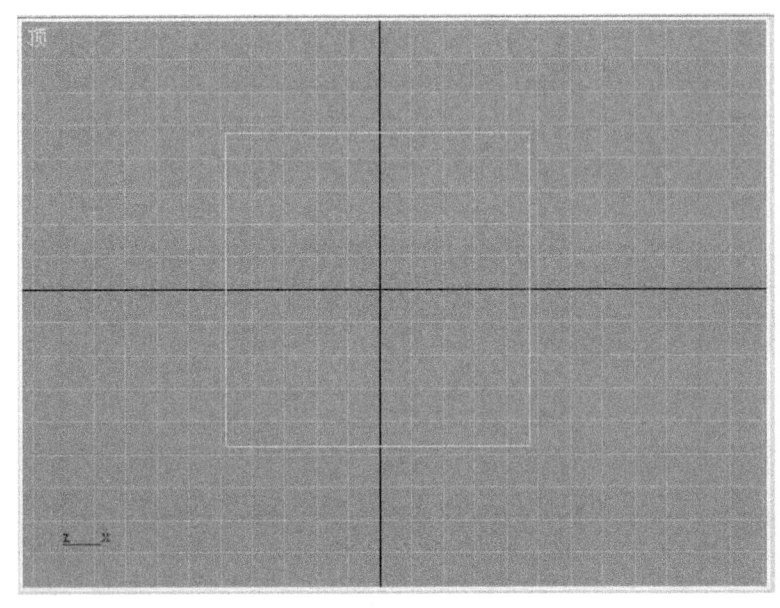

图 10-31

图 10-32

(5) 在"顶"(Front)视图中拖放鼠标,建立一个"自由摄像机",并显示摄像机视图中的"安全框选项",如图 10-33 所示。

202

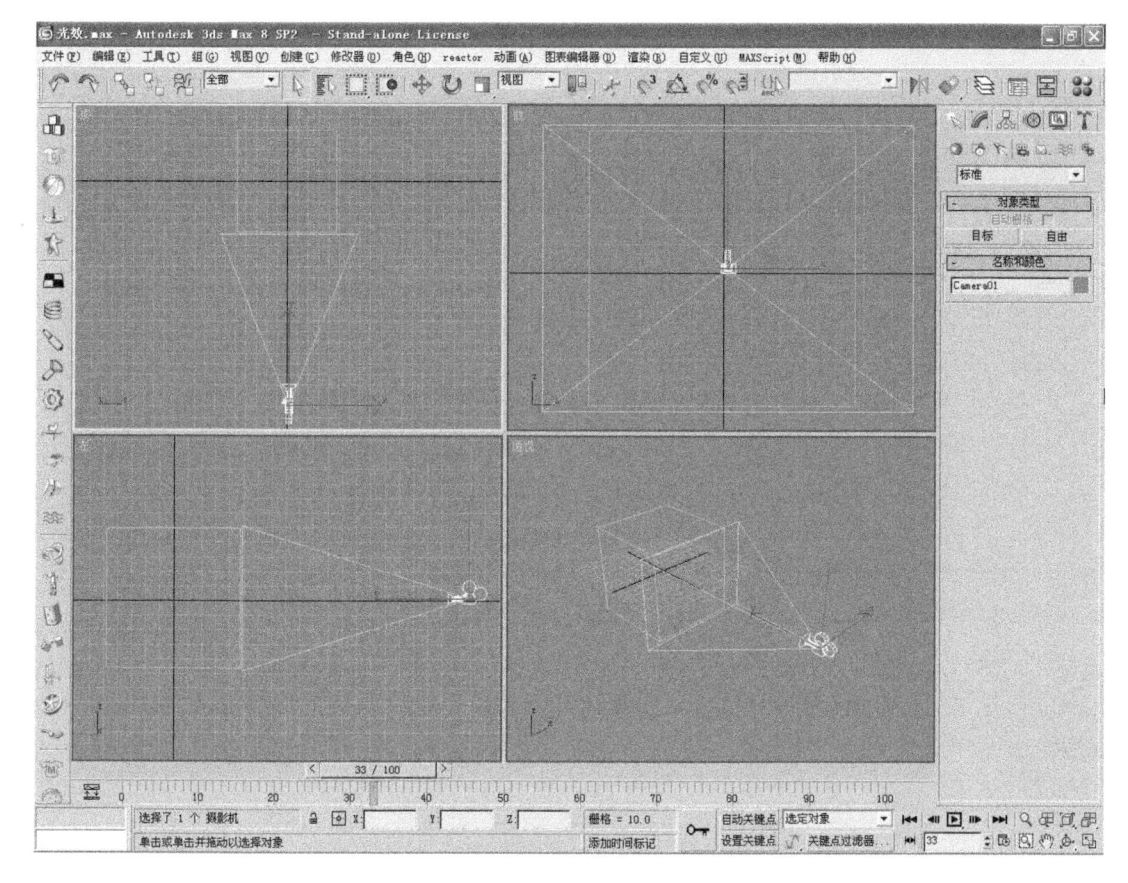

图 10-33

(6) 给"虚拟对象物体"（Dummy）加上光效。选择菜单"渲染"→"Video Post"（Rendering/Video Post）命令，如图 10-34 所示。

图 10-34

(7) 在弹出的"Video Post"面板中选择"Camera01",单击 按钮,如图10-35所示。

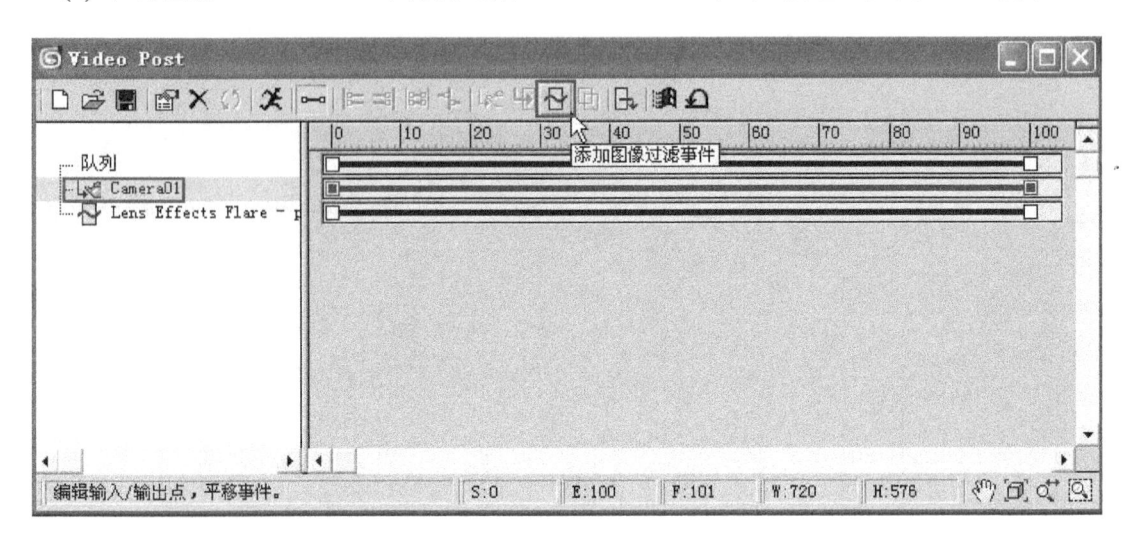

图10-35

(8) 在弹出的"添加图像过滤事件"(Add Image Filter Event)窗口面板的"过滤器插件"(Filter Plug-In)下拉菜单中选择"镜头效果光斑"(Lens Effects Flare),单击"设置"(Setup),如图10-36所示。

图10-36

(9) 进入"镜头效果光斑"(Lens Effects Flare)面板,单击"节点源"(Node Sources)按钮,出现"选择光斑对象"(Select Flare Objects)面板,选择"Dummy01",如图10-37所示。

提示:在"镜头效果光斑"(Lens Effects Flare)面板中,单击"预览"(Preview)和"VP队列"(VP Queue)按钮,可在"预览窗口"中看见光效。

(10) 按图10-38所示设置各选项参数。

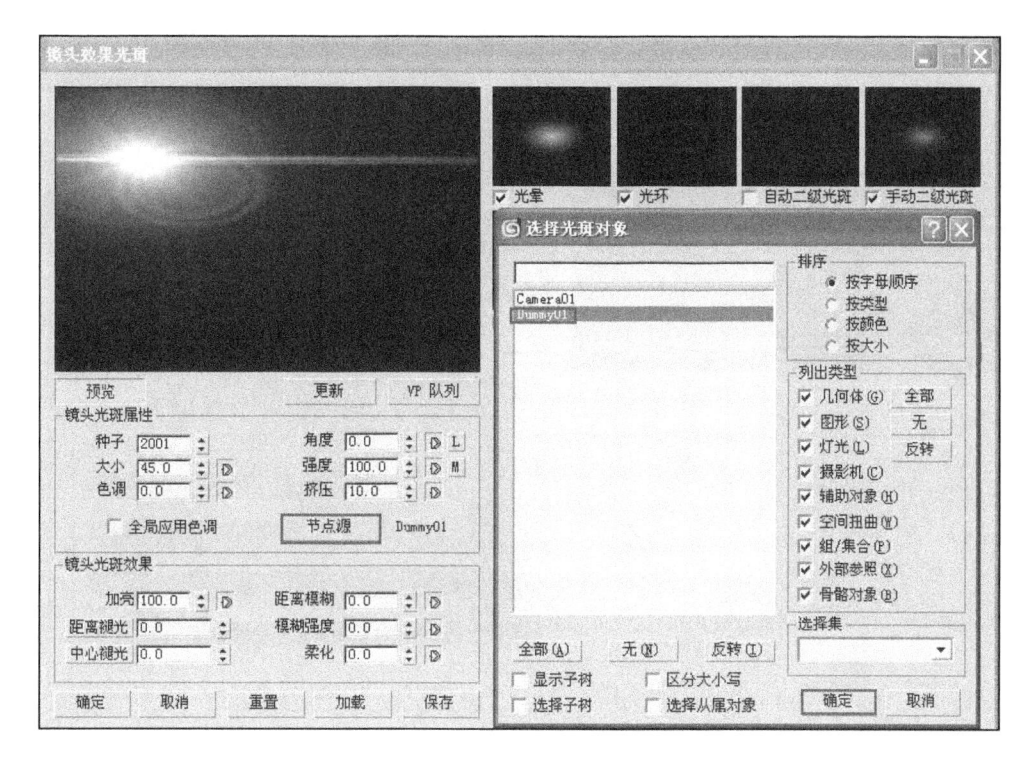

图 10-37

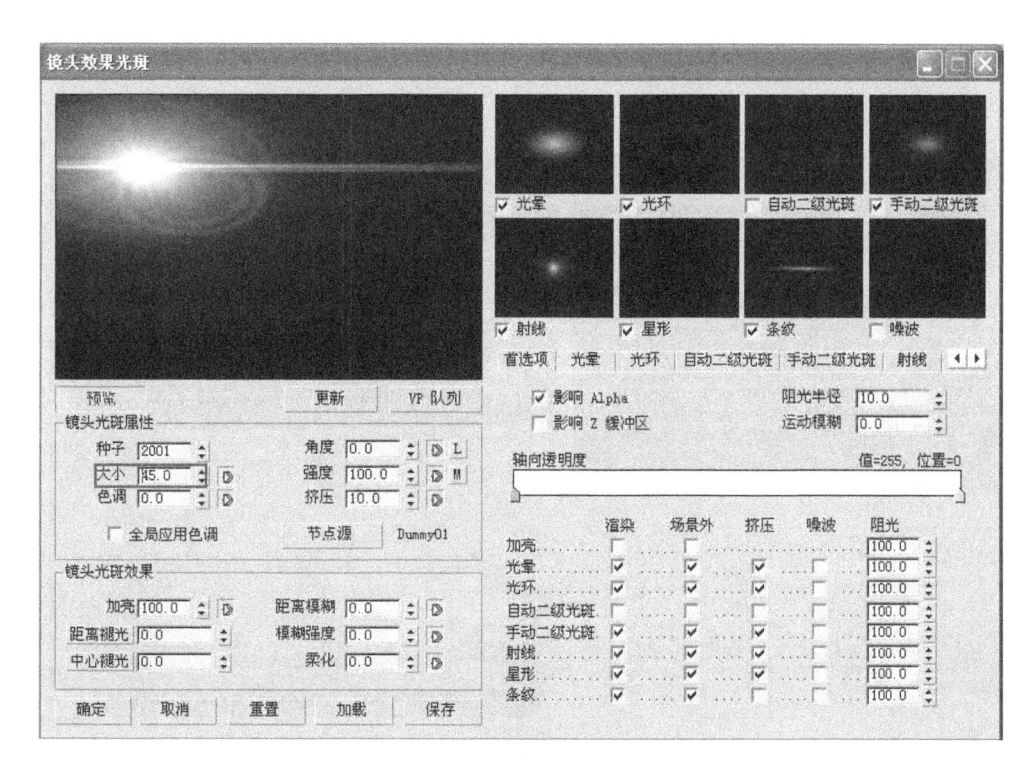

图 10-38

(11) 选择"手动二级光斑"（Man Sec），进入其编辑面板。单击 按钮，根据个人色彩感受设置相应参数，如图 10-39 所示。在预览窗口会实时看到效果。

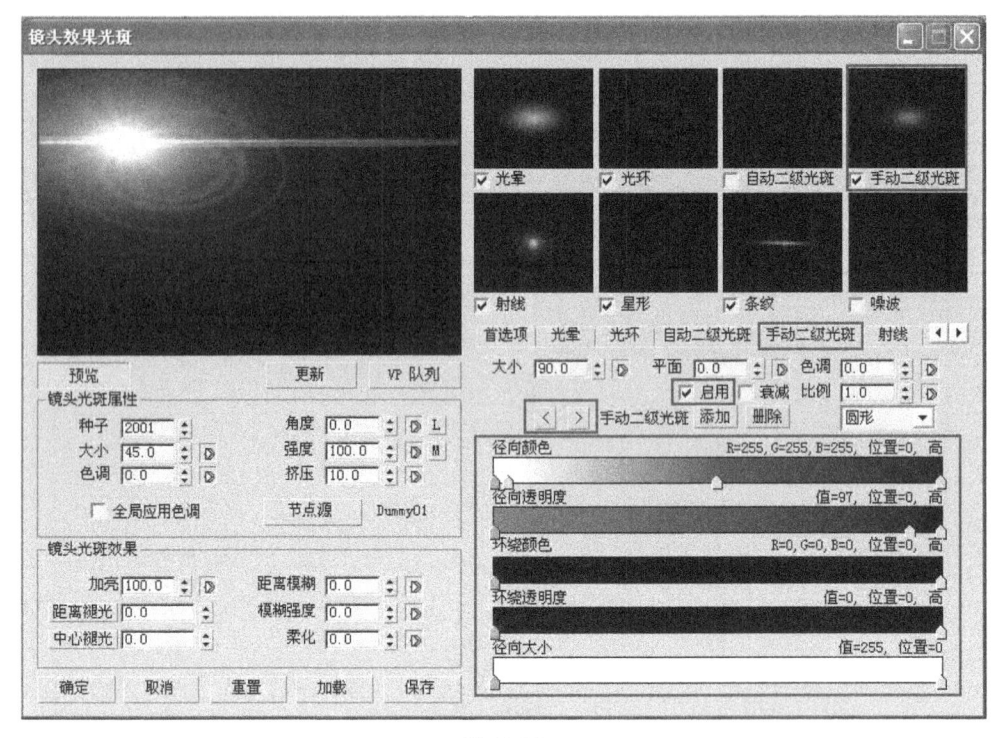

图 10-39

(12) 单击"射线"（Rays），进入其编辑面板，如图 10-40 所示进行参数设置。在左上角的"预览"视窗中可以看到已完成的光效，单击"确定"（OK）按钮，回到"Video Post"面板。

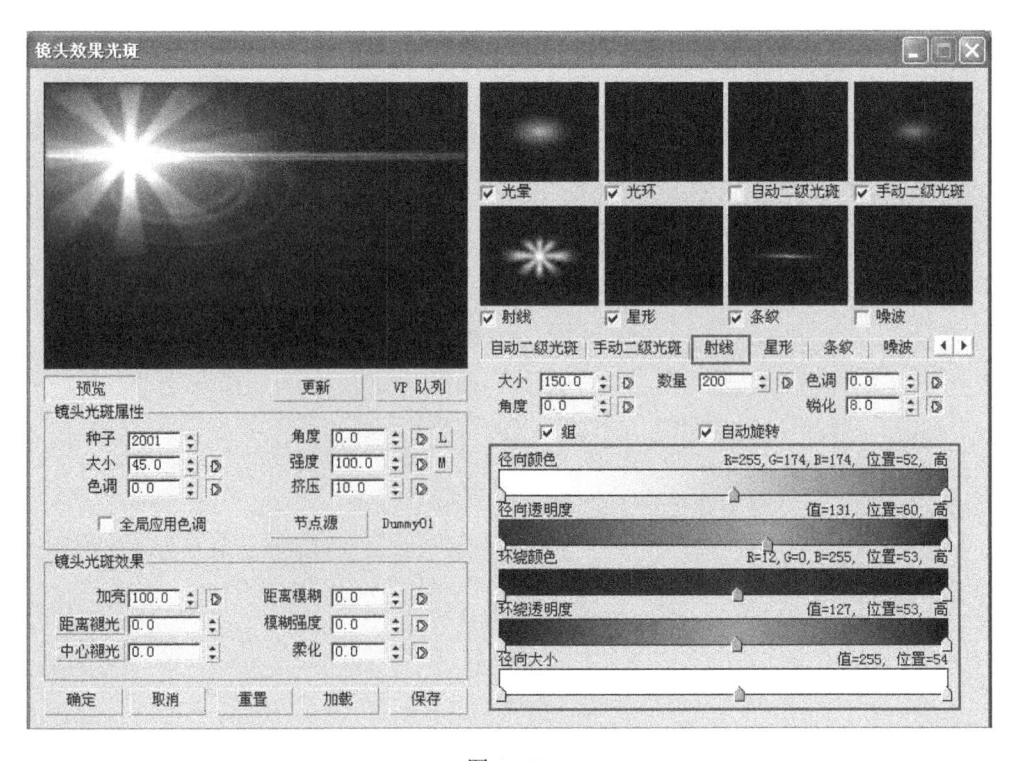

图 10-40

(13) 进行渲染。单击 ✖ 按钮，弹出执行"Video Post"（Execute Video Post）面板，选中"单个"（Single），在"输出大小"（Output Size）中选择"PAL D-l"（Video），单击"渲染"（Render）按钮，如图 10-41 所示。

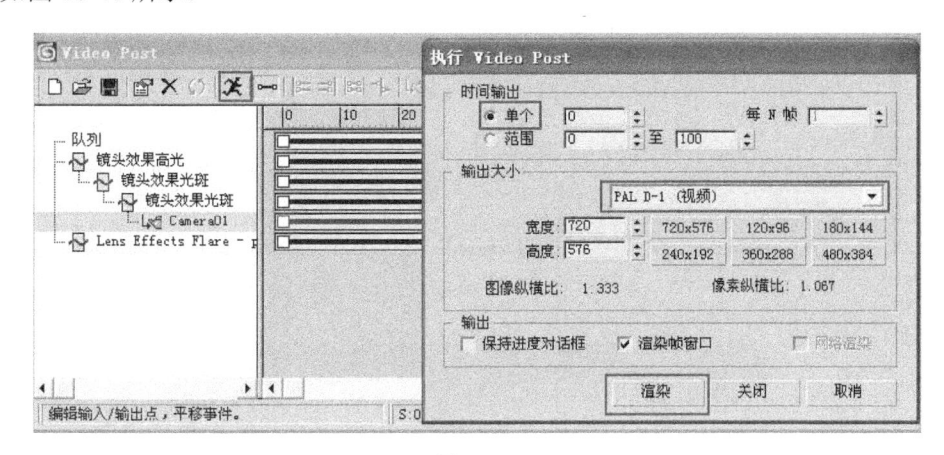

图 10-41

(14) 在"Video Post 队列"（Queue）窗口中单击"保存"按钮，如图 10-42 所示。

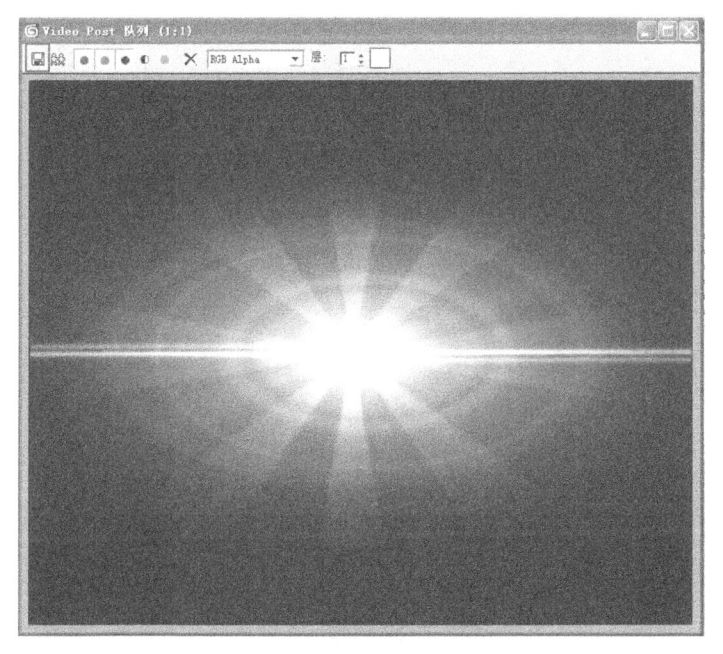

图 10-42

(15) 弹出"Browse Image for Output"面板，设置图像格式为"Targa"图像文件，如图 10-43 所示。

(16) 给文件命名为"光效"，单击"保存"，弹出"Targa 图像控制"（Image Control）面板，在"每像素位数"（Bits-Per-Pixel）中选择"32"，选择"预乘 Alpha"复选框，如图 10-44 所示。

单击"确定"（OK）按钮，保存图像。这样可以渲染出原图和 Alpha 图像。

(17) 用以上的方法制作其他一些光效，并在 Photoshop 中进行调试，得出效果如图 10-45 所示。

207

图 10-43

图 10-44

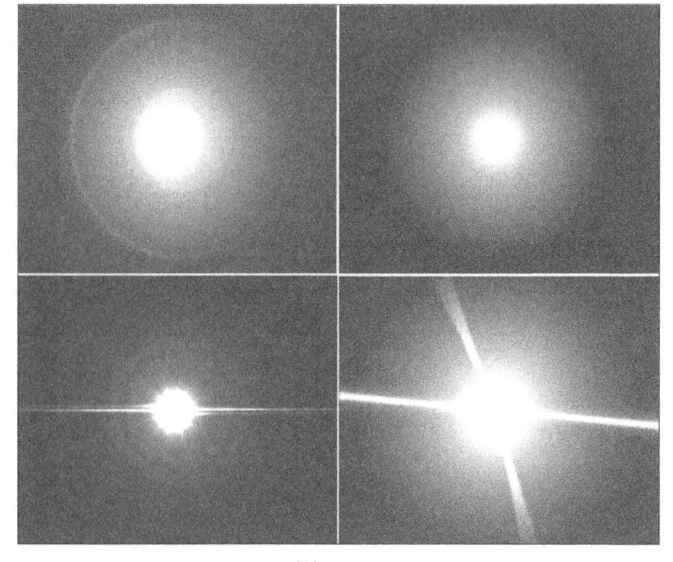

图 10-45

在"第十章"文件夹中保存了这个 3DS 文件,它的名字是"光效.max",你可以打开这个文件,直接渲染得到想要的一些光效。

渲染后的素材我们稍后还要在 Adobe Premiere Pro CS4 中进一步处理。

我们可以为最终的作品加一点中国元素，所以接下来我们用3DS Max8制作一段飘舞的红绸带素材，以便将它最终合成在作品中，如图10-46所示。

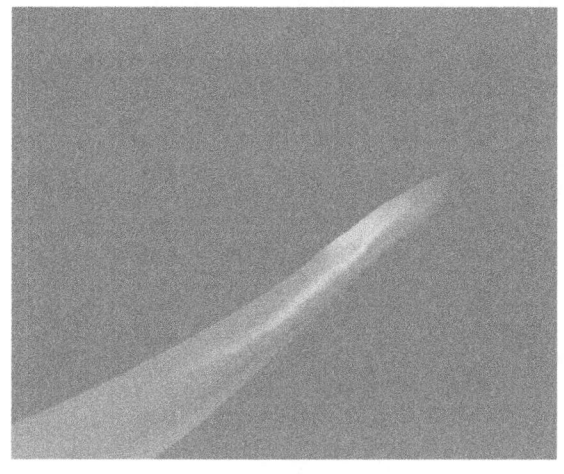

图10-46

10.5.2 制作随风飘摆的绸带

(1) 运行3DS Max 8 软件。在创建命令面板中，单击"平面"（Plane）按钮，在"前"（Front）视图中绘制一个"90×360"的平面，如图10-47所示。

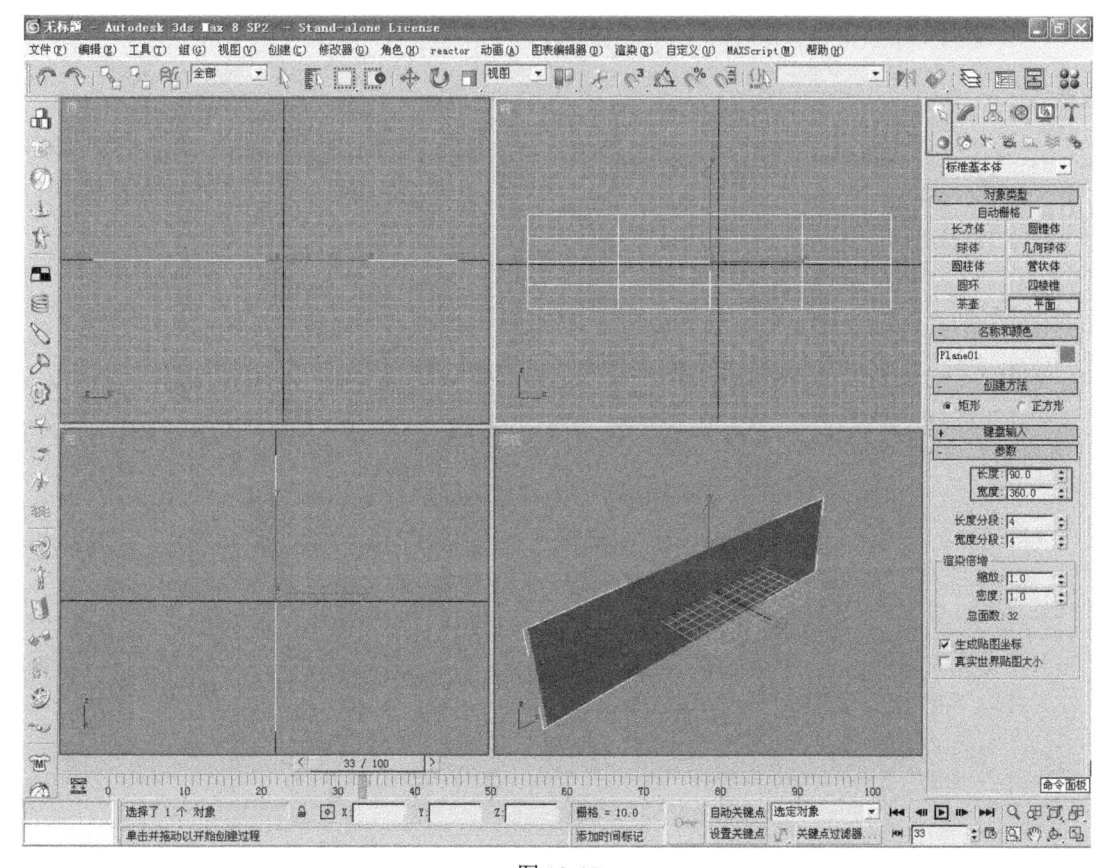

图10-47

209

（2）在命令面板中单击"修改"按钮，进入"Plant01"的修改（Modify）面板，设置参数（Parameters）选项组中的"长度分段"（Length Segs）为"20"，"宽度分段"（Width Segs）为"80"，这是为了使面片的段数增加，从而起到增加布料模拟计算的精度，如图 10-48 所示。

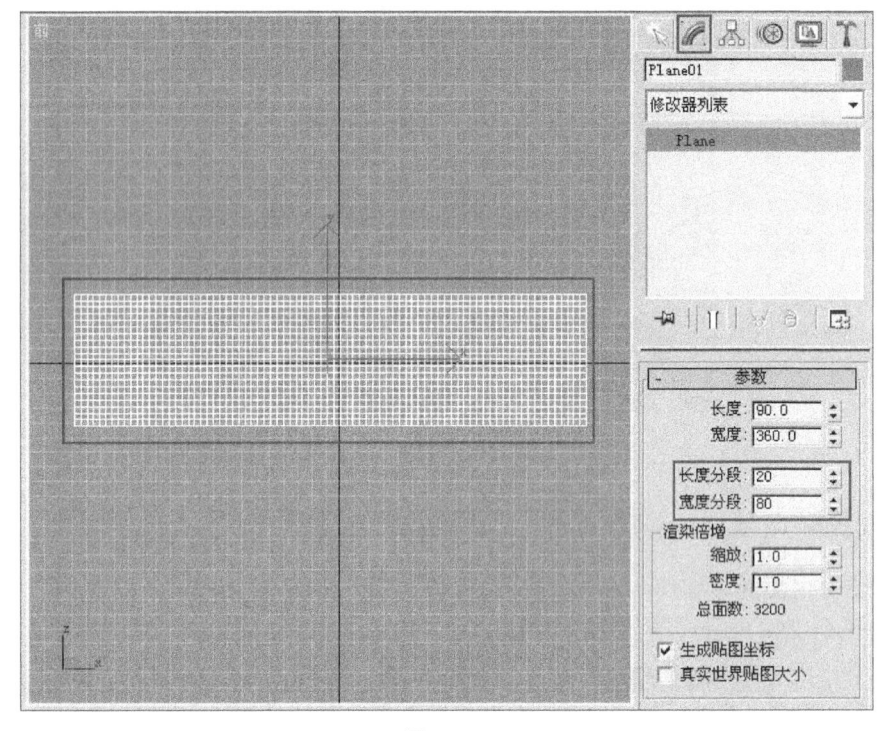

图 10-48

（3）为了使布料模拟动画更加精细，将面片转换为 NURBS 曲面。在视图区中的物体"Plane0"上单击鼠标右键，在弹出的下拉菜单中，选择"转换为"（Convert To）中的"转换为 NURBS"（Convert to NURBS）命令，如图 10-49 所示。

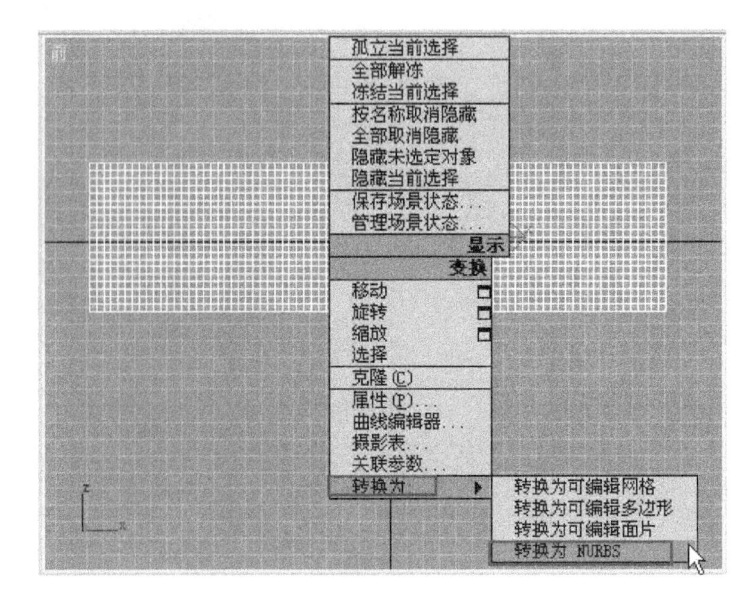

图 10-49

210

(4) 在"修改"(Modify)面板中,展开"曲面近似"(Surface Approximation)卷展栏,单击"高"(High)按钮,然后单击"高级参数"(Advanced Patameters)按钮,弹出"高级曲面近似"(Advanced Surface Approx)面板,设置参数如图10-50所示,单击"确定"(OK)按钮。

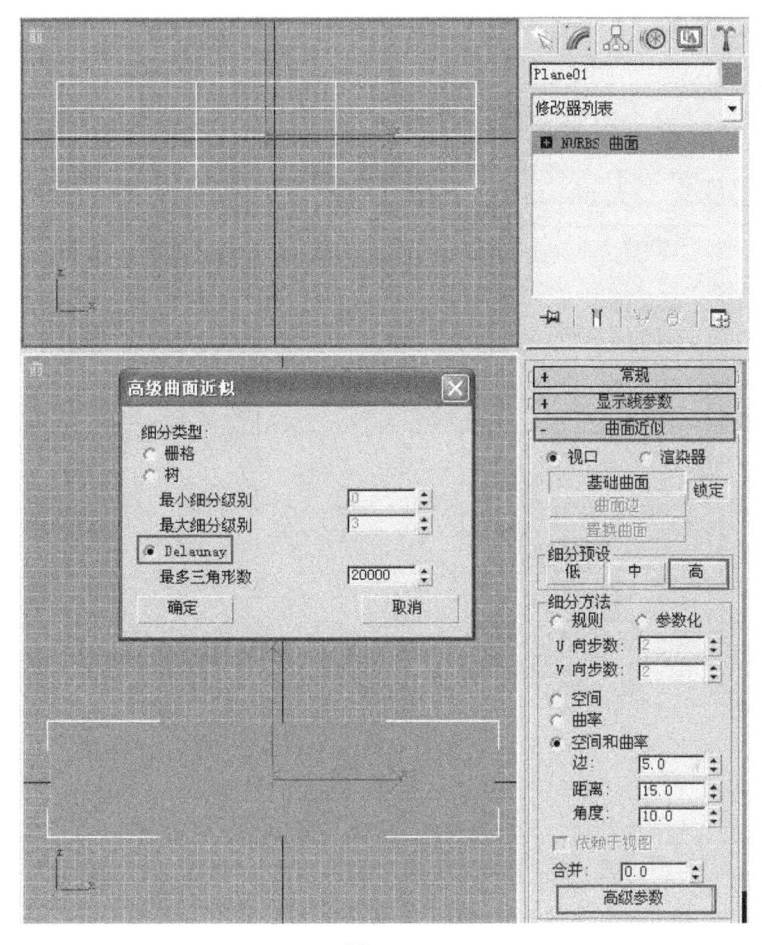

图10-50

提示:3DS Max中的任何网格物体都可以指定为布料物体,但是要求多边形的面数要少于3000,否则系统就会运行得很慢,无法进行实时预览。由于大多数的网格物体都属于三角形细分的四方格类型,所以在进行模拟计算时,布料的折缝呈一条条直线状,很不自然。所以在创建网格物体的时候最好选择不规则的三角形类型,正如图10-50中选择NURBS曲面的Delaunay类型。

(5) 在"修改"(Modify)面板中,单击"修改命令列表"(Modify List)的按钮,在弹出的下拉菜单中选择"reactor布料物体"(reactor Cloth)命令。进行"reactor布料物体"的参数设置,如图10-51所示。

① Properties(特性)卷展栏。

reactor Cloth(reactor布料物体)的Properties(属性)面板中包含了决定布料物体的物理属性和模拟计算结果,如图10-52所示。

● Mass(质量):用于设置布料的质量,单位kg(千克)。
● Friction(摩擦系数):用于设置布料表面的摩擦系数。

211

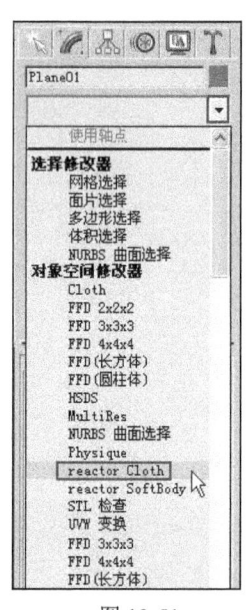

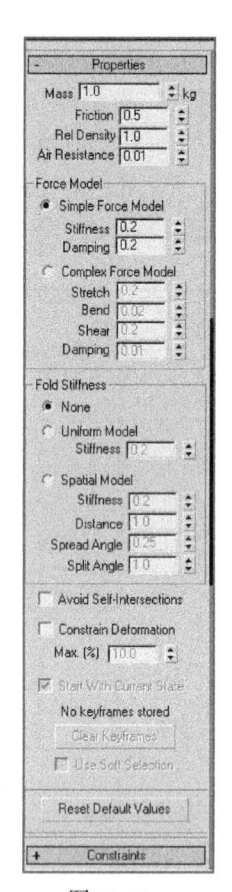

图 10-51　　　　　　　　　图 10-52

● Rel Density（相对密度）：由于布料没有体积感，无法计算真实的密度，在此可以设定相对的密度。

● Air Resistance（空气阻力）：相当于布料压缩、伸展的阻尼系数。

在 Force Model（强制模式）选项组中，包括了两种计算方式来模拟布料，Simple Force Model（简单强制模式）和 Complex Force Model（复杂强制模式）。

● Simple Force Model（简单强制模式）：可以较好地应用于大多数的场景，它的模拟计算速度比较快，只有 Stiffness（硬度）和 Damping（阻尼）两个参数可供调节：

Stiffness（硬度）：用于设置布料的软硬程度。

Damping（阻尼系数）：决定不良摆动的阻尼大小。

● Complex Force Model（复杂强制模式）：可以更加精确地模拟布料的动力学效果，其中包括 Stretch（伸展）、Damping（阻尼）、Bend（弯曲）和 Shear（剪切）参数。

提示：Complex Force Model 可以更加精确地模拟布料物体，但是会占用系统过多的资源。

● Fold Stiffness（折叠硬度）：是另一种调节布料硬度的方式。它可以控制布料弯曲的程度，即布料折叠的效果，缺省参数为类似丝绸的效果，通过调节参数，可以模拟羊毛、亚麻以及金属薄片的布料效果。

在 Fold Stiffness（折叠硬度）选项组中，包括 None（没有）、Uniform（均匀）、Spatial（空间）3 个选项。

Uniform Model（均匀）：不考虑布料的拓扑结构，沿着物体表面均匀地添加折叠硬度，只有 Stiffness（硬度）一个参数可供调节。

212

Spatial Model（空间）：提供了更多的可调参数，这些参数可以控制添加折叠硬度的方式和效果，对于制作衣服的布料效果都非常适用。例如：

Stiffness（硬度）：控制折叠硬度的硬度强弱。

Distance（距离）：控制每个单位面积的折叠次数，它的数值越大，每个单位面积折叠的越多。

Spread Angle（伸展角度）：控制 Fold Stiffness（折叠硬度）添加给布料的程度，使其变为一个不平坦的图形，可以控制布料两部分之间的角度极限。

Split Angle（分裂角度）：控制 Fold Stiffness（折叠硬度）沿原始的布料的网络线的集中程度。

● Avoid…（避免）：勾选此项，可以避免布料自身的穿插和交迭。

● Constrain…（约束）：勾选此项，通过调节其下的 Max 参数，可以调节布料伸展变形的最大幅度。

② Constraints（约束）卷展栏。

Constrains 卷展栏如图 10-53 所示。

● Fix Vertices（固定点）：约束当前被选的点固定在场景中，可以用来制作窗帘的动画效果。

● Keyframe Vertices（动画关键帧点）：这个约束允许将固定的点跟随当前动画，可以用来实现拉窗帘的动画效果。

● Attach To Rigid Body（连接到刚体）：约束软体和布料固定的点到指定的刚体上，可以用来制作悬挂旗帜、窗帘，制作蹦床的场景。

● Attach To DefMesh（连接到变形网络）：约束软体和布料固定的点到指定的变形网络上，例如将头发和衣服加到人体上。

(6) 在 Plane01 的 Modify（修改）面板，设置 reactor Cloth（reactor 布料物体）的"Properties"（特性）面板参数，如图 10-54 所示。

图 10-53

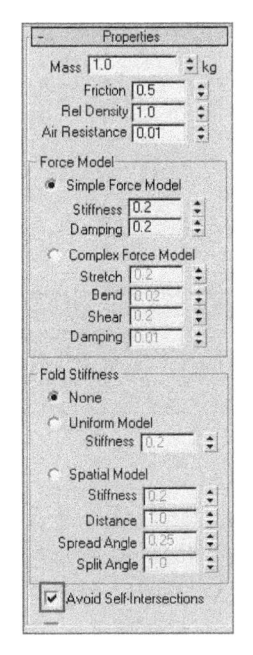

图 10-54

(7) 在"Constraints"（约束）面板中，单击"Fix Vertices"（固定点）按钮，在下面的窗口中出现"Constrain To World"命令，如图 10-55 所示。

选择该命令，并展开"reactor Cloth"，选择"Vertex"（点）项，如图 10-56 所示。

213

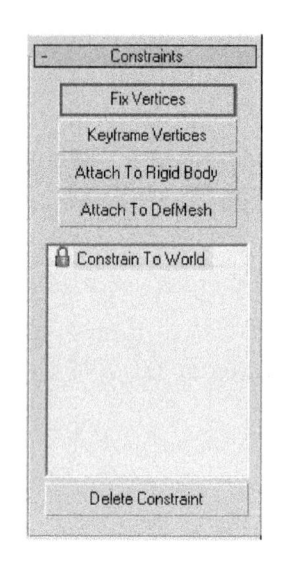

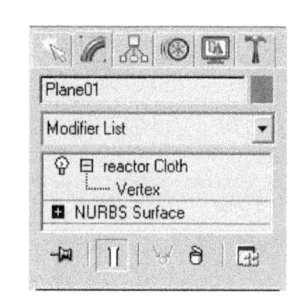

图 10-55　　　　　　　　　　　　图 10-56

此时，在视图中可以看到 NURBS 曲面上的点都显示出来了，如图 10-57 所示。选择曲面上左侧一排的点，这样做可以将其设置为固定点，如图 10-57 红色框所示。

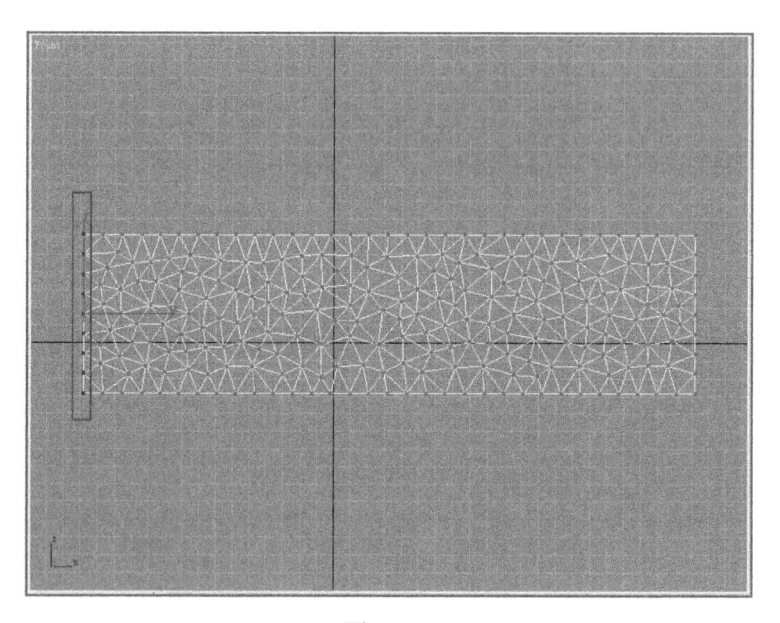

图 10-57

(8) 在屏幕左侧的工具栏中单击"创建布料集合"按钮，在场景中出现一个布料集合"CL Collection01"，如图 10-58 所示。

现在，在"Modify"（修改）面板中也可以看到"Plane01 曲面"已经被加载到布料集合当中了，如图 10-59 所示。

提示：Cloth Collection（布料集合）是 reactor 的辅助物体，相当于布料物体的一个容器，当在场景中添加一个布料集合时，任何布料物体（布料修改）都可以被加入到场景中的集合中来。场景中的布料集合在运行模拟计算时，是被计算的。然而，当布料集合失去作用时，布料物体将不能进行模拟计算。

214

图 10-58

(9) 在命令面板中单击 T 按钮,进入"程序"面板,然后单击"reactor"按钮,进入"reactor 控制"面板,如图 10-60 所示。

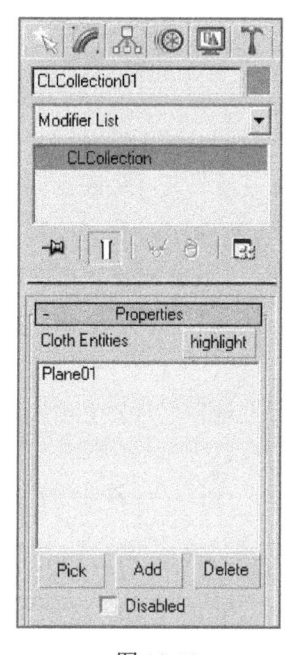

图 10-59　　　　　　图 10-60

下面将详细介绍"reactor"的参数设置。

reactor 包括 preview&Animation(预览&动画)、World(世界)、Collisions(碰撞)、 Display (显示)、Utils.Properties(道具)卷展栏参数控制。

① preview&Animation(预览&动画)卷展栏。

运行和预览 reactor 模拟计算,也可以给模拟动画定时参数设置,如图 10-61 所示。

在 Timing(定时)栏中包括以下参数:

● Start Frame(起始帧):当创建一个模拟计算和预览时,reactor 需要访问在场景中物体的固定时间点,这个参数定义了在时间中的点(即 3DS Max 中的帧)。当创建一个动画时,关键帧将被创建在从这一帧开始到结束帧。

215

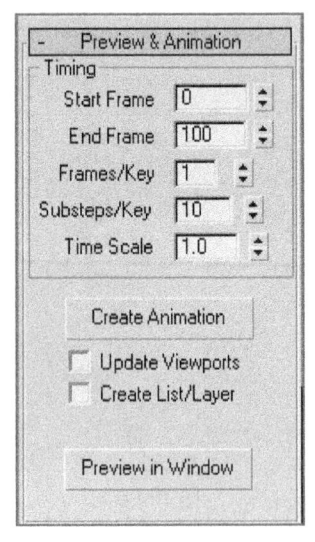

图 10-61

● End Frame（结束帧）：产生 reactor 模拟计算的结束关键帧，当创建一个动画，关键帧将从起始帧开始创建到该帧结束。

● Frames/Key（帧/关键帧）：reactor 创建的每一个关键帧的帧的数值（即时间步幅）。例如当参数设置为 2 时，在每两帧将创建一个关键帧。参数越大，reactor 的时间步幅越大，也就意味着模拟计算精确度越小。

● Substeps/Key（次帧/关键帧）：reactor 模拟计算在每一个关键帧中次帧的数值。这个值越高，在模拟中将产生更精确的计算，同样将耗费更多的资源。

● Time Scale（时间比例）：这个参数连接模拟时间与 3DS Max 中时间的比例。

改变这个值将自定义降低或提升动画速度。当值小于 1 时，将产生慢动作的动画；当值大于 1 时，将产生快动作的动画。

● Create Animation（创建动画）：单击这个按钮将运行物理模拟计算，并且在 3DS Max 中，设置的 Start Frame（起始帧）开始创建关键帧，至 End Frame（结束帧）停止创建。

● Update（更新）：在视图中更新创建动画的场景。

● Creat Lift/layer：创建列表/层。

● Preview in Window（在窗口中预览动画）：在预览窗口中预演模拟计算的场景。

② World（世界）卷展栏。

在模拟计算场景中设置一些常用的参数，例如力和重力的方向，物体相互之间的冲突方式，如图 10-62 所示。

● Gravity（重力）：在场景中的物体将受重力的影响进行加速度运动。

● World Scale（世界坐标比例）：reactor 在 3DS Max 中的单位换算比例。即在 reactor 中 1 米相当于 3DS Max 中的多少个单位。

提示：在 World scale（世界比例）中改变数值，能够彻底影响模拟物体的运转。

● Col Tolerance（碰撞公差）：在每个模拟步幅中，检测在场景中的任何物体是否进行碰撞。Col.Tolerance（碰撞公差）属于一种全局参数，指的是两个物体之间允许的最小安全距离。如果物体之间的距离小于此碰撞公差值，那将被视为发生了碰撞，就会为这两个物体施加力，使它们彼此分开，不交叠在一起。高的碰撞公差值将产生更稳定的模拟效果，但是过高的值会导致碰撞物体之间的明显缝隙。

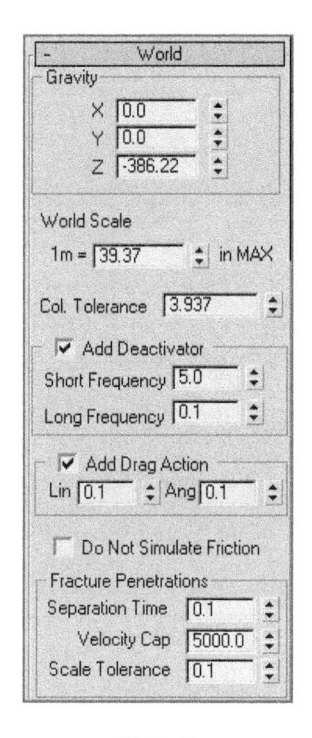

图 10-62

- Add (Add Deactivator 添加组活元素)：当该项被勾选时，组活元素将被添加到模拟计算中。当刚体运动的能量降低到一定水平后，系统会将其视为固定的物体，不再计算它的运动，而将系统资源集中计算其他的运动物体，这样可以加快计算的速度。

Short Frequency（短的频率）：设置在模拟中物体通过每一个步幅必须移动的最小距离，通常以毫米为单位。如果一些在模拟中的物体不在每一个步幅中移动必需的距离，reactor 将其视为固定的物体。

Long Frequency（长的频率）：设置距离，通常比 Short Frequency（短的距离）更大。在模拟中，长的频率不产生在每一个步幅中，而是产生在每几个步幅中。任何物体不在长的步幅中移动，将其视为固定的物体。

- Add Drag Action（添加拖拉动作）：添加一个拖拉动作到系统中，使刚体受制于持续的拖拉动作，这将迅速衰减它的线速度或角速度，最后趋于静止状态。Lin 和 Ang 分别调节提供的线速度或角速度阻尼大小。

提示：拖拉动作只能指定给系统中的刚体。

- Do Not Simulate Friction（不模拟摩擦力）：勾选该项，reactor 将在模拟中忽视所有摩擦力的设置，物体将只是简单的彼此越过的滑动。

- Fracture Penetrations（破碎渗透）：模拟物体的破碎。包括 Separation Time（分离时间）、Velocity Cap（速率）、Scale Tolerance（比例公差）参数设置。

③ Collisions（碰撞）卷展栏。

reactor 允许存储通过模拟产生的所有刚体碰撞的信息。存储的信息能够被 MAXScript 访问，或者被保存到文本文件中。该信息包括有关的物体，碰撞的点和物体碰撞时相对的速率。可以指定物体的进行碰撞效果，也可以指定物体丧失碰撞效果的能力，如图 10-63 所示。

图 10-63

● Store Collisions（存储碰撞）：当创建动画时，用这些选项存储碰撞信息，在模拟中发生的每一个碰撞，reactor 都能记录模拟期间物体碰撞的产生、碰撞的点和碰撞时相对的速率。

Do not store（不存储）：不存储任何碰撞数据。

Store once（存储一次）：在下一次动画创建储存碰撞数据。

Always store（始终存储）：当创建一个动面时，始终储存碰撞数据。

Nocollisions stored（碰撞存储）：reactor 在最后一次创建动画时，记录存储碰撞次数。

View（观看）：单击该按钮将打开存储碰撞信息对话框。在对话框中显示当前存储碰撞的所有信息。

Clear（清除）：单击该按钮将删除所有存储的碰撞信息。

Filter before storing（存储前过滤）：规定用户想要记录的关于碰撞信息更多特殊的详细资料。

Objects（物体）：如果仅仅对碰撞中所包括的物体感兴趣，单击该按钮。

Velocity（速率）：勾选该项，能够指定速率限制。

● Global Collisions（全局碰撞）：其中包括 Define Collision Pairs（定义碰撞对象和 Selected Pair（被选择对象）设置。

Define Collision Pairs（定义碰撞对象）：单击该按钮可以打开刚体碰撞设置面板，可以对刚体进行激活碰撞和取消碰撞的指定。

Selected Pair（被选择对象）：包括 Enable（激活）和 Disable（取消）两个按钮。单击 Enable（激活）按钮，可以快速激活当前被选中两个刚体对象之间的碰撞；单击 Disable（取消）按钮，可以快速取消当前被选中两个刚体对象之间的碰撞。

④ Display（显示）卷展栏。

在模拟预览中指定显示选项，包括摄像机和灯光。这个选项不会影响最终动画的实际效果，仅作用于预览窗口中，如图 10-64 所示。

● Camera（摄像机）：单击该按钮然后在视图区中点击摄像机，作为初始视图显示。被选择的摄像机名称将出现在按钮上。如果没有指定摄像机，则该设置在模拟预览窗口中将显示 3DS Max 中的 Preview 视图。

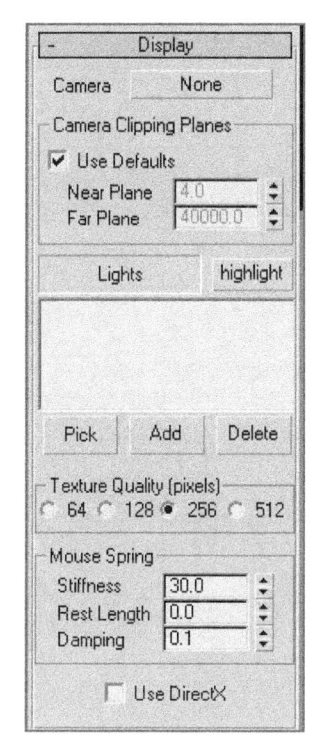

图 10-64

- Camera Clipping Planes（摄像机剪辑面）：如果指定了相机，则显示将使用指定摄像机的剪辑面；如果没有指定相机，将使用默认值指定剪辑面。
- Use Defaults（使用默认值）：勾选该项使用默认值，去除勾选，可以激活 Near Plane（最近的面）和 Far Plane（最远的面）的参数设置。
- Lights（灯光）：在列表框中显示添加的场景灯光。当列表是空的时候，摄像机的闪光灯将被使用。从场景中拾取灯光，则单击 Pick（拾取）按钮；从列表中添加可用灯光，则单击 Add（添加）按钮；从列表中移除灯光，则在列表中选择灯光并单击 Delete（删除）按钮。
- Texture Quality（材质质量）：材质质量定义用于显示材质生成的尺寸。
- Mouse Spring（搜索弹簧）有以下选项：
- Stiffness（硬度）：设置弹簧的硬度和强度，默认值为 30。

Rest Length（静态长度）：弹簧不受外力的情况下的长度。

Damping（阻尼）：决定弹簧物体振荡运动逐渐衰减的速度。

- Use DirectX：如果想在预览中进行 3D 渲染时，则使用 DirectX 系统选择这个选项，否则将使用 OpenGL。

⑤ Utils 卷展栏。

Utils 提供了一些有用的辅助参数用于分析和优化模拟，如图 10-65 所示。

- World Analysis（世界坐标分析）：包括 Analyze World（分析世界坐标）、Analyze Before Simulation（模拟前分析）和 Report Problems After Simulation（模拟后报告错误）设置。

Analyze World（分析世界坐标）：此工具可以分析当前场景中物体的物理属性是否在一个合理的范围内，当发现不正常的情况时可以提出警告，例如，重力值过大，或一个体积非常大的物体，质量却非常小等等。

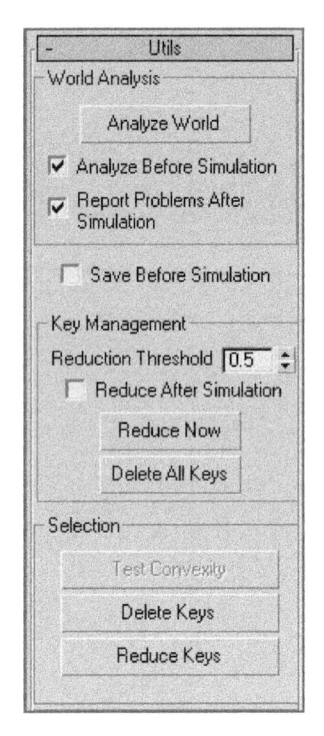

图 10-65

Analyze Before Simulation（模拟前分析）：当该项被勾选，分析坐标总是在预览前或运行模拟前被告知。

Report Problems After Simulation（模拟后报告错误）：当该项被勾选，若在模拟过程中发现错误，则将在模拟之后报告。

● Save Before Simulation（模拟前保存）：当该项被勾选，场景将总是在模拟前进行保存。

● Key Management（关键 IKE 管理）：当 reactor 创建一个动画时，经常会产生一些多余的关键帧，Key Management 允许移除指定物体任何多余的关键帧。这个功能仅仅适用于刚体。

Reduction Threshold（精简限制1）：数值设置越多，则越多的关键帧将被删除，从而导致动画失真；反之亦然。

Reduce After Simulation（模拟后精简）：在每次模拟时，关键帧自动精简。

Reduce Now（立刻精简）：在模拟中精简所有刚体的关键帧。

Delete All Keys（删除所有关键帧）：在模拟中删除所有刚体的关键帧。

● Selection（选择精简）：包括 Test Convexity（检测凸面）、Delete keys（删除关键帧）和 Reduce keys（精简关键帧）设置。

Test Convexity（检测凸面）：在模拟选择几何形体前，在视窗中执行检测当前被选物体是凸面体，还是凹面体。

Delete keys（删除关键帧）：删除当前被选物体所有关键帧。

Reduce keys（精简关键帧）：精简当前被选物体关键帧。

(10) 在 reactor 控制面板中，展开"Preview&Animation"（预览 & 动画）卷展栏，并单击"Preview in Window"（在窗口中预览动画）按钮，弹出"reactor Real-Time Preview"（reactor 实时预览）窗口，如图 10-66 所示。

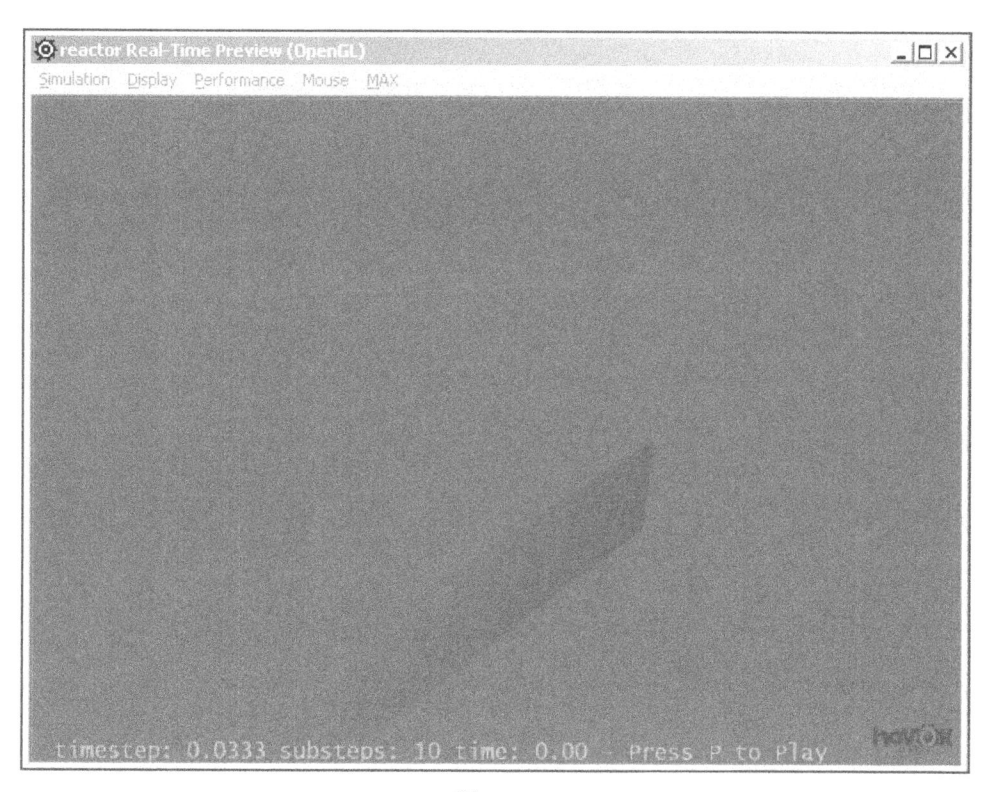

图 10-66

(11) 在窗口中单击"P"键,开始进行布料的模拟计算,如图 10-67 所示。再次单击"P"键,则停止模拟计算。

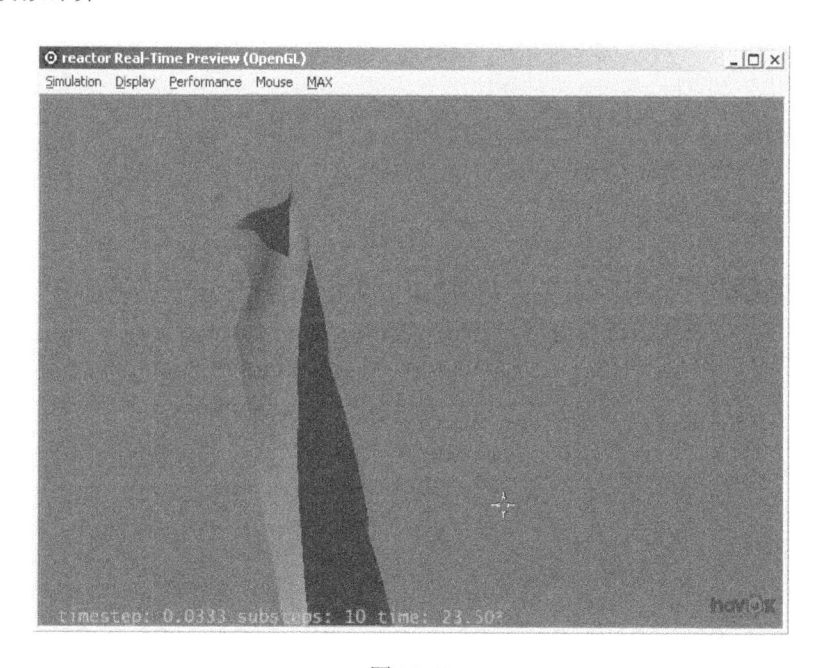

图 10-67

在计算过程中可以看到布料总是围着固定点旋转飘动,下面将加上风力的影响,使布料随风飘动。

(12) 选择菜单"reactor"→"Create Object"(创建物体)→"Wind"(风力)命令,然后在"Front"(前)视图中单击鼠标,创建一个风力,如图 10-68 所示。

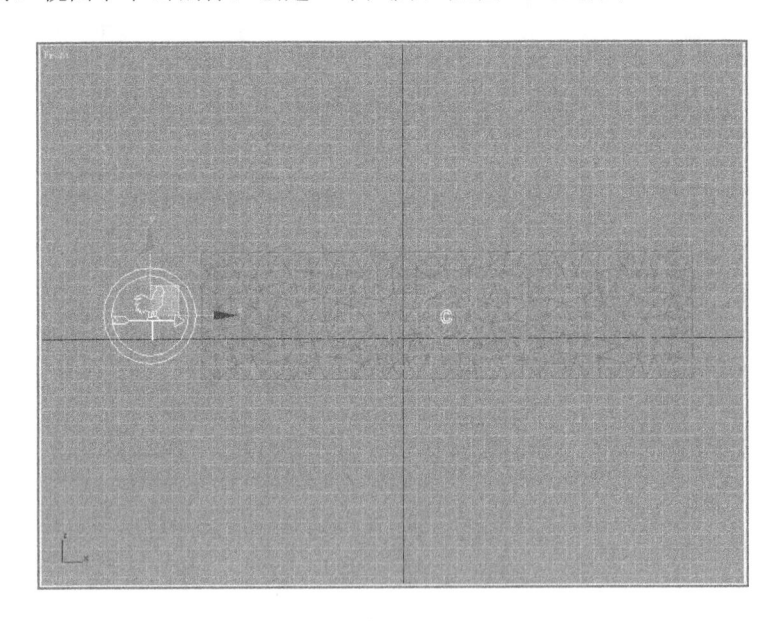

图 10-68

(13) 在命令面板中单击"F"按钮,进入"Wind01"的"Modify"(修改)面板,下面详细介绍"Wind"(风力)参数设置,如图 10-69 所示。

- Wind On(风力开关):定义风力是否被应用。
- Wind Speed(风速):改变风力的速度,风力的方向由图标方向决定。
- Perturb(Perturb Speed 速度干扰):勾选该复选框,风力的强度将随着时间进行变化。包含 Variance(变化)和 Time Scale(时间比例)参数设置。

Variance(变化):改变风力大小的强度变化。

Time Scale(时间比例):可以改变风力变化的速度,该参数值越小,风力强度变化得越慢;反之,则风力强度改变得越快。

- Ripple(波动):勾选该项,可以调节风力在空间和时间的方向,允许给受风力影响的布料物体添加涟漪效果。可以指定 Left(左)/Right(右)、Up(上)/Down(下)以及 Back(后)/Forward(前)方向,系统默认的风力图标箭头所指的方向为前。

Magnitude(数量):决定波动方向变化的多少。

Frequency(频率):决定波动的规律性。

Perturb(Perturb Time 时间干扰):勾选该复选框,可以为风力提供空间的干扰,使风力的波动前后移动,如果没有勾选该复选框,同时也没有勾选 Perturb Speed(速度干扰),那么风力将为一个固定值。

- Use Range(使用范围):勾选该复选框,风力效果将被指定从图标开始风力活动的范围,在视图中将显示这个范围。

Fall Off(分散):风力效果如何朝它的范围限制进行分散。可以选择 None(不分散),Inv(强度随距离成比例减弱)和 Inv Sq(强度与距离的平方成比例减少)。

- Enable(Enable Sheltering 能够遮挡):勾选该选项,物体可以被其他物体遮挡风力。
- Applies To(应用到):该参数栏指定受风力影响的物体类型,可以选择 Rigid Bodies(刚体），Cloth（布料），Soft Bodies（柔体）和 Ropes（绳）。
- Disabled（取消）：勾选该项，将在模拟中移除风力的影响。
- Display（显示）：在视图中改变风力图标的尺寸。
- Reset Default Values（恢复默认值）。

(14) 设置"Wind"（风力）参数，设置"Wind Speed"（风速）为"500"，并勾选"Ripple"（波动）复选框，并选择"Up/Down"；勾选"Enable"（Enable Sheltering 能够遮挡）复选框，如图 10-70 所示。

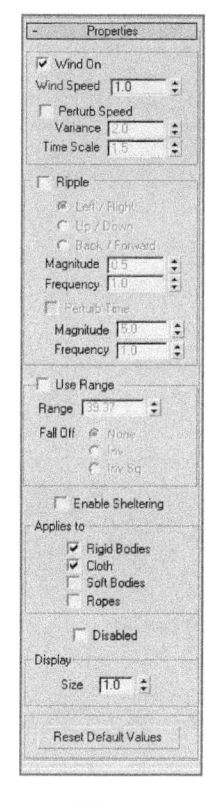

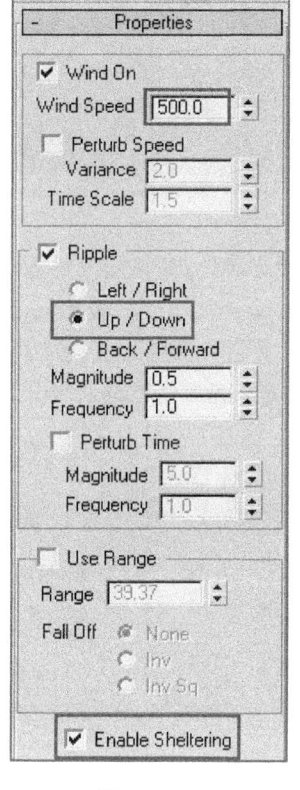

图 10-69　　　　　　图 10-70

(15) 选择移动工具，将风力图标移到"-227.806"，"2.34"，"-107.189"的位置，并在工具栏中选择旋转工具，在该工具上单击鼠标右键，弹出"Rotate Transform Type-In"面板，设置 Z 轴为"20"，如图 10-71 所示。

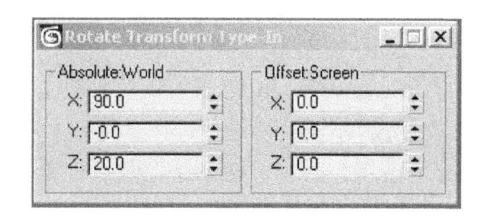

图 10-71

在视图中可以看到风力的图标沿 Z 轴旋转了 20°；也可以使用旋转工具直接在风力图标上沿 Z 轴方向进行拖曳，如图 10-72 所示。

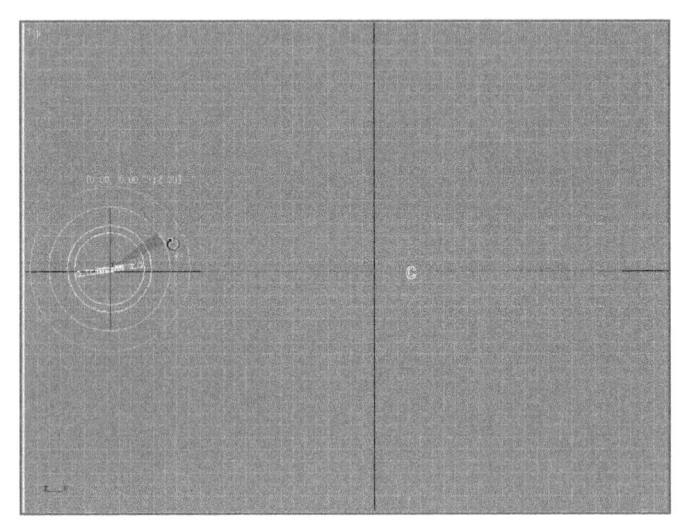

图 10-72

(16) 在命令面板中单击 T 按钮，进入"程序"（Untilties）面板，再进入"reactor"控制面板，同时展开控制面板中"Preview&Animation"（预览 & 动画）卷展栏，并单击"Preview in Window"（在窗口中预览动画）按钮，弹出"reactor Real-Time Preview"（reactor 实时预览）窗口，在窗口中单击"P"键，观察动画结果，布料已经被风吹了起来，如图 10-73 所示。

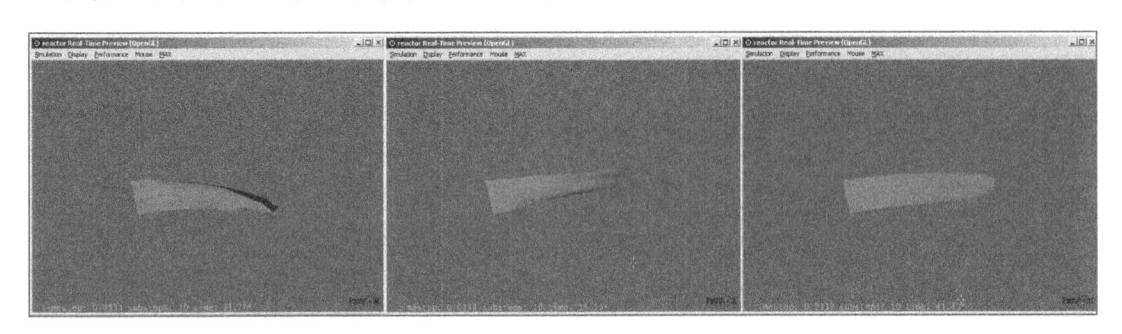

图 10-73

提示：在预览窗口中按下鼠标左键并拖动鼠标，可以旋转观看视角；按下鼠标中键并拖动鼠标，可以移动视图。

(17) 现在可以进行创建动画关键帧了。但是，在创建之前，必须将制式修改成"PAL"制。单击时间控制区中的 ⑤ "Time Con-figuration"（时间配置）按钮，弹出"时间配置"（Time Configuration）面板，在"帧速率"（Frame Rate）选项组中选择"PAL"选项，并在"长度"（Length）中输入"125"，然后单击"确定"（OK）按钮，如图 10-74 所示。

(18) 在 reactor 控制面板的"Preview&Animation"（预览&动画）卷展栏中，设置"End Frame"（结束帧）为"105"，如图 10-75 所示。

然后单击"Create Animation"按钮，弹出"reactor"面板，单击"确定"按钮，如图 10-76 所示。

(19) 设置布料的材质。

单击工具栏中的 Material Editor（材质编辑器）按钮 ⚫，弹出"Material Editor"（材质编辑器）面板，勾选"2-sided"（双面）复选框，设置"Ambient"（环境）为"暗红色"，"Diffuse"（中间色）为"红色"，设置"Specular"（高亮色）为"粉红色"，设置"Specular Level"（高亮级别）

224

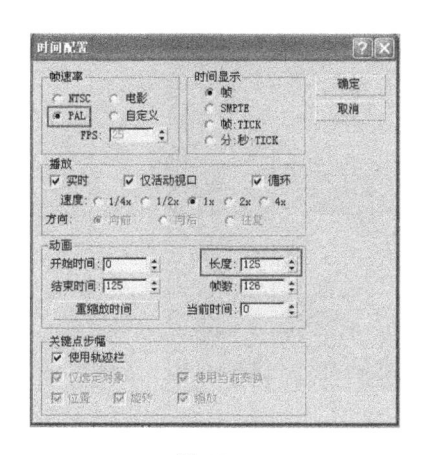

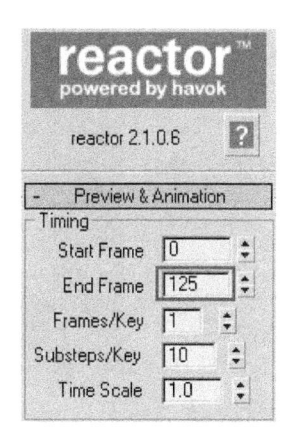

图 10-74　　　　　　　　　　　　图 10-75

图 10-76

为"30","Glossiness"(光晕)为"32","Soften"(柔和)为"0.1"。在"Advanced Transparency"(高级透明)选项组中,设置"Amt"为"30",并设置"Filter"(过滤色)为"红色",如图 10-77 所示。渲染第"6"帧,效果如图 10-78 所示。

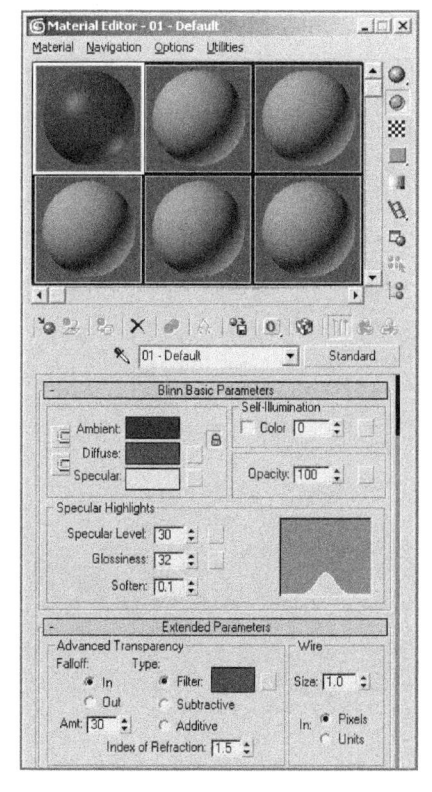

图 10-77

225

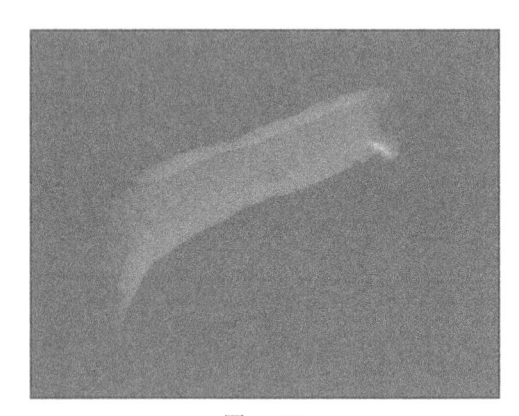

图 10-78

(20) 创建摄像机。在"创建"(Create)命令面板中,单击 按钮,进入摄影机(Cameras)面板。单击"自由"(Free)按钮,在视图中单击鼠标左键,创建一台自由摄影机。

(21) 选择移动工具,将摄像机移动至"-453.677","287.082","-32.903"的位置,并选择旋转工具,并在该工具上单击鼠标右键,弹出"Rotate Transform Type-In"面板,设置"X"轴为"-88.285","Y"轴为"-28.989","Z"轴为"89.989",如图10-79所示。

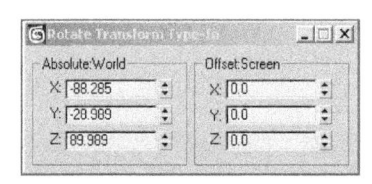

图 10-79

激活"Perspective"视图,并单击"C"键,将该视图切换成"Camera01"视图,如图10-80所示。

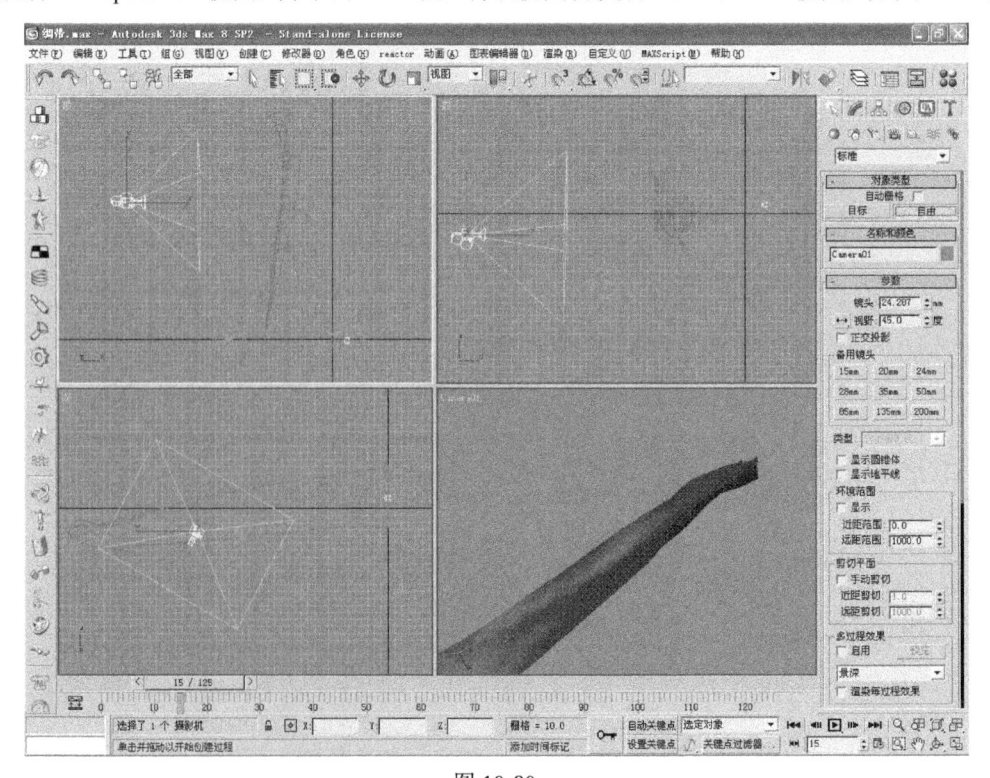

图 10-80

(22) 设置摄像机参数。在命令面板中单击"修改"（Modify）按钮，进入"Camera01"的修改（Modify）面板，设置参数如图 10-81 所示。

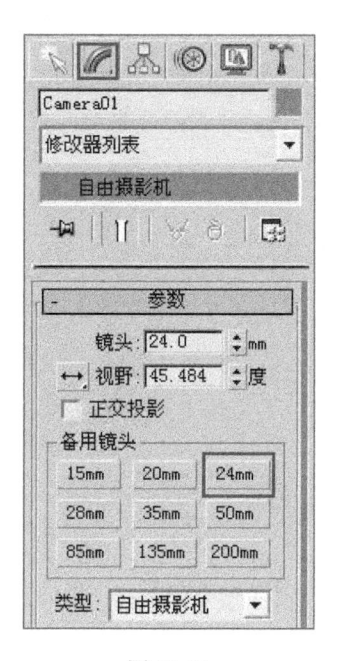

图 10-81

"Camera01"视图如图 10-82 所示。

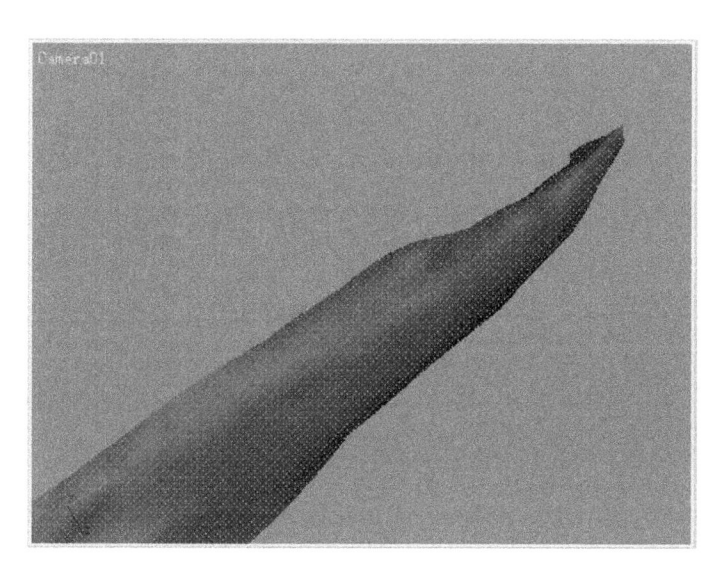

图 10-82

(23) 播放动画。从 30～65 帧是我们所需要的帧，在工具栏中单击"渲染场景"（Render Scene）按钮，弹出"渲染场景"（Render Scene）面板，设置"时间输出"（Time Out）为"范围"（Rang）渲染，设置从 30 帧～65 帧；在"输出大小"（Output Size）选项组的弹出菜单中选择"PAL D-1"视频（Video）项，在"渲染输出"（Render Output）选项组中设置"保存文件"路径，如图 10-83 所示。

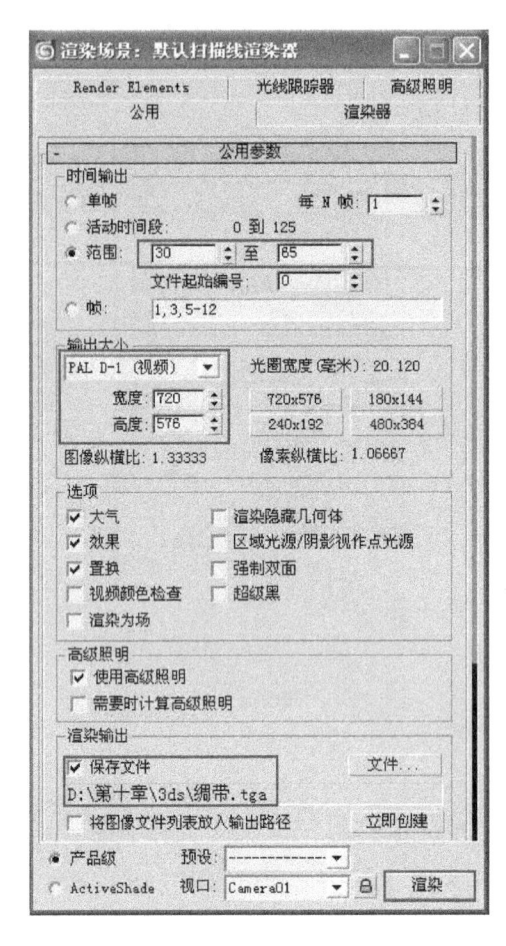

图 10-83

单击"渲染"（Render）按钮，得出渲染结果，如图 10-84 所示。保存场景文件为绸带。

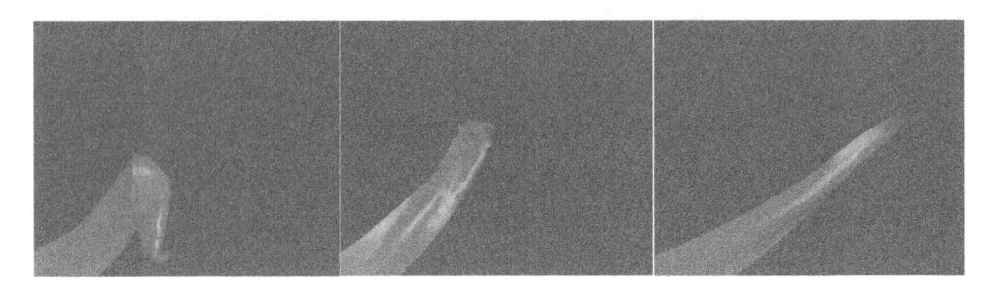

图 10-84

10.5.3 制作 3D 文字

接下来我们要在 3DS Max8 中制作 3D 立体文字：娱乐前沿。

(1) 运行 3DS Max8 软件。

(2) 单击"创建"→"图形"→"文本"，在展开的卷展栏中选择字体为"方正综艺简体"，在文本框中输入"娱乐前沿"。在前视图的中心位置单击鼠标左键，视图中出现了娱乐前沿的样条线效果字，如图 10-85 所示。

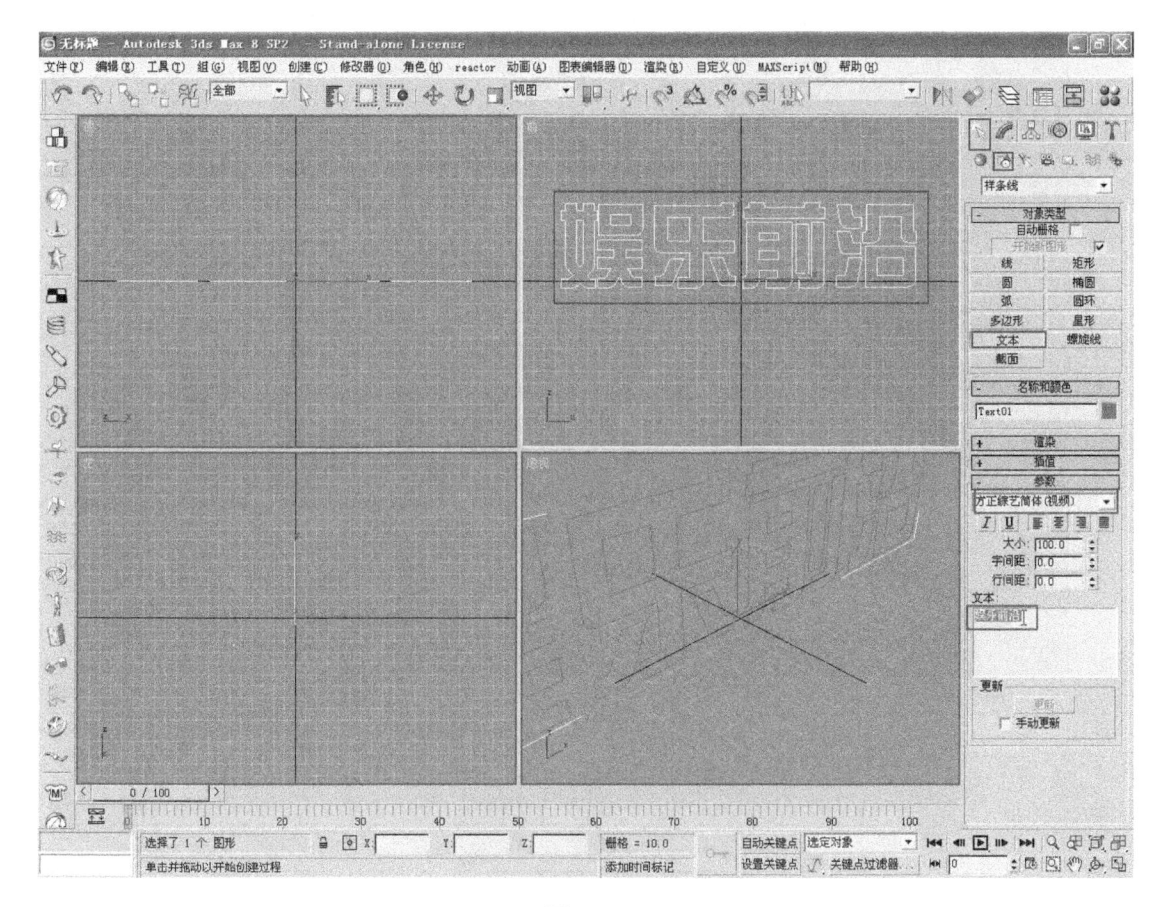

图 10-85

(3) 设置"挤出"文字参数。在命令面板中单击"修改"(Modify) 按钮，进入文字的"修改"(Modify) 面板，在修改下拉列表中选择"挤出"，如图 10-86 所示。

图 10-86

设置参数如图 10-87 所示。

(4) 在"创建"(Create) 命令面板中，单击 按钮，进入"摄影机"(Cameras) 面板。单击"摄像机"按钮，进入"摄像机"的建立菜单，单击"目标"，如图 10-88 所示。

(5) 在"顶"(Front) 视图中拖放鼠标，建立一个目标摄像机，并显示摄像机视图中的安全框选项，激活"透视"(Perspective) 视图，并单击"C"键，将该视图切换成"Camera01"视图，如图 10-89 所示。

229

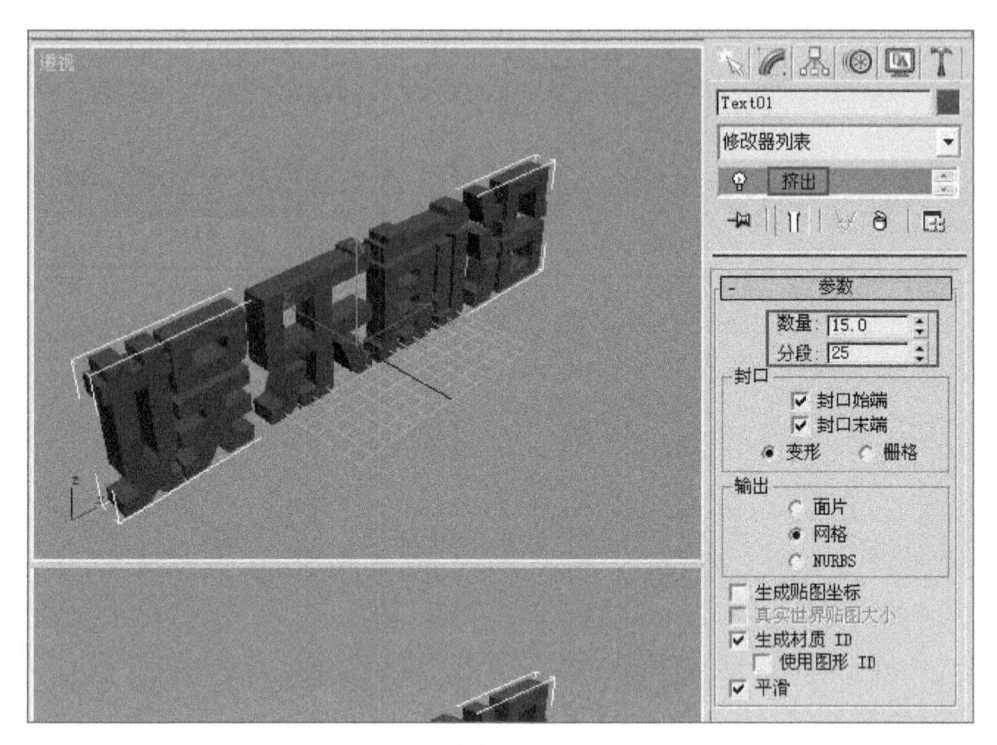

图 10-87

图 10-88

(6) 设置文字的材质。

单击工具栏中的 Material Editor（材质编辑器）按钮，弹出"Material Editor"（材质编辑器）面板，选择"金属"，勾选双面复选框，设置"环境光"（Ambient）为"黄色"，如图 10-90 所示。

230

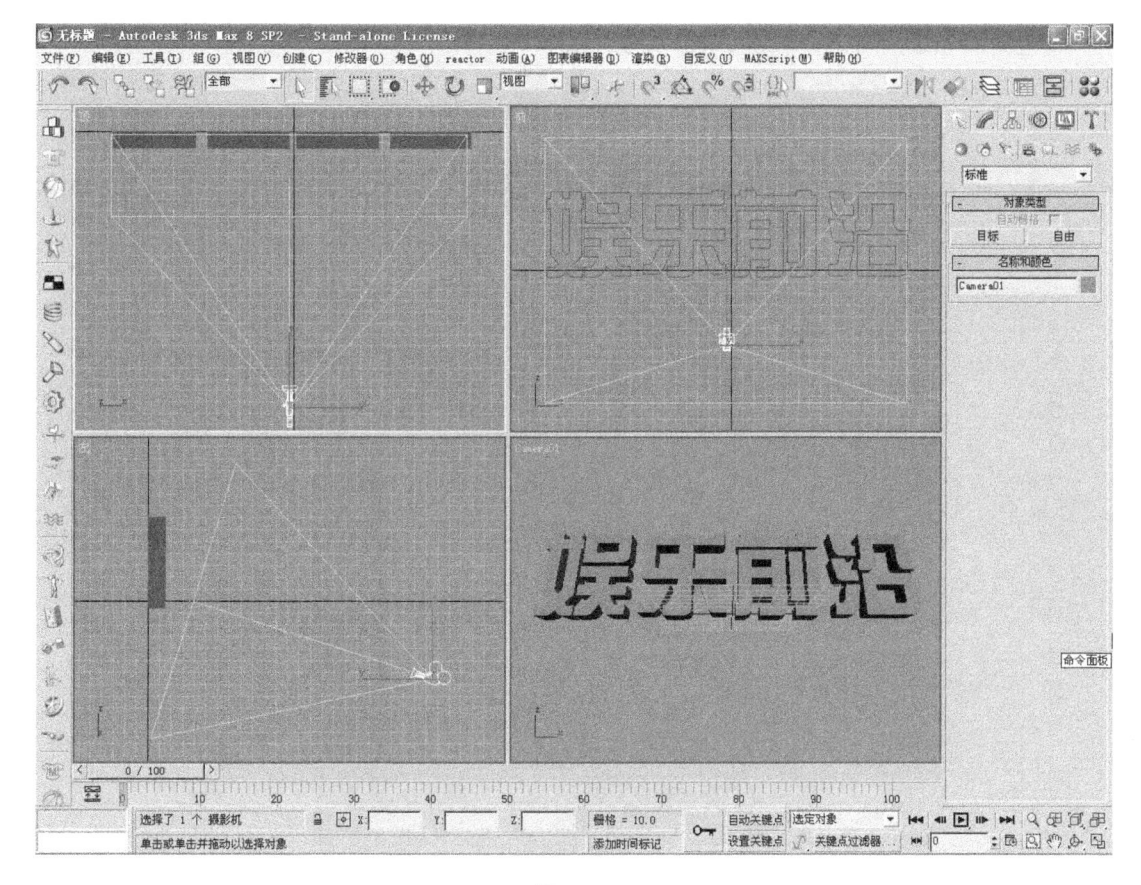

图 10-89

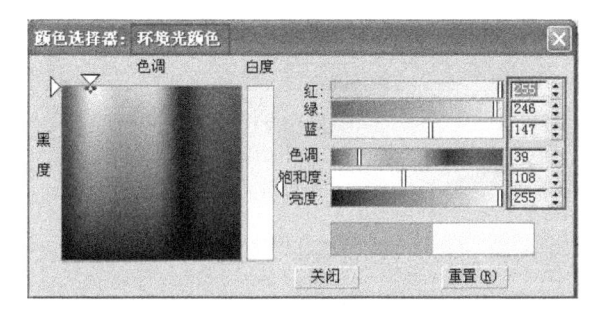

图 10-90

设置"漫反射"颜色为"金黄色",如图 10-91 所示。

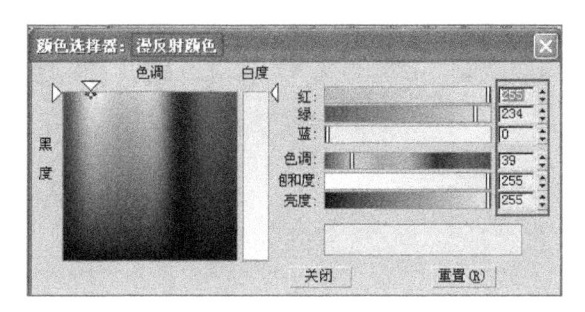

图 10-91

231

设置"高光级别"(Specular Level)为"75","光泽度"为"65",如图 10-92 所示。

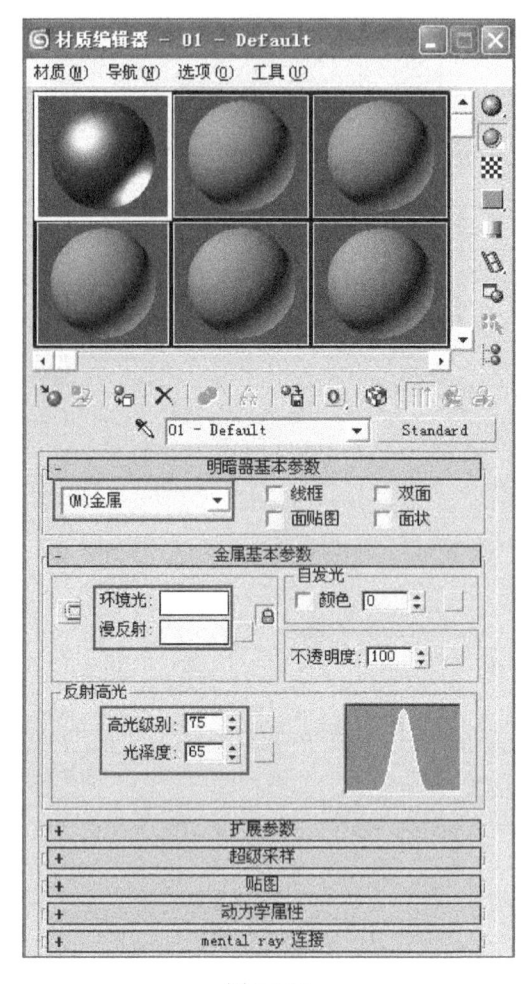

图 10-92

应用材质到文字,渲染后,效果如图 10-93 所示。

图 10-93

（7）设置简单动画，参照前面的操作，将文字导出为"TGA 图形序列"，起名为"3d 文字"。

10.7　在 Premiere Pro CS4 中编辑与合成

现在终于到了将我们制作的素材组合成作品的时候了，首先，我们要将这些素材导入 Premiere Pro CS4 中。

10.7.1　导入素材

（1）运行 Premiere Pro CS4。

（2）选择"文件"→"导入"，导航到"第十章"文件夹，按下 Ctrl 键，依次点击"背景素材"、"片头音乐"、"娱乐前沿"、"字符雨片头字"4 个文件，完成后单击"打开"，如图 10-94 所示。

图 10-94

（3）选择"文件"→"导入"，导航到"第十章"文件夹下的"AE"文件夹，单击"导入文件夹"，如图 10-95 所示。

图 10-95

233

(4) 选择"文件"→"导入",导航到"第十章"文件夹下的"3ds"文件夹中的"3d 文字 3"文件夹,选择"前 0000.tga",勾选"序列图像",单击"打开",如图 10-96 所示。

图 10-96

我们从项目面板中看到,"前 0000"虽然显示的依然是静态图像 tga,但它左边的图标已经变成了视频标识,如图 10-97 所示,这是由于我们勾选了序列图片选项的原因。

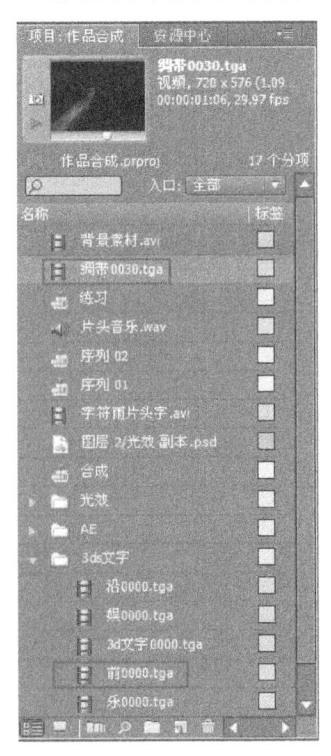

图 10-97

(5) 用步骤 3 同样的方法导入"光效文件夹"。

至此，如图 10-97 所示，我们要编辑的素材全部被导入到 Premiere Pro CS4 中的项目面板内。

10.7.2 剪辑素材、合成作品

(1) 我们要合成的作品只有 15 秒。首先将背景音乐拖放到"序列 01"中的"音频 2"轨道上，它的长度正好是 15 秒，如图 10-98 所示。

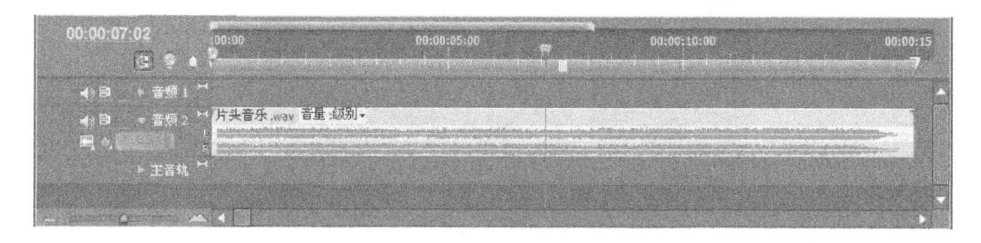

图 10-98

(2) 将项目面板中的"背景素材"拖到序列练习的时间线"视频 1"轨上，可以看到这段素材不够 15 秒，如图 10-99 所示。

图 10-99

(3) 我们再次将"背景素材"拖到"视频 1"轨前一段素材的后面，向前覆盖前一段素材，使结尾与"片头音乐"的结尾对齐。并将"叠化"转场特效→"视频切换效果"→"叠化"添加到这两段素材中间，如图 10-100 所示。

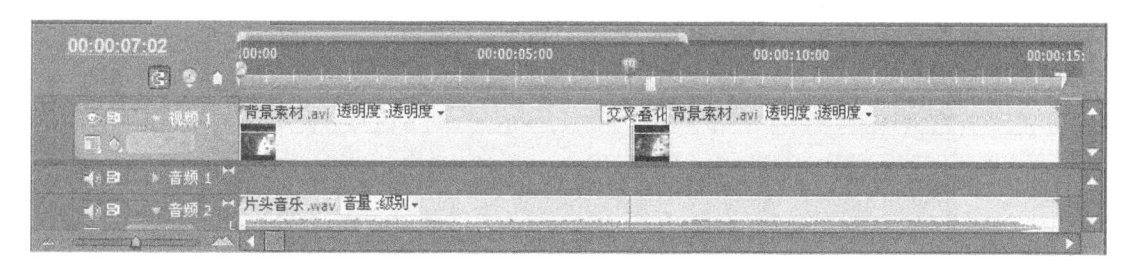

图 10-100

(4) "新建"→"序列"，在弹出的对话框中为序列起名为"合成"。设定视频为"11"；音频设为"立体声"；"1"，单击"确定"，如图 10-101 所示。

(5) 将项目面板中的"序列练习"拖放到时间线的"视频 1"轨道上，这是一个"嵌套序列"，如图 10-102 所示。

通过预览，笔者认为应该将"视频 1"轨上的序列练习进行镜像，这样效果可能会更好些。

选择"视频 1"轨上的序列练习嵌套素材，将"效果"→"视频特效"→"扭曲"→"镜像"拖放到"特效控制台"面板中，将"当前时间线指示器"移动到"0 秒 0 帧"处，点击"反射角度"右边的"添加/删除"关键帧按钮，设置"反射角度"为"-71.6"，如图 10-103 所示。

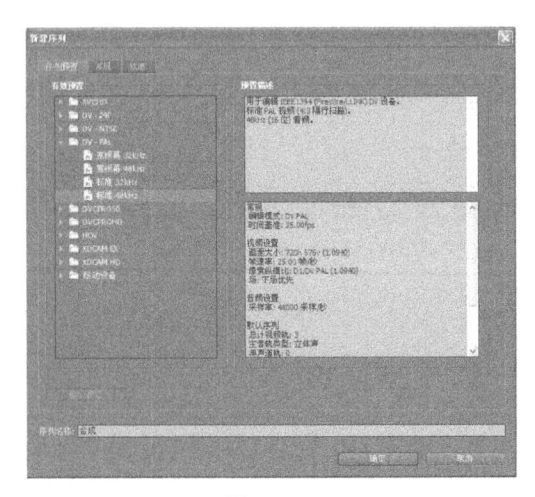

图 10-101

图 10-102

图 10-103

将"当前时间线指示器"移动到"15 秒 00 帧"处，点击"反射角度"右边的"添加/删除"关键帧按钮，设置"反射角度"为"0.0"，如图 10-104 所示。

(6) 如图 10-105 所示，将绸带拖动 4 次，分别放在"视频 2"和"视频 3"，"字符雨"素材拖放到"视频 4"轨；"字符雨-2"放在"视频 5"轨；"字符雨-1"放在"视频 6"轨；将"光效 4"放在"视频 7"轨；将"字符雨"片头字放在"视频 7"轨，将"光效副本"拖到"视频 9"。"沿 0000"放在"视频 8"轨，"前 0000"放在"视频 9"轨，"乐 0000"放在"视频 10"轨，"娱 0000"放在"视频 11"轨，"3d 文字 0000"放在"视频 10"轨，这是粗编的过程。

(7) 按下 Enter（回车键），渲染完成后，自动播放预览效果，如图 10-106 所示。

图 10-104

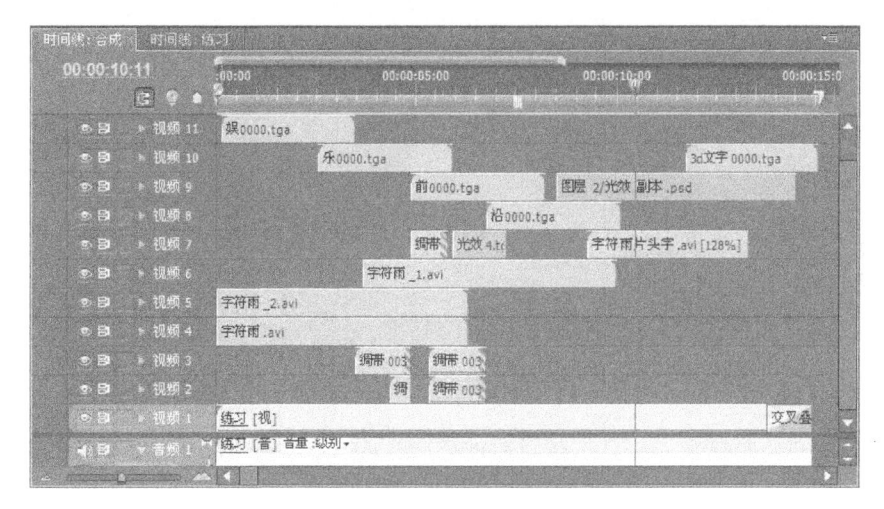

图 10-105

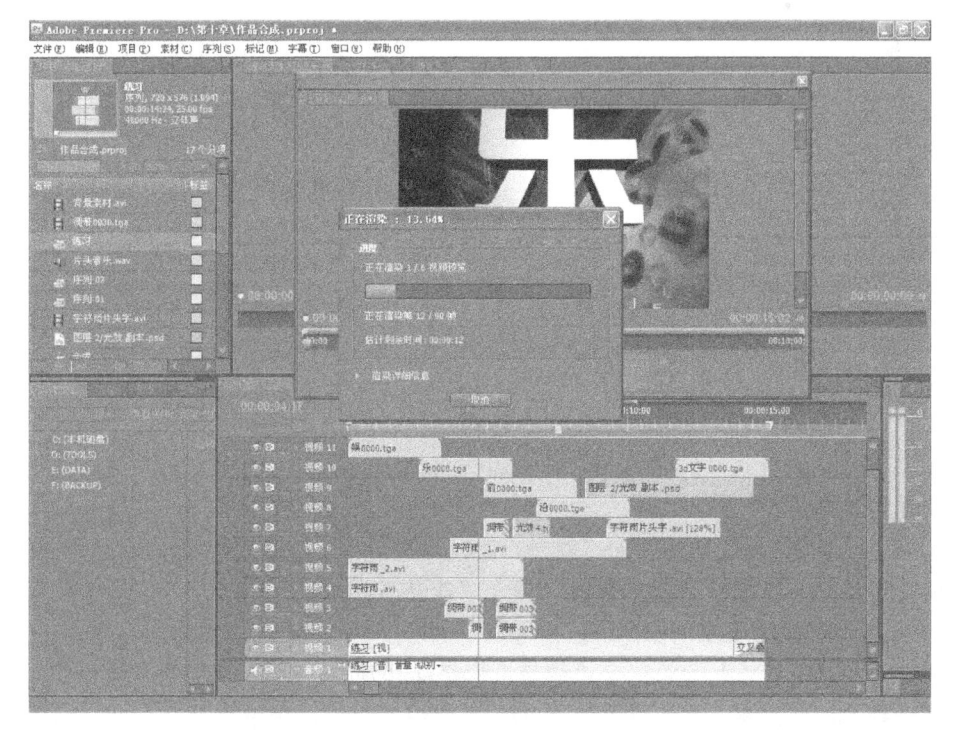

图 10-106

237

现在我们已经看到了素材的初步叠加效果，接下来进行精剪，以使素材的播放符合音乐的节奏，保持作品的完整与强化视觉冲击力。

(8) 通过预览，我们发现"字符雨"三个素材有点拖沓，而且都有点长，我们将这三个素材作统一处理，先处理"字符雨"，再将它的属性粘贴给"字符雨-1"和"字符雨-2"。

将"字符雨-1"和"字符雨-2"拖动到时间线的开始处，再将"当前时间指示器"移动到"3秒17帧"处，使用"剃刀"工具将"字符雨"、"字符雨-1"和"字符雨-2"素材从这个位置剪开，如图10-107所示。

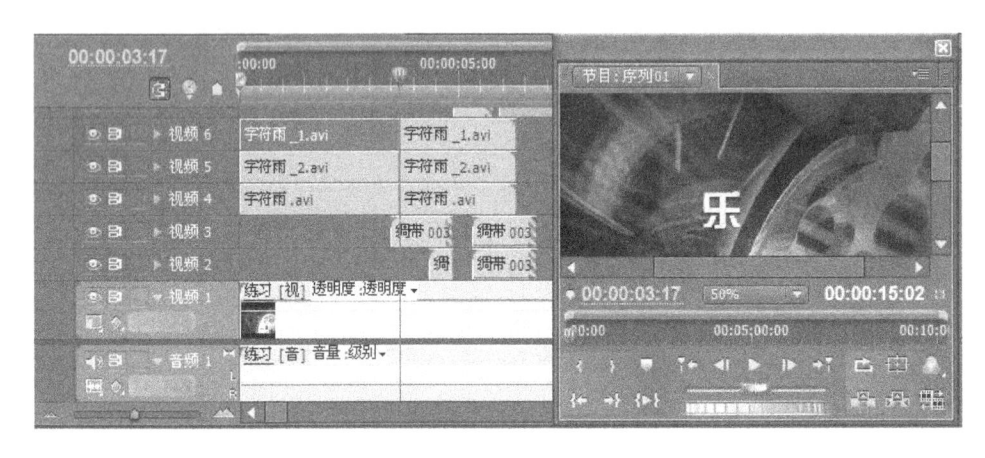

图10-107

(9) 删除剪开的左部素材，只保留右边部分，并将"字符雨"和"字符雨-2"保留的部分移到时间线的起始处，如图10-108所示。

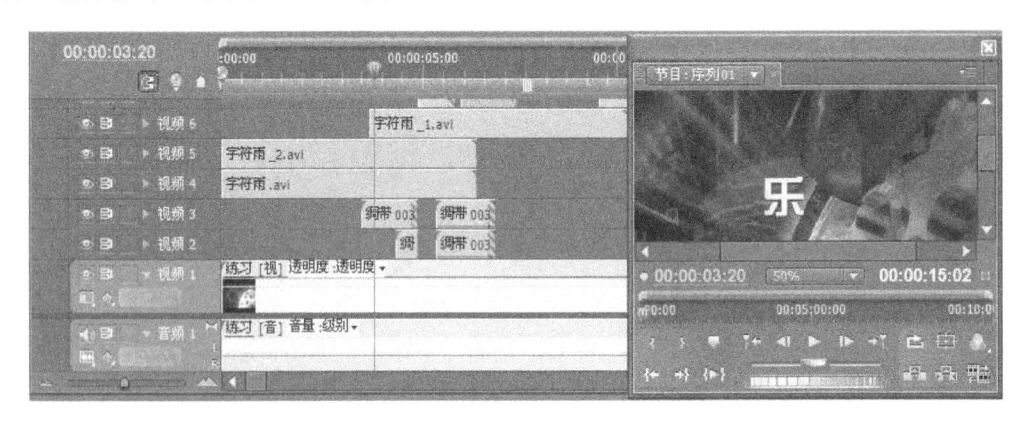

图10-108

(10) 下面我们来处理红绸带素材，我们设想将绸带先从右上角抛出，再从左下角抛出，最后从4个角同时抛出。

(11) 将"视频3"轨上的第一个"绸带"素材移动到"3秒10帧"处，展开"特效控制台"面板，将"运动"左边的小三角形展开，设定"旋转"的值为"180.0"，这将实现绸带先右上角抛出的效果，如图10-109所示。

(12) 将"视频2"轨上的第一个"绸带"素材移动到"4秒09帧"处，将"当前时间线指示器"移动到"4秒22帧"处，使用"剃刀"工具将素材从这个位置剪开，然后将右边的部分移动到"视频7"轨道，如图10-110所示。

238

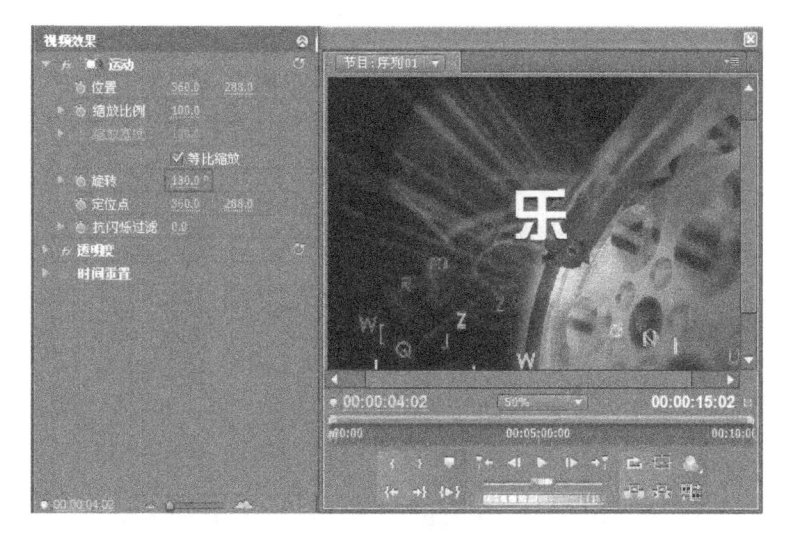

图 10-109

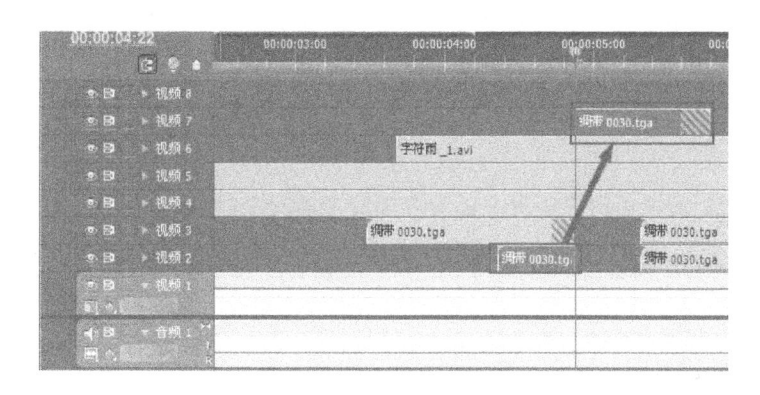

图 10-110

(13) 将"视频 3"轨上的第二个"绸带"素材移动到"5 秒 08 帧"处，展开"特效控制台"面板，将"运动"左边的小三角形展开，设定"旋转"的值为"180.0"，这将实现绸带从右上角抛出的效果。应用"效果"→"视频特效"→"扭曲"→"镜像"，设置"反射角度"为"-85.0"，如图 10-111 所示。

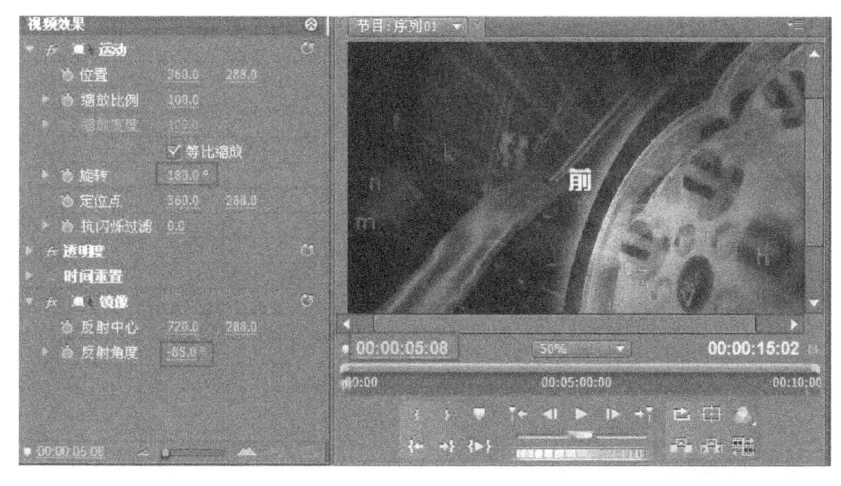

图 10-111

(14) 将"视频 2"轨上的第二个"绸带"素材也移动到"5 秒 08 帧"处，与"视频 3"轨上的第二个绸带素材对齐，展开"特效控制台"面板，将"效果"→"视频特效"→"扭曲"→"镜像"拖放到特效控制台面板中，设置"反射角度"为"-85.0"，如图 10-112 所示。

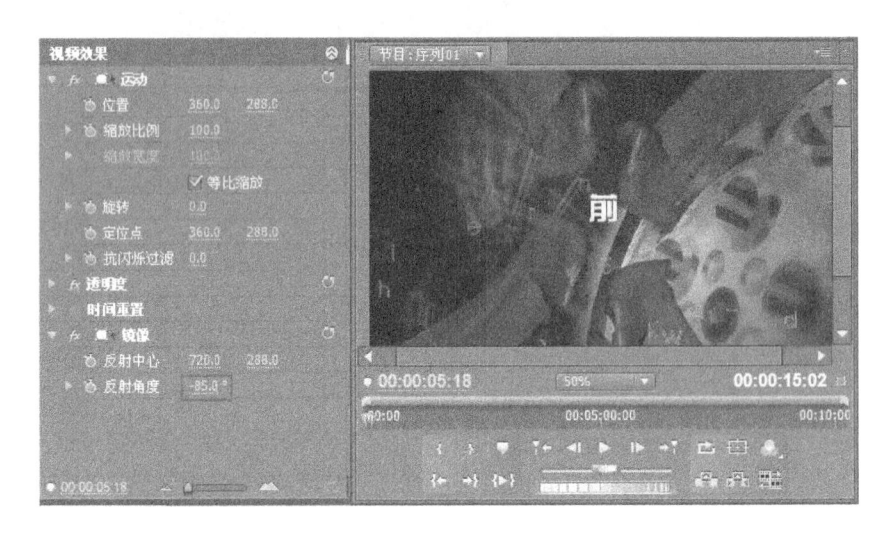

图 10-112

(15) 按下 Enter（回车键），渲染完成后，自动播放预览效果。

通过预览，我们觉得应该将光效放置在绸带相叠出，这样能增强视觉冲击力。

(16) 将"视频 7"轨上的"光效 4"素材移动到"5 秒 23 帧"处，在"光效 4"素材上单击右键，从弹出的菜单中选择"速度/持续"时间，在对话框中，将"持续时间"设置为"01：09"，单击"确定"，如图 10-113 所示。

图 10-113

(17) 展开"特效控制台"面板，将"运动"左边的小三角形展开，在时间线中，将"当前时间线指示器"移动到"5 秒 23 帧"处，设定比例为"20"，点击三角形右边的"关键帧设置"按钮，将"透明度"设置为"0"，同样点击三角形右边的"关键帧设置"按钮，如图 10-114 所示。

(18) 将"当前时间线指示器"移动到"6 秒 05 帧"处，点击"透明度"右边的"关键帧设置"按钮，将"透明度"设置为"100"，如图 10-115 所示。

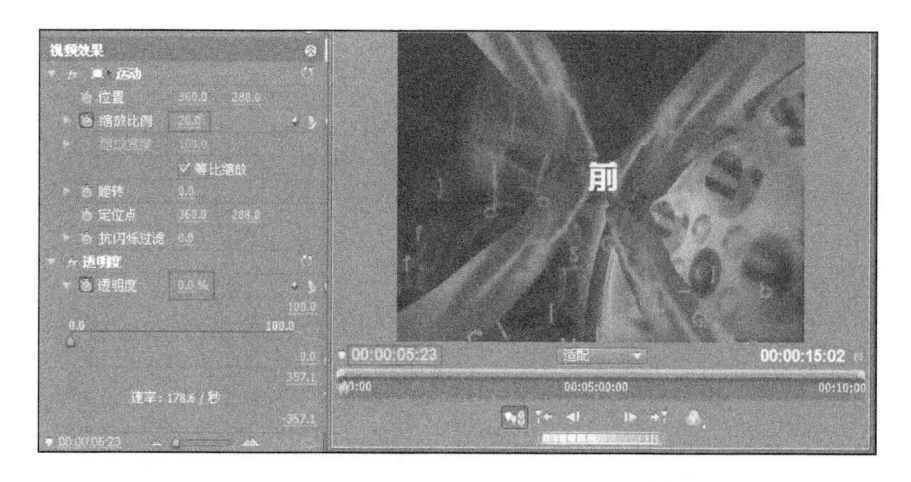

图 10-114

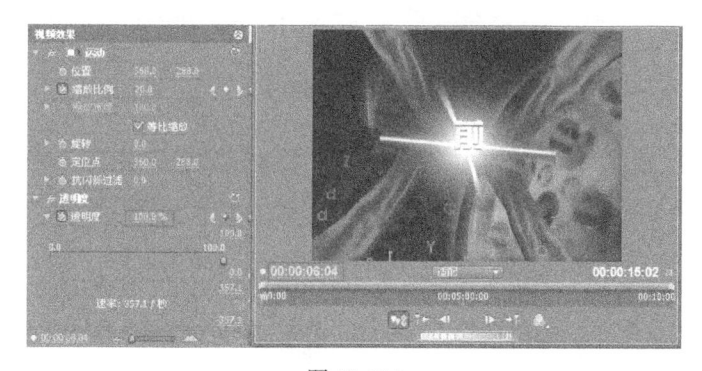

图 10-115

(19) 将"当前时间线指示器"移动到"6 秒 13 帧"处，点击"透明度"右边的"关键帧设置"按钮，"透明度"设置为"100"，如图 10-116 所示。

图 10-116

(20) 将"当前时间线指示器"移动到"7 秒 07 帧"处，点击"比例"右边的"添加/删除关键帧"按钮，设定缩放比例为"200"；同样点击"透明度"右边的"添加/删除关键帧"按钮，将"透明度"设置为"0"，效果如图 10-117 所示。

241

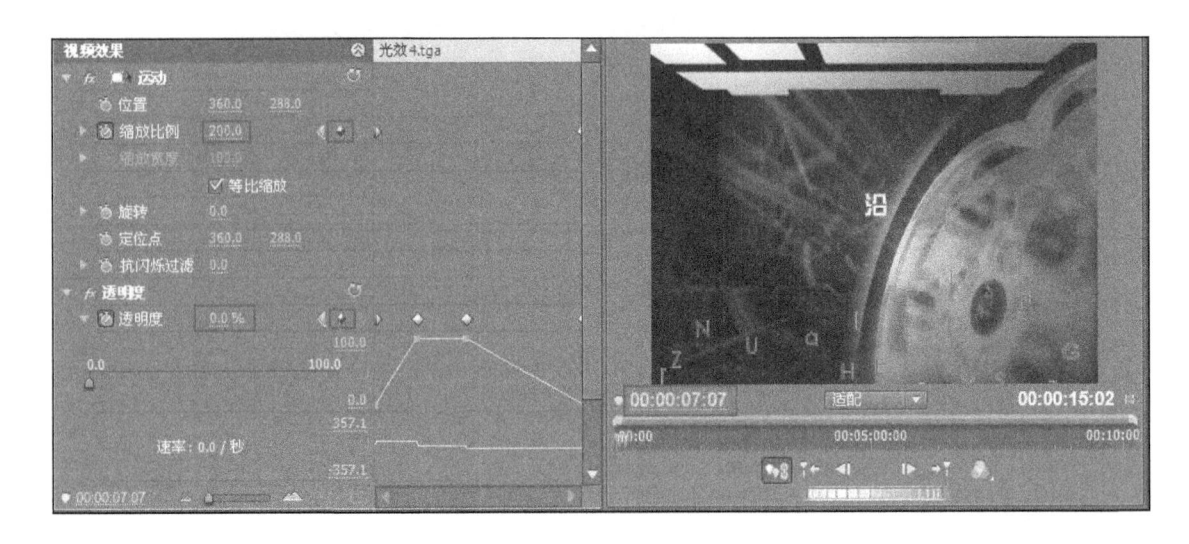

图 10-117

(21) 将"视频 8"轨上的"字符雨片头字"素材移动到"9 秒 07 帧"处，在"字符雨片头字"素材上单击右键，从弹出的菜单中选择"速度/持续时间"，在对话框中，将"速度"设置为"128"，单击"确定"，如图 10-118 所示。

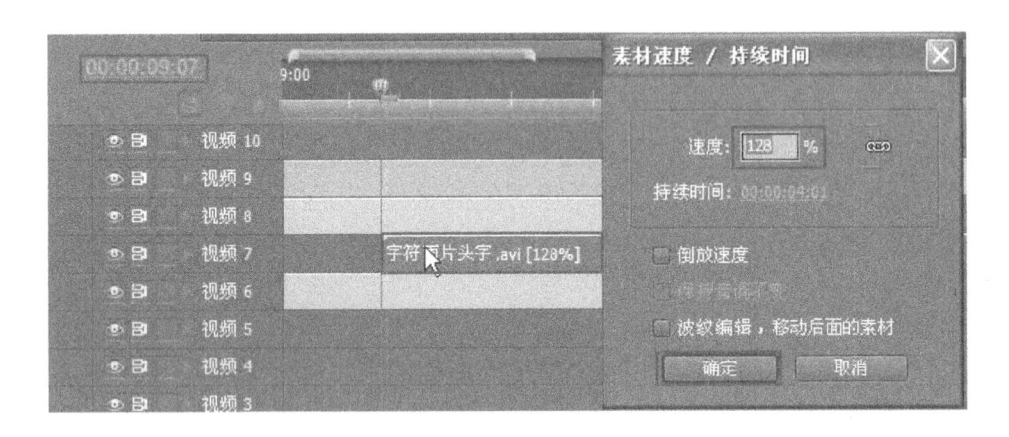

图 10-118

(22) 将"视频 9"轨上的"图层 2 光效副本"素材移动到"8 秒 13 帧"处，展开"特效控制台"面板，将"运动"左边的小三角形展开，在时间线中，注意"当前时间线指示器"也应在"8 秒 13 帧"处，设定位置为"210.0、288.0"，点击三角形右边的"关键帧设置"按钮。设定"比例"为"30"，将"透明度"设置为"0"，同样点击三角形右边的"关键帧设置"按钮，如图 10-119 所示。

(23) 在时间线中，将"当前时间线指示器"移动到"9 秒 10 帧"处，点击三角形右边的"添加/删除关键帧"按钮，将"透明度"设置为"100"，如图 10-120 所示。

(24) 将"当前时间线指示器"移动到"10 秒 09 帧"处，点击"透明度"右边的"添加/删除关键帧"按钮，"透明度"设置保持为"100"，如图 10-121。

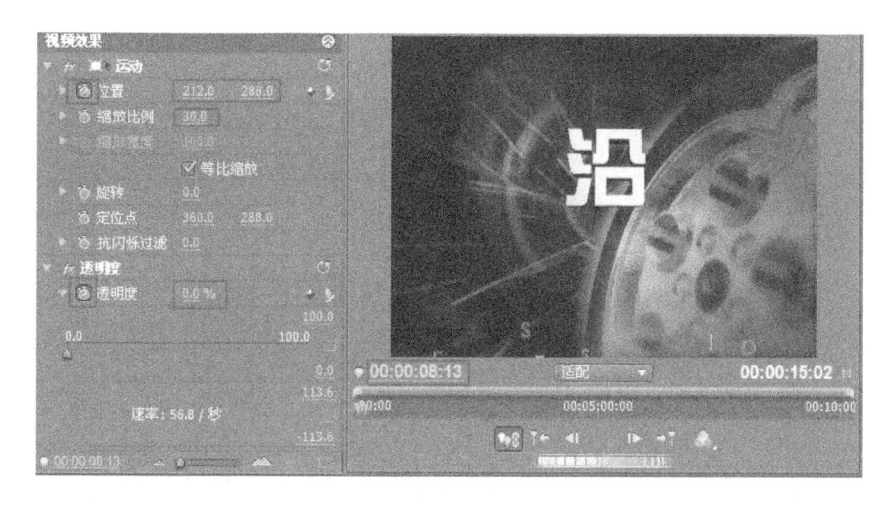

图 10-119

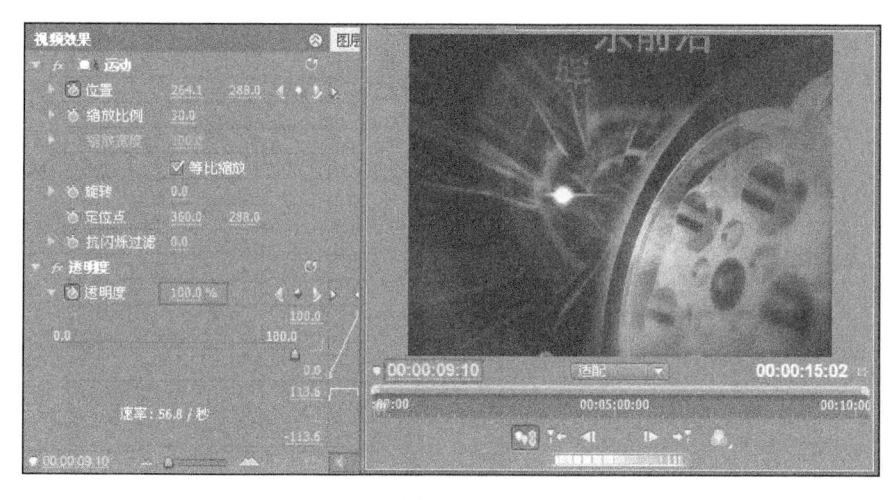

图 10-120

图 10-121

(25) 将"当前时间线指示器"移动到"14 秒 13 帧"处,点击位置右边的"添加/删除关键帧"按钮,设定位置为"567.0、288.0",同样点击"透明度"右边的"添加/删除关键帧"按钮,将"透明度"设置为"0",效果如图 10-122 所示。

243

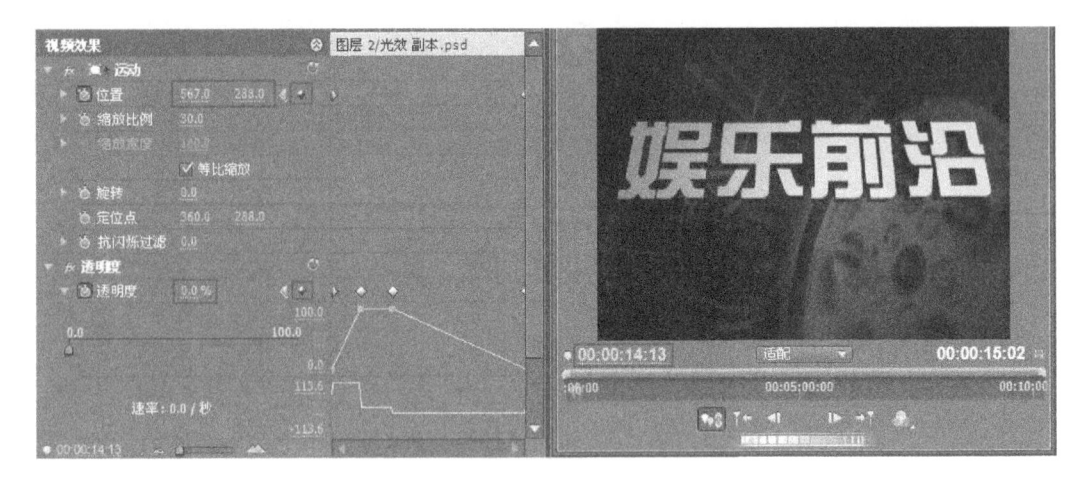

图 10-122

(26) 按下 Enter（回车键），渲染完成后，自动播放预览效果。
(27) 将"视频11"轨上的"娱0000"素材移动到"00秒00帧"处。
(28) 将"视频10"轨上的"乐0000"素材移动到"02秒14帧"处，如图10-123所示。

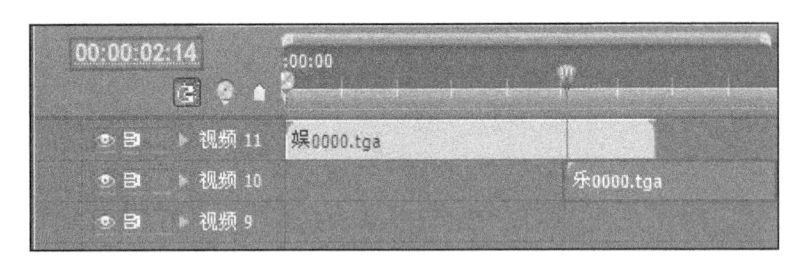

图 10-123

(29) 将"视频9"轨上的"前0000"素材移动到"04秒22帧"处，如图10-124所示。

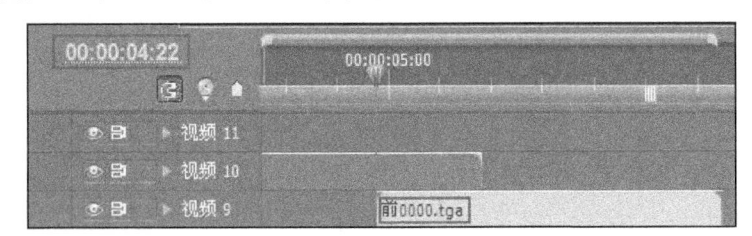

图 10-124

(30) 将"视频8"轨上的"沿0000"素材移动到"6秒19帧"处，如图10-125所示。

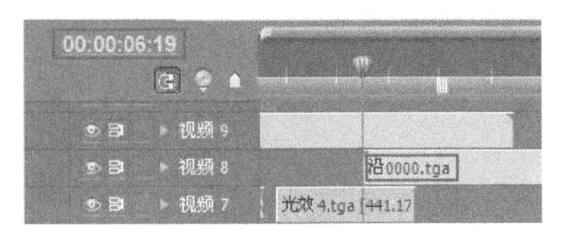

图 10-125

244

(31) 将"视频 10"轨上的"3d 文字 0000"素材移动到"11 秒 18 帧"处，如图 10-126 所示。

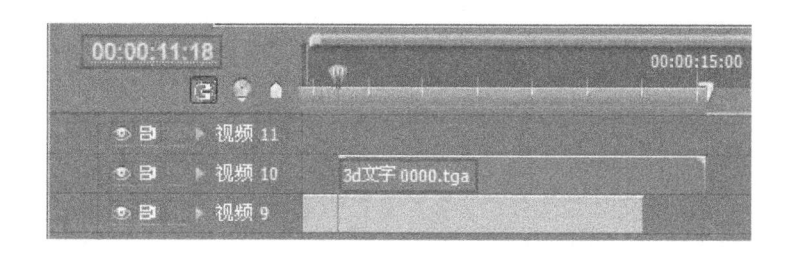

图 10-126

提示：至此，精剪基本完成。但是我们感觉因为红绸的关系，蓝色的背景显得有些偏冷，应该将背景调暖一些。

(32) 选择"视频 1"轨上的序列练习嵌套素材，将"效果"→"视频特效"→"调节"→"照明"效果拖放到"特效控制"台面板中，单击"环境照明色"右边的"颜色块"（在颜色吸管的左边），在弹出的"颜色拾取"对话框中，设置"R：225、G：122、B：0"，完成后单击确定，效果如图 10-127 所示。

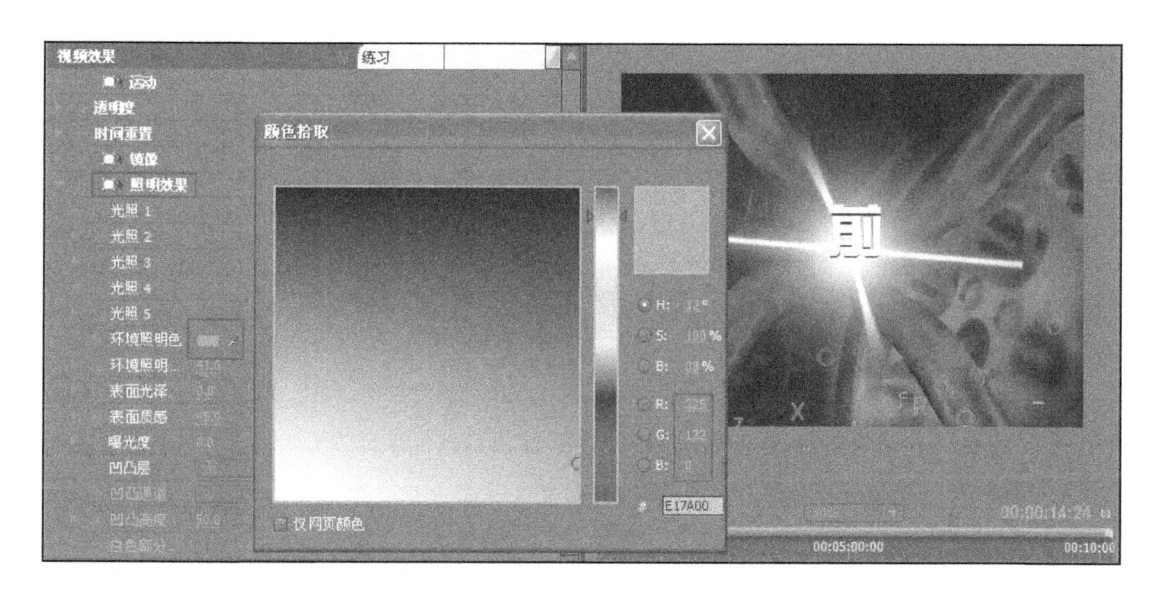

图 10-127

(33) 按下 Enter（回车键），渲染完成后，自动播放预览效果。

观看作品，我们感觉应该将结尾淡出，需要将转场效果"叠化"应用到"视频 1"轨道上的嵌套背景和"视频 10"轨上的"3d 文字 0000"素材的末尾，将"绸带"素材做淡出处理。

为了看得清楚，我们将冷背景和暖背景的制作序列都保留了，可以在时间线序列中切换对比，也可以在时间线序列完成作品中作最终作品的对比。创作完成后的时间线如图 10-128 所示。

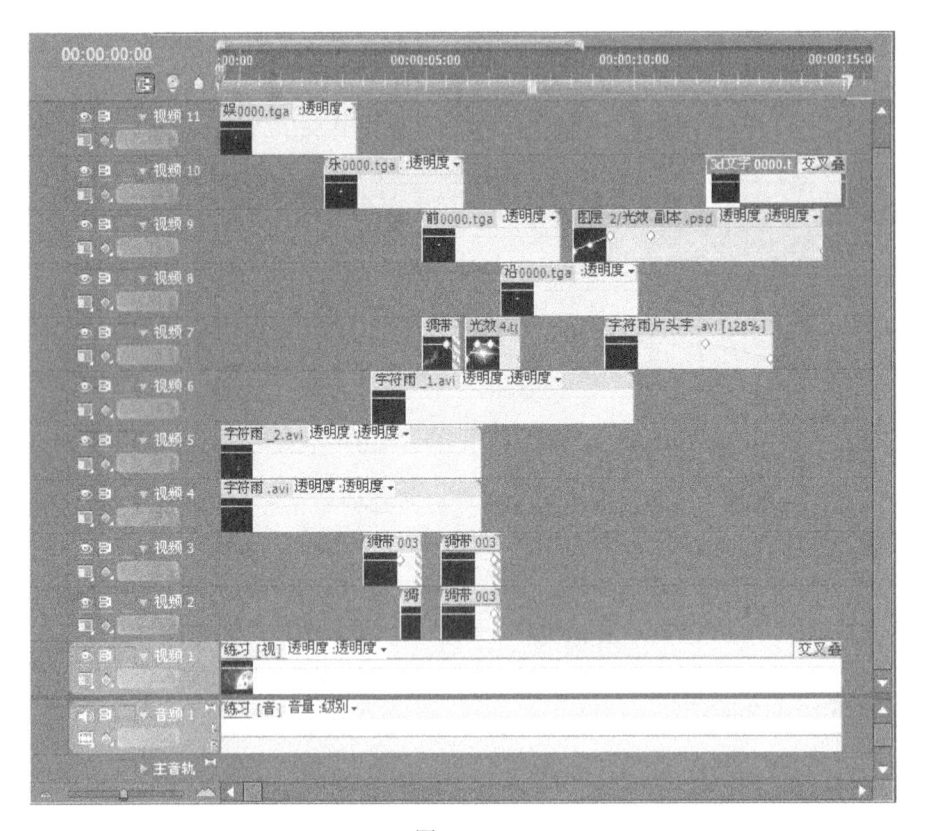

图 10-128

【小结】

　　这个例子虽然简单，但它包含了后期制作的全过程，相信通过这个例子，大家一定对后期制作的流程有了全面的认识。要知道，片头创作的思路、要领、特效的选择，字幕与画面的统一都要靠自己抉择和把握，需要创造性的思维，软件只是我们进行创作的工具。

【习题】

　　1. 向 Photoshop 内的图形添加特效时，原始图像会发生什么改变？
　　2. 如何简单、快速地查看应用于图像的多个滤镜所产生的效果？
　　3. 在 Photoshop 中创建用于电视显示的图形时要注意哪些问题？
　　4. Premiere Pro 和 After Effects 在某些方面具有类似的功能，只是术语不同。试举出几个例子。

第11章 影片输出

【学习目标】

1. 了解影片输出文件格式。
2. 掌握序列输出到磁带的方法。
3. 掌握序列输出静帧、计算机文件、流媒体文件、音频的方法。
4. 学会利用 Premiere Pro Encore CS4 创建 DVD。

【知识导航】

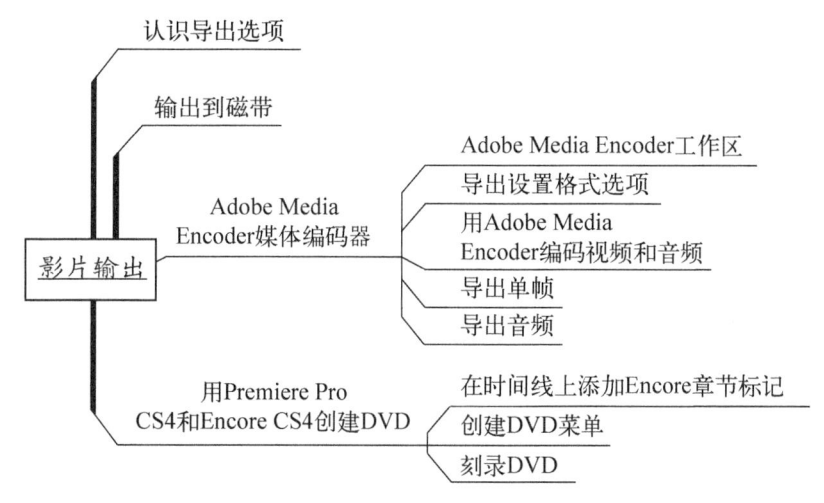

```
                        ┌─ 认识导出选项
                        │
                        ├─ 输出到磁带
                        │
                        │                        ┌─ Adobe Media Encoder工作区
                        │                        ├─ 导出设置格式选项
          影片输出 ──────┤  Adobe Media           ├─ 用Adobe Media
                        │  Encoder媒体编码器      │  Encoder编码视频和音频
                        │                        ├─ 导出单帧
                        │                        └─ 导出音频
                        │
                        │                        ┌─ 在时间线上添加Encore章节标记
                        └─ 用Premiere Pro        ├─ 创建DVD菜单
                           CS4和Encore CS4创建DVD └─ 刻录DVD
```

编辑影片工作完成后,接下来就要考虑输出了。通常从时间线上的输出方式有磁带、计算机上播放的文件、DVD 视频光盘或是蓝激光盘。在这里,我们首先要明确影片使用的场合,也就是说要明确影片的用途,才能确定影片的输出方式。

Premiere Pro CS4 提供多种导出方法,可以把项目录制到磁带上,用于录像机播放或者作为以后编辑用的素材存放;可以输出为计算机可播放的文件,以方便存储和导入至时间线进行编辑;可以刻录在 DVD 光盘上,如果是高清节目,可考虑输出在蓝激光盘上,在相应的 DVD 或蓝激光盘播放机上播放视频节目。Adobe Media Encoder 提供多种输出格式:Windows Media、QuickTime、Macromedia Flash、MPEG、H.264 等。

11.1 认识导出选项

(1) 启动 Premiere Pro CS4,打开 D 盘根目录下"第三章"目录下的"相册.prproj"。

(2) 在时间线序列上任意位置单击以激活当前序列(否则 Premiere Pro CS4 的文件菜单中的导出命令是灰色不可见的)。

(3) 执行"文件"→"导出"命令后弹出二级菜单，列出了各输出选项。

Premiere Pro CS4 提供 6 种导出选项（一些选项可能因为序列中的某些条件而没有激活），如图 11-1 所示。

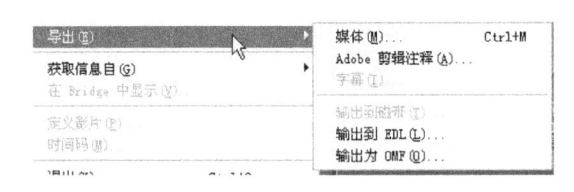

图 11-1

① 媒体：创建 Windows AVI 或 QuickTime 桌面视频文件，或静态图像序列。

② Adobe 剪辑注释：编辑通常需要将初步的编辑思路与内容展现给客户或其他合作者，来征求改进意见。在 Adobe Premiere Pro CS4 中，可以使用剪辑注释生成 PDF 文件，其中载有这些视频编辑的内容，你可以发送这些文件给合作者，他们会将标注出意见的序列反馈给你，你就可以阅读时间线中的具体框架。

③ 字幕： Premiere Pro CS4 把用 Title 创建的对象存储在项目文件中，所以在多个项目中使用相同字幕的唯一方法是将它导出为脱离创建项目的单个字幕文件。要使用该选项，首先必须在 Project 面板中选择要导出的字幕。

④ 输出到磁带：把项目传送到磁带中。利用这种方式可以将影片内容存档，也可以将大量的素材进行挑选整理，精简素材。

⑤ 输出到 EDL：创建编辑决策列表，把项目送到制作机房进一步编辑。

⑥ 输出为 OMF：将时间线音频输出为 OMF 封装格式。

11.2 输出到磁带

Premiere Pro CS4 把序列导出到磁带，需要一台视频记录设备，通常用采集原始视频素材的 DV 摄像机作为视频记录设备。当然，如果条件允许，可以使用磁带录像机作为导出影片的记录设备，这使我们的工作显得更专业化。

(1) 将 DV 连到计算机，连接方式和采集视频时一样。

(2) 打开 DV 电源开关，并设置为录像机工作模式。

(3) 手动倒带以确定磁带中用于录制影片的开始位置。

(4) 在准备录制的序列时间线上单击鼠标。

(5) 按回车键渲染序列。

(6) 执行"文件"→"导出"→"输出到磁带"命令。

其中各选项的作用如下：

① 激活录制设备：选取该项时，Premiere Pro CS4 能够控制 DV 设备。

② 放置时码：用此项在想要开始录制的地方打一个入点，如果不选择此项，将从当前磁带位置开始录制。

③ 延迟电影录制：这个选项针对一小部分 DV 录制设备，它们从接收视频信号到开始录制之间需要一小段时间。

④ 预卷：大部分磁带装置都需要一点时间来达到稳定的磁带录制速度。为安全起见，选择 125 帧（5 秒）。

(7) 点击"录制",Premiere Pro CS4 会启动摄像机,将项目录制到磁带中。

提示:通常我们会在磁带开始处录制彩条、黑屏或蓝屏,如果磁带准备用于后期制作机房,就要在磁带的开头添加 30 秒的彩条和 1kHz 声音,以便制作机房能够进行调试录制设备。这个工作可以点击"文件"→"新建"→"彩条",然后把该彩条从项目面板上拖到时间线的起始处(按住 Ctrl 键拖动素材至时间线便可将其插入,其他所有剪辑都向右移动)。

11.3 Adobe Media Encoder 媒体编码器

Adobe Media Encoder 就是 Adobe 媒体编码器,它一直以来都是作为 Premiere Pro 的一个附属编码输出端存在,可以将素材或序列编码为其他视音频格式而脱离时间线,如 MPEG、QuickTime、WMV、RMVB 等。在 CS4 版本之前,主要的编码输出端为"输出到影片",与程序默认预置参数相关的主要 AVI 影片编码都在这里进行编码输出。输出到影片仅作为一个定制输出条件的命令,最终的编码归于媒体编码器。2008 年最新发布的 Adobe Premiere Pro CS4 版本中,将 Adobe Media Encoder 作为输出组件,对于每一次输出任务,Promiere Pro CS4 都要通过启动 Adobe Media Encoder CS4 来完成。

11.3.1 Adobe Media Encoder 工作区

Adobe Media Encoder 工作区中提供了工具和面板,可帮助在编码队列中轻松添加媒体内容,并针对目标应用程序和用户选择合适的编码格式。还可以使用裁剪和修剪控件来编辑视频,以在回放过程的指定时间触发事件,以及针对指定应用程序和用户调整任何格式的导出设置。

1. 导出队列窗口

"导出队列"窗口(Adobe Media Encoder 应用程序的主窗口)可为编码队列添加媒体内容、选择编码格式和编码设置、管理导出队列的进度、预览当前编码视频,以及使用进度条监控媒体资产的已用及剩余编码时间。导出队列窗口如图 11-2 所示。

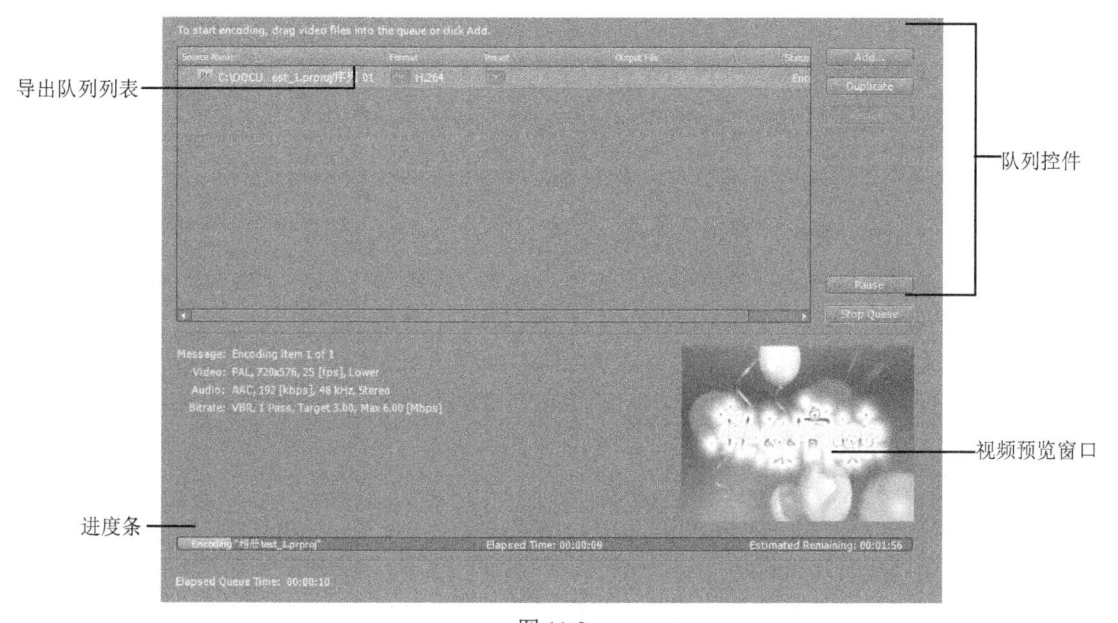

图 11-2

2. 导出设置窗口

导出设置对话框包含一个宽大的查看区，可以在这里切换"源"和"输出"选项卡。"源"选项卡包含图像区以及交互裁剪功能。"输出"选项卡包含的图像区可以预览输出帧的大小和像素长宽比(PAR)。"源"面板和"输出"面板中的图像区下方均有时间显示和时间轴。时间轴包括播放、查看区栏以及用于设置入点和出点的按钮。其他选项卡包含多种编码设置，具体取决于选定的格式。导出设置窗口如图 11-3 所示。

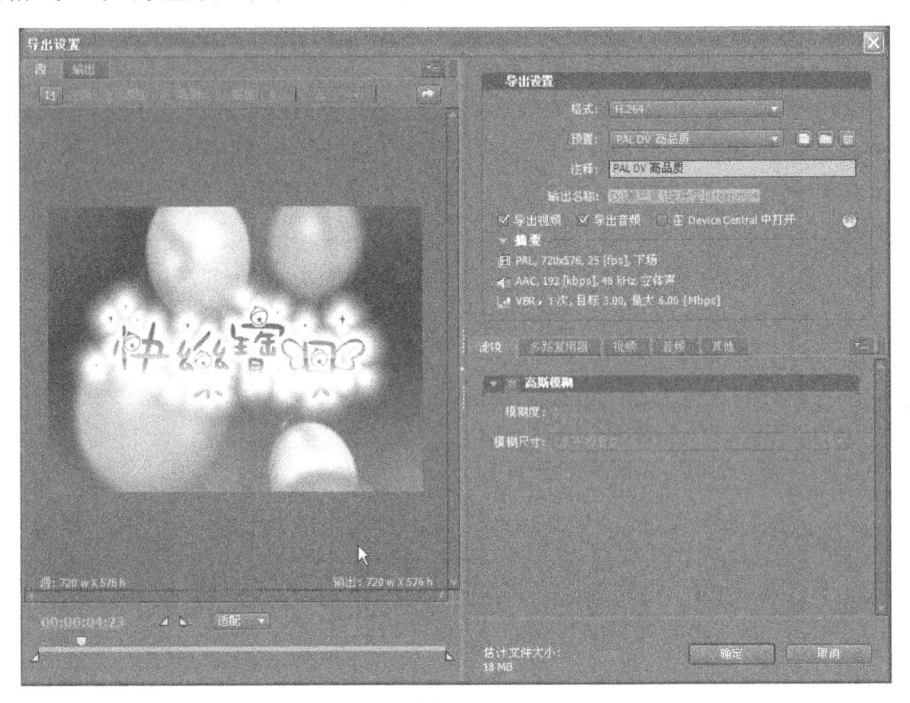

图 11-3

(1) 选项。

相关选项包含在导出设置查看区的面板菜单中。

长宽比校正预览显示图像：校正源文件原始像素长宽比(PAR)与计算机屏幕之间的差异。1∶1 像素预览用方形 PAR 显示图像。如果源文件原始 PAR 使用的不是方形像素，图像在计算机屏幕上的显示会失真。

(2) 控件。

要缩放视频图像，请从"视图缩放级别"菜单中选择"缩放"设置。"适合"按钮将图像缩放到适合可用图像区的大小。缩放级别只影响对话框中的图像，而不会影响源文件或导出的文件。按下 Ctrl+连字符可缩小图像。按下 Ctrl+等号可放大图像。

要以数字方式提示视频，请拖动时间码显示，或单击时间码显示并输入有效的数字。

要使用时间轴控件提示视频，请单击或拖动图像下方的时间轴以设置播放位置。

11.3.2 导出设置格式选项

1. 导出设置中的格式

使用 Adobe Media Encoder 执行导出时，需要在导出设置对话框中选择一种输出格式，选择的格式将决定可用的预设选项。根据设置格式的不同，可以选择以下选项：

Microsoft AVI(仅适用于 Windows)：为 Windows 开发的视频文件格式。文件扩展名：.avi。

Windows Bitmap(仅适用于 Windows)：为 Windows 开发的静态图像格式。文件扩展名：.bmp。

提示：你可以以 Windows Bitmap 格式将剪辑、项目或序列导出为一系列帧。选择 Windows Bitmap 格式后，选中"视频"选项卡中的"导出为序列"。

动画 GIF(仅适用于 Windows)：专为 Web 交付开发的动画格式。文件扩展名：.gif。

GIF(仅适用于 Windows)：专为 Web 交付开发的静态图像格式。文件扩展名：.gif。

Windows Waveform(Windows)：专为 Windows 开发的音频文件格式，但 Mac OS 也支持。文件扩展名：.wav。

P2 影片：媒体交换格式，Panasonic DVCPRO50 和 DVCPRO HD 摄像机所使用的 Op-Atom 变异格式。文件扩展名：.mxf。

QuickTime(仅在安装了 QuickTime 的 Windows 中可用)：包含一些编解码器的苹果计算机多媒体架构。Adobe Media Encoder"导出设置"对话框可用于设置 QuickTime 编解码器的选项。文件扩展名：.mov。

Targa：文件扩展名：.tga。

提示：你可以以 Targa 格式将剪辑、项目或序列导出为一系列帧。选择 Targa 格式后，选中"视频"选项卡中的"导出为序列"。

TIFF：文件扩展名：.tif。

提示：你可以以 TIFF 格式将剪辑、项目或序列导出为一系列帧。选择 TIFF 格式后，选中"视频"选项卡中的"导出为序列"。

未压缩 Microsoft AVI(仅适用于 Windows)：专为 Windows 开发的视频文件格式，非常适用于高清输出。文件扩展名：.avi。

MP3：没有数字版权管理功能的音频文件格式，专为 Web 交付开发。文件扩展名：.mp3。

仅音频：文件扩展名：.aac。

FLV|F4V：用于在 Web 和其他网络上交付音频和视频的 Adobe 格式。文件扩展名：.flv、.f4v。

H.264：基于 MPEG-4 的标准，用于对各种设备进行编码，包括高清显示器、3GPP 移动电话（仅适用于 Windows）、视频 iPod 和 PlayStation Portable(PSP)设备。文件扩展名：.aac（仅音频）、.3gp（仅适用于 Windows）、.mp4、.m4v。

H.264：蓝光基于 MPEG-4 标准的子集，支持蓝光盘媒体的高分辨率编码。文件扩展名：.m4v。

MPEG4：文件扩展名：.3gp。

MPEG-1(仅适用于 Windows)：由移动图像专家组（Moving Picture Experts Group，MPEG）制定的一组标准，旨在以 1.5 Mb/s 左右的比特率交换视频和相关音频。通常 MPEG-1 影片适合 CD-ROM 和日益增多的 Web 下载文件等交付格式。文件扩展名：.mpa（仅音频）、.mpg。

MPEG-2：由移动图像专家组制定的一组标准。MPEG-2 支持文件以最高比特率 10.08 Mb/s 对视频和相关音频进行编码。MPEG-2 可以交付高质量的全活动全屏视频。文件扩展名：.mpa（仅音频）、.mpg。

MPEG2-DVD：MPEG-2 标准的子集，用于对 DVD 媒体的标准分辨率视频进行编码。DVD 是广泛传播的媒体，可在计算机的 DVD 驱动器或独立的 DVD 播放器上播放。文件扩展名：.m2v。

要制作自动播放的 DVD，可以将 MPEG2-DVD 文件直接刻录在空白 DVD 上。另外，也可以在制作程序（例如 Encore）中用 MPEG2-DVD 文件来创建包含导航菜单和其他功能的 DVD。

MPEG-2 蓝光：MPEG2 标准的子集，用于对高清蓝光盘媒体进行编码。文件扩展名：.m2v、.wav（仅音频）。

Windows Media(仅适用于 Windows)：Microsoft 多媒体架构，包含多种编解码器，其中部分用于 Web 交付。文件扩展名：.wma（仅音频）、.wmv。

2．视频导出设置

在导出设置对话框中，视频选项卡中可用的选项取决于选择的格式。视频设置包含下列一个或多个选项：视频编解码器、基本视频设置、高级设置、比特率设置、视频提示轨道设置和 GOP 设置。

提示：部分捕捉卡和插件软件应用程序在自己的对话框中提供特定的选项。如果看到的选项与此处描述的选项不同，请参阅捕捉卡或插件文档。

视频编解码器或编解码器：指定用于对视频进行编码的编解码器，可用的编解码器取决于选择的格式。

提示：如果找不到硬件编解码器提供的选项，请参阅硬件制造商提供的文档。视频捕捉硬件附带的某些编解码器需要在它们自己的对话框中设置压缩选项。

质量：指定视频质量。通常，较高的值将增加渲染时间和文件大小。拖动滑块或输入值以调节导出的图像质量（如果可用）。将质量提高到原始捕捉质量之上并不会提高质量，反而可能会导致花费较长的渲染时间。

宽度或帧宽度：指定输出文件的帧宽度，以像素为单位。

高度或帧高度：指定输出文件的帧高度，以像素为单位。

帧速率：指定输出文件的帧速率，以帧/秒为单位。部分编解码器支持一组特定的帧速率。提高帧速率可使动作更流畅（取决于源剪辑、项目或序列的帧速率），但会占用更多的磁盘空间。

深度：指定以每通道位数(bpc)为单位的颜色深度，即每个颜色通道分配的位数。选项为 8 位、16 位、24 位或 32 位。

编码 Alpha：通道允许将 Alpha 通道编码到 FLV 等支持 Alpha 通道格式的导出文件中。

电视标准：使输出符合 NTSC 标准或 PAL 标准。

场序：指定输出文件将具有逐行帧还是隔行场，如果是后者，还将指定首先写入哪个场。"逐行"设置适用于计算机显示器和运动图像影片。为隔行媒体（如 NTSC 或 PAL）导出视频时，可选择"高场优先"或"低场优先"。

长宽比或像素长宽比：指定像素长宽比，选择适用于输出类型的比例。当像素长宽比（显示在括号中）为 1.0 时，输出将具有方形像素，而其他所有类型将具有长方形像素。由于计算机通常将像素显示为正方形，因此在计算机上查看使用非方形像素长宽比的内容时看起来将会拉伸，但在视频监视器上查看时则会以正确的比例显示。

比特率模式或比特率编码：指定编解码器在导出文件中获得的是固定比特率(CBR)还是动态比特率(VBR)：

- 固定：将源视频中的每一帧压缩到指定的固定限制，产生具有固定数据速率的文件。因此，包含较复杂数据的帧压缩更多，而复杂性较低的帧压缩则较少。

- 可变约束：允许导出文件的数据速率在指定的范围内变化。由于固定的压缩程度将导致复杂图像质量下降的程度超过简单图像，因此 VBR 编码对复杂的帧压缩较少，而对简单的帧则压缩较多。

- 可变无约束：允许导出文件的数据速率无限变化。

- CBR：固定比特率。

● VBR，1次动态比特率：编码器对文件从头到尾编码一次。一次编码所需时间少于二次编码，但无法得到相同的输出质量。

● VBR，2次动态比特率：编码器对整个文件从前向后，再从后向前编码两次。第二次编码将延长处理时间，但可保证提高编码效率，而且得到的输出质量通常较高。

提示：比较相同内容和文件大小的CBR和VBR文件，可以概括出以下规律：CBR文件可在众多系统上更加可靠地播放，因为固定数据速率对媒体播放器和计算机处理器的要求较低。但VBR文件的图像质量往往较高，因为VBR会根据图像内容定制压缩程度。

比特率：指定编码文件播放时的每秒兆位数（此设置仅在选择CBR作为"比特率编码"选项时才可用）。

以下选项仅在选择VBR作为"比特率编码"选项时才会出现：

编码次数：指定编码前编码器分析剪辑的次数。多次将增加编码文件所需的时间，但通常会提高压缩效率和图像质量。

设置比特率：仅可用于QuickTime格式。选择此选项可使输出文件的比特率保持固定值。

比特率[Kb/s]：仅可用于QuickTime格式。如果希望确定比特率，请选择此选项。然后拖动滑块，直到显示所需的值。

最大比特率[Kb/s]：指定希望编码器允许的最大比特率。

平均视频比特率[Kb/s]：指定希望编码器允许的平均视频比特率。

目标比特率[Mb/s]：指定在使用H.264视频编解码器来编码视频时，希望编码器允许的平均视频比特率。

峰值视频比特率[Kb/s]：指定希望编码器允许的最高比特率。

最小比特率：指定希望编码器允许的最小每秒兆位数。最小比特率因格式而异。对于MPEG-2-DVD，最小比特率至少为1.5Mb/s。

允许隔行处理：如果序列中的视频内容为隔行，但要导出为非隔行媒体时，例如动作影片或逐行扫描视频，请选择此选项。

M帧：指定连续I帧（Intra-frame）和P帧（Predicted frame）之间的B帧（Bi-directional frame）数量。

N帧：指定I帧（Intra-frame）之间的帧数。此值必须为M帧值的倍数。

优化静止图像或扩展静止图像：选择此选项可在输出的视频文件中有效地使用静止图像。例如，如果在设为30 fps的项目中有一个持续2秒的静止图像，Adobe Premiere Pro将创建一个2秒帧，而不是60个分别持续1/30秒的帧。选择此选项可节约包含静止图像的序列和剪辑所占用的磁盘空间。只有当导出的视频文件在播放静止图像时出现问题，才应取消选中此选项。

关键帧间隔[秒]或关键帧距离（帧）：选择此选项并输入帧数，编解码器在导出视频时将在此数量的帧后创建一个关键帧。

简单配置文件：仅在使用On2VP6编解码器以FLV视频格式导出时才会提供，选择"简单配置文件"可优化那些要在低配置的计算机及处理资源有限的其他设备上播放的高分辨率视频内容。

3．音频导出设置

在导出设置对话框中，音频选项卡中可用的选项取决于指定的格式。音频选项卡中将显示下列一个或多个选项。

音频编解码器或编解码器：指定用于对音频数据进行编码的编解码器。以下选项是Adobe

Media Encoder 中最常用的部分编解码器：

● AAC（高级音频编码）：多种移动设备都支持的高质量编码格式。此编解码器是 H.264 格式的默认设置。

● AAC+版本 1：使用光谱带复制(SBR)来提高频域中的压缩效率。SBR 是一项旨在增强音频编解码器的技术，特点是较低的比特率，且基于频域中的谐波冗余。音频编解码器本身传输光谱的中低段频率，而 SBR 则通过向上调节解码器处中低频率的谐波来复制高频率内容。

● AAC+版本 2：此版本的 AAC 编解码器将 SBR 与参量立体声(PS)相结合，以提高立体声信号的压缩效率。AAC+版本 2 位流的创建方法是将立体声音频信号缩混成单声道，并附带用来描述解码器上空间强度立体声生成和环境音效重生成的参量立体声信息。通过将参量立体声信息与单声道音频流相结合，解码器可以使用非常低的比特率重现逼真的原始立体声全景。

● MainConcept MPEG 音频：MainConcept 公司开发的高品质编码格式，附有 Adobe Premiere Pro、After Effects 和 Soundbooth。

● PCM（脉冲编码调制）：音频未压缩编码格式。此格式的文件往往比其他格式的文件大。

音频格式：用于存储编码音频数据的文件格式。部分音频格式只支持未压缩的音频，质量高，但要占用更多的磁盘空间。部分格式只允许一个编解码器。其他格式则允许从支持的编解码器列表中进行选择。

采样率或频率：选择较高的速率将提高音频转换成离散数字值的频率，或者提高采样率。采样率越高，音频质量越好，文件也越大；采样率越低，质量越差，文件也越小。然而，在导出设置对话框中将采样率设置为高于音频源的采样率并不能提高质量。所设置的采样率与源文件的采样率不同时，将需要重新采样，以及更多的处理时间。以希望的音频导出速率来捕捉音频，可以避免重新采样。

通道或输出通道：指定导出文件中包含多少个音频通道。如果选择的通道数少于序列或项目中主轨道的通道数，Adobe Media Encoder 将缩混音频。

采样类型：选择较高的位深度将提高音频采样的准确性。较高的位深度可以改善动态范围并减少失真，尤其是在增加滤镜或重新采样等其他处理时。同时，较高的位深度也会增加处理时间和文件大小，较低的比特率将减少处理时间和文件大小。然而，在导出设置对话框中将位深度设置为高于音频源的位深度并不能提高质量。

音频隔行：指定在导出文件中的视频帧之间插入音频信息的频率。推荐设置请参阅捕捉卡文档。当值为一帧时，表示在播放帧时，此帧持续期间的音频将加载到 RAM，以便可以播放到显示下一帧为止。如果在播放时音频中断，请调整隔行值。增加此值将使计算机存储更长的音频片断，并降低处理频率。但较高的隔行值需要的 RAM 较多。减小此值可使播放更加顺畅。大部分硬盘在 1/2 秒到 1 秒的隔行值下表现最佳。将此值设为 0 将禁用音频隔行并加快渲染时间。对于包含大像素值的视频，禁用音频隔行。

比特率[Kb/s]：指定音频的输出比特率。通常较高的比特率将提高质量并增加文件大小。此选项可用于 AAC、mp3 和 FLV。

11.3.3 用 Adobe Media Encoder 编码视频和音频

我们可以选择单个文件，并根据各文件要求的视频格式类型和品质指定不同设置；或者也可以选择多个文件，然后为所有文件指定相同设置。

(1) 选择"开始"→"所有程序"→"Adobe Media Encoder"以启动 Adobe Media Encoder CS4。

(2) 在 Adobe Media Encoder CS4 中，可以为要编码的文件列表添加源视频或音频文件、Adobe Premiere Pro 序列。可将文件拖到列表中，或者单击"添加"按钮，然后选择计算机上的文件。

提示：要将 Adobe Premiere Pro 序列或 Adobe After Effects 合成图像添加到文件列表中以便编码，必须使用"文件"→"添加 Adobe Premiere Pro 序列"，或"文件"→"添加 Adobe After Effects 合成图像"菜单命令。

① 若要添加视频或音频文件，将文件拖到列表中，请单击"添加"按钮，然后选择计算机上的文件。可以选择多个视频文件，然后将所有文件拖到要编码的文件列表中。

② 若要添加 Adobe Premiere Pro 序列，请选择"文件"→"添加 Adobe Premiere Pro 序列"。在"选择 Premiere Pro 序列"对话框中，选择计算机上的 Premiere Pro 项目，然后单击"确定"。

③ 若要添加 Adobe After Effects 合成图像，请选择"文件"→"添加 Adobe After Effects 合成图像"。在"选择 AfterEffects 合成图像"对话框中，选择计算机上的 After Effects 合成图像，然后单击"确定"。

(3) 单击"格式"菜单，然后选择用于视频或音频剪辑编码的格式。

(4) 单击"预设"菜单，然后选择适合目标应用程序的编码预设。选择格式将会自动显示适用于特定交付情况的相关预设列表（例如，Apple iPod Video Small 预设适用于 H.264 格式）。选择预设将会激活各设置面板中的适当选项（视频、音频等）。

(5) 验证所选的导出配置文件适用于目标应用程序。

(6) 输入编码文件的文件名。如果未指定文件名，Adobe Media Encoder 将会使用源视频剪辑的文件名。可以指定目标文件夹，以用来保存和含有源视频剪辑的文件夹相关的编码文件。指定目标文件夹时：

① 指定的目标文件夹必须已经存在。如果指定的文件夹不存在，系统会显示错误消息，提示由于找不到文件夹而无法将文件编码。

② 指定文件夹时，请用正斜杠(/)或反斜杠(\)来隔开文件夹名称(Windows)。可以使用 Adobe Media Encoder 预置来指定用于保存编码文件的文件夹。

(7) 选择"编辑"→"导出设置"，以进一步调整编码设置、嵌入提示点，或者使用裁剪和修剪控件修改视频剪辑的大小或回放时间。

(8) 单击"确定"，关闭"导出设置"对话框。

(9) 单击"开始队列"，开始对文件进行编码。

Adobe Media Encoder 先开始对视频编码列表中的第一个文件进行编码，文件完成编码后，视频编码列表的"状态"列将会提供有关各视频状态的信息。

正在编码：表示文件当前正在编码。Adobe Media Encoder 一次只能对一个文件进行编码。

正在等待：表示文件在编码队列中，但尚未开始编码。可从队列中移除尚未开始或已完成编码的文件。

编码完成图标：表示指定文件已成功完成编码。

错误图标：表示用户在文件正在编码时取消了编码进程。

警告图标：表示 Adobe Media Encoder 在尝试编码指定的文件时遇到错误。错误将记录到日志文件中。

(10) 编码后的文件会保存到和源视频文件相同的文件夹中，文件名后将会附加带导出格式的文件名扩展，用以识别文件。如果对同一个文件进行多次编码，每增加一次编码，文件名后将会附加一个递增序号。

11.3.4 导出单帧

经常需要从时间线输出一张静态图片，Premiere Pro 各版本对于单帧的导出功能都很完善。

(1) 把"当前时间线指示器"移到需要导出帧的位置。

(2) 执行"文件"→"导出"→"媒体"命令。

(3) 在打开的导出设置窗口中，格式选"tiff"，预置选择要与项目匹配，输出路径和名称根据需要指定，在视频面板中，确定"导出为序列"没被勾选，如图 11-4 所示。

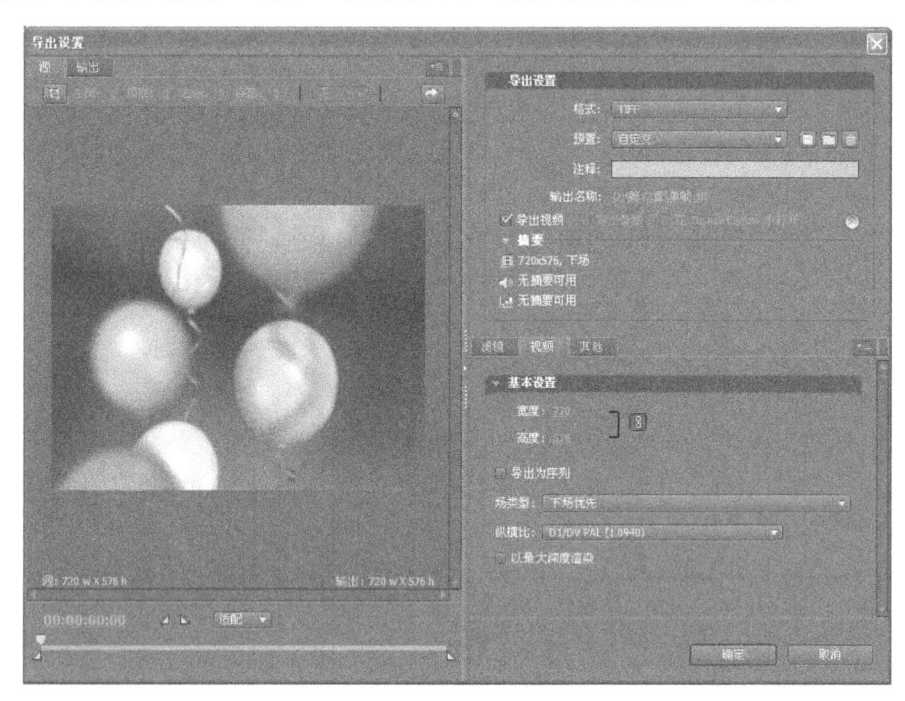

图 11-4

(4) 按"确定"，完成设置。

(5) 在打开的 Adobe Media Encoder CS4 窗口中，单击"开始队列"。

提示：如果导出为序列被勾选，导出工作将会针对时间线上入出点间的所有内容，创建图像序列。

11.3.5 导出音频

有时候需要仅导出音频，Premiere Pro CS4 除了可导出为 OMF 外，还能导出默认的 PCM 无压缩音频。

(1) 打开一项目文件。

(2) 执行"文件"→"导出"→"媒体"命令。

(3) 在打开的"导出设置"窗口中，确定不勾选"导出视频"、确定勾选"导出音频"。"基本音频设置"中选择需要的参数，如图 11-5 所示。或在"格式"项选择音频交换文件格式。

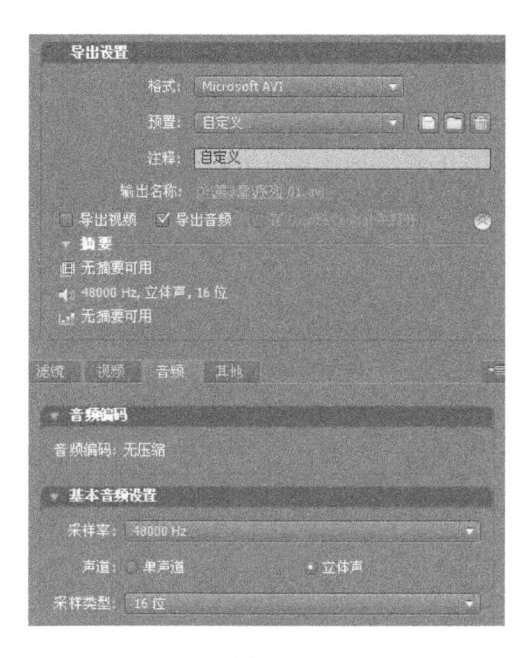

图 11-5

(4) 单击"确定",启动 Adobe Media Encoder CS4。
(5) 在打开的 Adobe Media Encoder CS4 窗口中,单击"开始队列"。

11.4　用 Premiere Pro CS4 和 Encore CS4 创建 DVD

　　DVD 使用了高质量的 MPEG-2 视频压缩方式,可以包含 5.1 环绕声,并且可以通过定制菜单来交互式播放,用 DVD 可以以最佳效果展示作品。Adobe Premiere Pro CS4 可以把 Timeline 直接导出到功能强大的应用程序 Encore CS4 中创作和刻录 DVD。Encore CS4 作为 Adobe Premiere CS4 的组件之一,它支持输出到标准 DVD、蓝光 DVD 和 Flash。

　　在过去,创建带有全部菜单和按钮的交互式 DVD 需要昂贵的硬件,但很快这样的年代就过去了。现在,使用 Adobe Premiere Pro CS4 或 Adobe Encore CS4,只用几分钟时间就可以在 PC 机上创建出专业效果的 DVD。

　　DVD 视频光盘的魅力在于高品质的视频压缩节目质量,通过菜单操控,实现人性化的人机交互,使播放视频节目随心所欲。在 DVD 创作过程中,可以创建菜单、按钮以及素材和菜单的链接。例如,当视频播放完毕后 DVD 播放器应该执行什么操作,是回到 DVD 主菜单,还是其他菜单,还是播放另一段视频内容。每种 DVD 创作产品都采用不同的方法来创建交互式 DVD,让用户可以使用 DVD 遥控器进行播放控制。Adobe Premiere Pro CS4 允许导出到 Encore CS4,从而简化创作过程。

　　如果只想制作不带菜单的 DVD,那么利用上面讲到的"导出到媒体"命令,在 Media Encoder CS4 中完成 mpeg2-DVD 编码就可以了,不需要在 Encore CS4 中工作。

11.4.1　在时间线上添加 Encore 章节标记

　　在 Adobe Premiere Pro CS4 内完成视频编辑后,可以在 Timeline 上添加 Encore 章节标记,以标记最终 DVD 的章节。我们可以随时在序列中移动、删除和添加标记。需要注意的是 Encore

章节标记不是剪辑标记或 Timeline 标记。剪辑标记和 Timeline 标记帮助定位和剪切剪辑。Adobe Premiere Pro CS4 把 Encore 章节标记只用于 DVD 菜单创建和按钮链接。

(1) 启动 Premiere Pro CS4，打开"D 盘"根目录下"第三章"目录下的"相册.prproj"。

(2) 将"当前时间线指示器"移到要创建章节标记处（本例中内容较短，可在照片入点处添加标记），按"设置章节标记"按钮即可在当前位置设置章节标记，如图 11-6 所示。

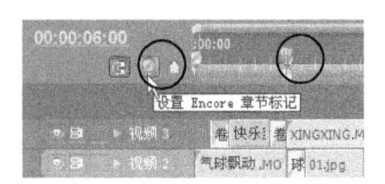

图 11-6

(3) 在"标记点标识"上双击，打开"标记属性窗口"，设置该标记的名称，如图 11-7 所示。

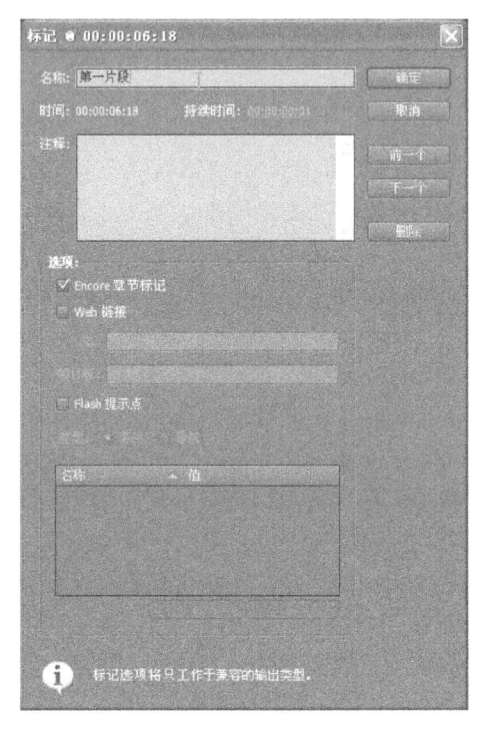

图 11-7

(4) 重复步骤(2)~(3)中的操作，可在时间线添加多个章节标记，如图 11-8 所示。

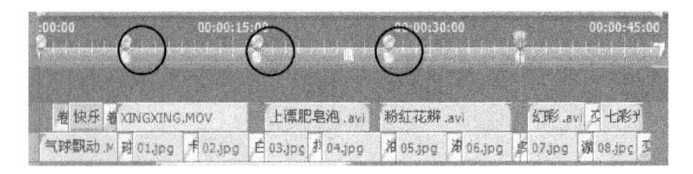

图 11-8

提示：Adobe Premiere Pro CS4自动在每一个序列的首帧上放置Encore章节标记，不能移动或删除该标记，但可以移动、删除或重命名添加到任何其他章节的标记。

11.4.2 创建 DVD 菜单

Adobe Premiere Pro CS4 没有可以直接创建 DVD 菜单的工具，但是，在时间线上放置的 Encore 章节标记会被传递到 Encore CS4，可以很方便地用它们创建按钮或章节。Adobe Premiere Pro CS4 把视频素材连同章节标记一起传递给 Encore CS4，用 Encore CS4 构建菜单和刻录 DVD。

(1) 创建好章节标记后，执行"文件"→"Adobe 动态链接"→"发送到 encore"命令，如图 11-9 所示。

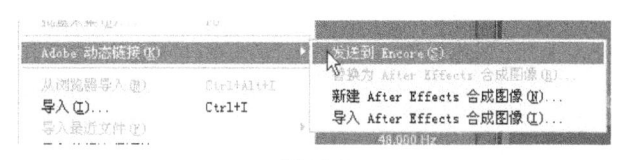

图 11-9

(2) Encore CS4 启动后，自动把 Adobe Premiere Pro 视频序列导入到 Encore 中，在"新建项目"窗口定制参数，如图 11-10 所示。

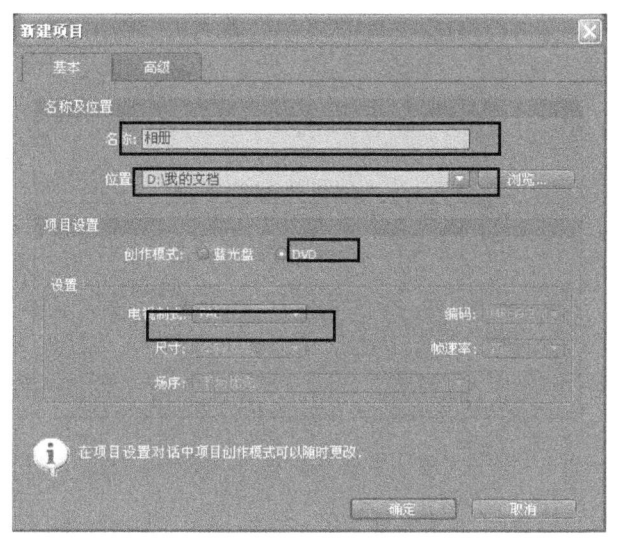

图 11-10

(3) 在"资源库"面板中，双击"放射光宽屏菜单"应用此模板，如图 11-11 所示。

(4) 在项目窗口空白处单击，在右边出现的属性窗口中输入光盘名称"相册"，并将首先播放项设置为"章节 1"，如图 11-12 所示。

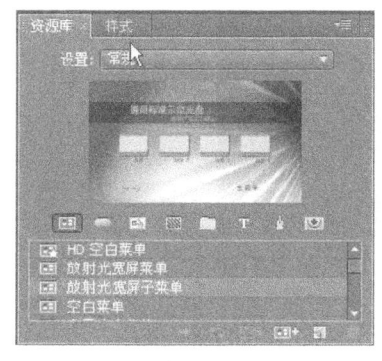

图 11-11 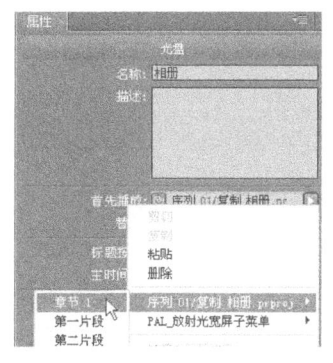　　　　　　　图 11-12

(5) 点击菜单空白处，在右侧菜单属性窗口中，将"纵横比设置与影片匹配"，这里设置为"4∶3"，将时间线面板中的"第一片段"拖动到"场景1"菜单图标上，如图11-13所示。

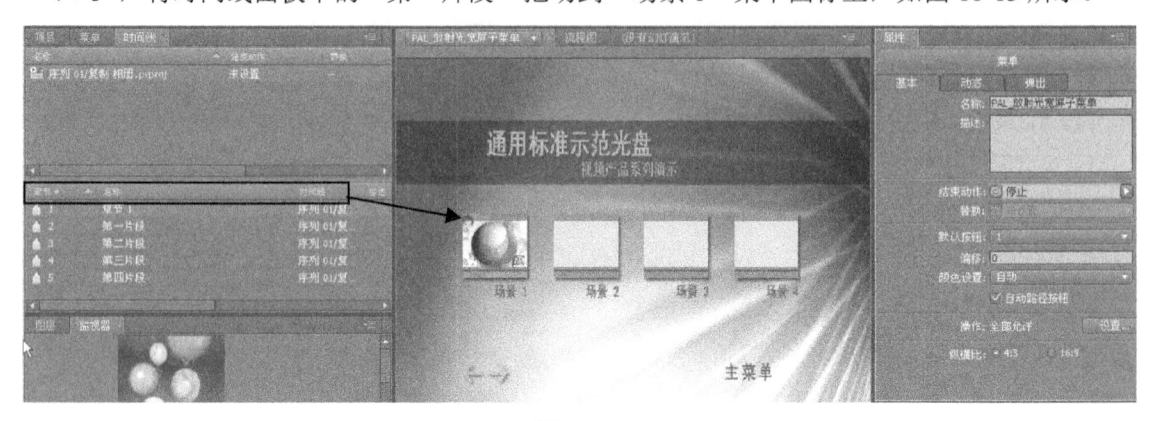

图 11-13

(6) 用上面同样的方法将时间线面板中的"第二片段"拖动到"场景2"菜单图标上，将"第三片段"拖动到"场景3"菜单图标上，"第四片段"拖动到"场景4"菜单图标上。并将菜单上的"主菜单"和两个箭头删除。

(7) 点击"场景1"菜单，在"属性"窗口中将名称改为"片段一"，用同样的方法命名所有菜单。

(8) 点击时间线面板"第一片段"，在"属性"窗口中将"结束动作"设置为"返回到最后菜单"（返回到上一级菜单），如图11-14所示。

图 11-14　片段章节结束动作设置

(9) 用上面同样的方法设置后面几个章节的"结束动作"为"返回到最后菜单"。

(10) 点击"第二片段"章节，在"标识帧"位置将时间码由"16∶20"改变为"17∶20"，这可将"菜单标识帧"改为"17∶20"时间的图像。如果对其他片段标识帧不满意，也可以更改。

(11) 完成链接后的菜单界面如图11-15所示。

图 11-15

(12) 在菜单空白处单击右键，执行"文件"→"预览"命令，来模拟光盘放入 DVD 播放器后的效果。

(13) 在菜单空白处单击右键，执行"在 PHOTOSHOP 中编辑"，将菜单中的文字改成与影片内容匹配的字符。

11.4.3 刻录 DVD

(1) 接着上面的操作步骤，选择"文件"→"构建"→"光盘"，窗口如图 11-16 所示。

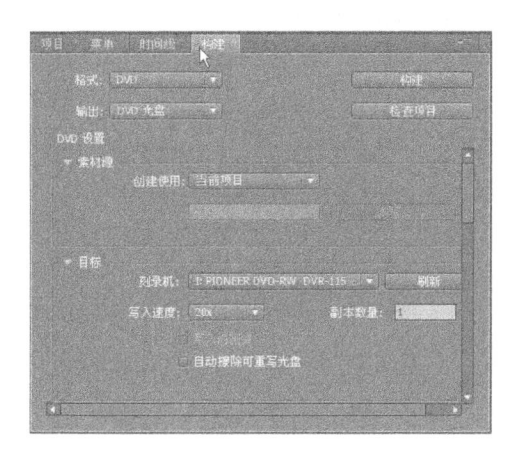

图 11-16

(2) 该选项卡内有很多选项，在构建 DVD 光盘时，我们只需要设置格式为"DVD"、输出为"DVD 光盘"，选择"刻录机"，"副本数量"，将待刻录空白盘放入刻录机。

(3) 单击"构建"即开始刻盘。

如果暂时还没有刻录机，也可以继续后面的工作：在输出栏选择"DVD 映像"，可将项目输出到文件中保存，之后再准备刻录机，用 Nero Burning 将其刻盘。

【小结】

本章主要介绍了 Premiere Pro CS4 的项目输出问题，即在节目编辑完成后如何输出到磁带、输出静帧、输出为计算机文件以及网络流媒体文件等。通过详细介绍利用 Premiere Pro CS4 的组件 Encore CS4 来创建 DVD 光盘，使我们熟悉了从节目制作、包装、发行的全部流程。

【习题】

1. 什么是影片输出？
2. 如何在序列上输出静帧、音频？
3. 如何在 Premiere Pro Encore CS4 中创建 DVD？
4. 如何在时间线上添加 Encore 章节标记？
5. 如何在 DVD 菜单中创建与节目片段的链接？

附 录

熟悉了 Premiere Pro 的各种功能，为了提高工作效率，可以使用 Premiere Pro CS4 默认的快捷键。详见附表 1～附表 10。

附表 1 项目相关键盘快捷键

功 能	菜 单	快 捷 键
新建项目	文件→新建→项目	Ctrl+ Alt +N
新建序列	文件→新建→序列	Ctrl+N
新建容器	文件→新建→容器	Ctrl+/
运行字幕设计窗口	文件→新建→字幕	Ctrl+T
打开项目	文件→打开项目	Ctrl+O
保存项目	文件→保存项目	Ctrl+S
关闭项目窗口	文件→关闭项目	Ctrl+W
另存为	文件→另存为	Ctrl+Shift+S
保存一个副本	文件→保存副本	Ctrl+ Alt+S

附表 2 文件/采集相关键盘快捷键

功 能	菜 单	快 捷 键
采集影像	文件→采集	F5
影像批处理采集	文件→批量采集	F6
导入文件	文件→导入	Ctrl+I
显示选取文件的属性值	文件→属性	Ctrl+Alt+H
退出程序	文件→退出	Ctrl+Q

附表 3 编辑相关键盘快捷键

功 能	菜 单	快 捷 键
撤消命令	编辑→撤消	Ctrl+Z
重做命令	编辑→重做	Ctrl+ Shift +Z
剪切文件	编辑→剪切	Ctrl+X
复制对象	编辑→复制	Ctrl+C
粘贴对象	编辑→粘贴	Ctrl+V
粘贴插入对象	编辑→粘贴插入	Ctrl+ Shift +V
粘贴属性	编辑→粘贴属性	Ctrl+Alt+V

(续)

功　能	菜　单	快　捷　键
清除选取的素材	编辑→清除	Back Space
删除波纹	编辑→波纹删除	Shift +Delete
复制素材形成副本	编辑→副本	Ctrl+ Shift +/
选择全部素材	编辑→选择所有	Ctrl+A
取消选择全部素材的操作	编辑→取消所有选择	Ctrl+ Shift +A
查找对象	编辑→查找	Ctrl+F
编辑源素材	编辑→编辑原始素材	Ctrl+E

附表 4　素材相关快捷键

功　能	菜　单	快　捷　键
为素材重新命名	素材→重命名	Ctrl+H
把素材分成组	素材→编组	Ctrl+G
取消素材分组	素材→取消编组	Ctrl+ Shift +G
修改速度与持续时间	素材→速度/持续时间	Ctrl+R

附表 5　时间线（Sequence）相关键盘快捷键

功　能	菜　单	快　捷　键
渲染指定工作区域	序列→渲染工作区	Enter
剪切编辑线位置的素材	序列→应用剃刀于当前时间标志点	Ctrl+K
删除时间线窗口中的指定区间	序列→提升	;
删除时间线窗口中的指定区间后，利用后续的素材填充空白区间	序列→提取	`
设置默认的视频画面转换效果	序列→应用视频切换效果	Ctrl+D
设置默认的音频转换效果	序列→应用音频切换效果	Ctrl+Shift+D
放大时间线窗口	序列→放大	=
缩小时间线窗口	序列→缩小	-
时间线窗口中打开或关闭吸附选项	序列→吸附	S

附表 6　标记相关键盘快捷键

功　能	菜　单	快　捷　键
移到下一个标记位置	标记→跳转序列标记→下一个	Ctrl+ Right
移到前一个标记位置	标记→跳转序列标记→上一个	Ctrl+ Left
移到特定编号标记位置	标记→跳转序列标记→编号	Ctrl+1
删除当前标记	标记→清除序列标记→当前标记	Ctrl+0
删除时间线窗口的所有标记	标记→清除序列标记→全部标记	Alt+0

附表7 字幕相关键盘快捷键

功　能	菜　单	快　捷　键
左对齐	字幕→对齐→左对齐	Ctrl+ Shift+L
居中对齐	字幕→对齐→居中	Ctrl+ Shift+C
右对齐	字幕→对齐→右对齐	Ctrl+ Shift+R
打开模板	字幕→模板	Ctrl+J
下一个对象之上	字幕→选择→下一个对象之上	Ctrl+ Alt +]
下一个对象之下	字幕→选择→下一个对象之下	Ctrl+ Alt +[
对象提到最前	字幕→选择→提到最前	Ctrl+ Shift+]
对象提前一层	字幕→选择→提前一层	Ctrl+]
对象退后一层	字幕→选择→退后一层	Ctrl+ Shift +[
对象退到最后	字幕→选择→退到最后	Ctrl+[

附表8 窗口相关快捷键

功　能	菜　单	快　捷　键
特效操作为主设置窗口	窗口→工作区→效果	Alt +Shift+1
编辑操作为主设置窗口	窗口→工作区→编辑	Alt +Shift+2
颜色校正为主设置窗口	窗口→工作区→色彩校正	Alt +Shift+3
音频操作为主设置窗口	窗口→工作区→音频	Alt +Shift+4

附表9 时间线窗口中编辑时使用的键盘快捷键

功　能	菜　单	快　捷　键
选择对象	选择工具	V
分别选择音频与视频		Alt＋＋
移动选择的素材时插入		Ctrl＋＋
选择一个轨道的全部	轨道选择工具	M
选择波纹编辑工具	波纹编辑工具	B
旋转编辑选择工具	旋转编辑工具	N
速度伸展编辑	比例缩放工具	X
剃刀工具	剪切工具	C
剪切前一个轨道的素材		Shift＋＋
选择滑动工具	滑动工具	Y
选择幻灯片工具	错落工具	U
选择钢笔工具	钢笔工具	P
在音频轨道追加关键帧		Ctrl＋＋
选择手动工具	手形把握工具	H
放大	缩放工具	Z

(续)

功　能	菜　单	快 捷 键
缩小		Alt+ +
穿梭播放		L
慢速穿梭播放		Shift+L
穿梭停		K
倒序穿梭播放		J
慢速倒序穿梭播放		Shift+J
转移到素材的第一个帧		Page Up
转移到素材的最后一个帧		Page Dn
转移到时间线的最前位置		Home
转移到时间线的最后位置		End
运行休整监视器		T
播放当前位置到出点		Alt+Space
播放包含 Preroll/Postroll 的入点至出点		Alt+ Ctrl + Space
鼠标光标位置开始播放		Space
关闭 Floting Windows		Tab
向左移动一个帧		←
向右移动一个帧		→
向左移动 5 个帧		Shift+←
向右移动 5 个帧		Shift+→
音频目标轨道向下移动一个格		Ctrl +Shift+=
音频目标轨道向上移动一个格		Ctrl +Shift+-
视频目标轨道向下移动一个格		Ctrl +=
视频目标轨道向上移动一个格		Ctrl+-
缩小显示所有素材		\

附表 10　监视器窗口编辑中使用的键盘快捷键

功　能	菜　单	快 捷 键
设定入点		I
设定出点		O
设定未编号标记		Num
设定编号标记		Shift+ Num
转移到入点		Q
转移到出点		W
选择的素材插入到时间线的编辑线位置		,
选择的素材粘贴到时间线的编辑线位置		.

（续）

功　　能	菜　　单	快　捷　键
删除 Reference 监视器的入点		D
删除 Reference 监视器的出点		F
删除 Reference 监视器的入点与出点		G
删除时间线的指定区间		;
删除时间线的指定区间后向前移动后一个素材		`
打开修整模式窗口		T

参 考 文 献

[1] 傅正义. 影视剪辑编辑艺术. 北京：中国传媒大学出版社，2009.
[2] 黄匡宇，等. 电视节目编辑技巧. 北京：中国广播电视出版社，2002.
[3] 张菁，关岭. 影视视听语言. 北京：中国传媒大学出版社，2008.
[4] 王列. 电视纪录片创作教程. 北京：中国广播电视出版社，2005.
[5] Adobe 公司. Adobe Premiere Pro CS3 经典教程. 袁鹏飞译. 北京：人民邮电出版社，2008.
[6] Adele Droblas, Seth Greenberg. Adobe Premiere Pro CS3 宝典. 邹鸿灵,黄湘情译. 北京：人民邮电出版社，2008.
[7] 陈明红, 陈昌柱. 中文 Premiere Pro 影视动画非线性编辑. 北京：海洋出版社，2005.